高职高专"十二五"规划教材

U0319144

工程材料及热处理

主　编　孙　刚　于　晗

副主编　田俊收

北　京

冶金工业出版社

2016

内 容 提 要

　　本书是根据机械、材料、冶金等专业教学改革需要编写的。书中介绍了金属的晶体结构与结晶，合金的相结构与合金相图，铁碳合金相图及应用，金属的塑性变形与再结晶，钢的热处理，合金钢、铸铁、有色金属及其合金、非金属材料与复合材料的类型、组织、性能与应用，工程材料的选用及工艺路线分析等。本书中的单位、材料牌号、名词术语采用现行国家标准，为便于学习和理解，对其中一部分还列出了新旧国标的对比。书中各章均有小结和复习思考题，有利于读者掌握概念，提高分析和解决问题的能力。

　　本书可作为高职高专院校机械类、近机械类专业教材，也可作为高级技工学校、技师学院、职工大学和业余大学教材，并可供相关专业工程技术人员、技术工人参考。

图书在版编目（CIP）数据

　　工程材料及热处理/孙刚，于晗主编 . —北京：冶金工业出版社，2012.8（2016.1 重印）

　　高职高专"十二五"规划教材

　　ISBN 978-7-5024-5991-8

　　Ⅰ.①工… 　Ⅱ.①孙… 　②于… 　Ⅲ.①工程材料—高等职业教育—教材 　②热处理—高等职业教育—教材 　Ⅳ.①TB3 ②TG15

　　中国版本图书馆 CIP 数据核字（2012）第 155290 号

出 版 人　谭学余
地　　　址　北京市东城区嵩祝院北巷 39 号　邮编　100009　电话　(010)64027926
网　　　址　www.cnmip.com.cn　电子信箱　yjcbs@cnmip.com.cn
责任编辑　陈慰萍　美术编辑　李 新　版式设计　葛新霞
责任校对　卿文春　责任印制　牛晓波
ISBN 978-7-5024-5991-8
冶金工业出版社出版发行；各地新华书店经销；北京印刷一厂印刷
2012 年 8 月第 1 版，2016 年 1 月第 4 次印刷
787mm×1092mm　1/16；13.5 印张；329 千字；206 页
29.00 元

冶金工业出版社　投稿电话　(010)64027932　投稿信箱　tougao@cnmip.com.cn
冶金工业出版社营销中心　电话　(010)64044283　传真　(010)64027893
冶金书店　地址　北京市东四西大街 46 号(100010)　电话　(010)65289081(兼传真)
冶金工业出版社天猫旗舰店　yjgycbs.tmall.com
　　　　　　（本书如有印装质量问题，本社营销中心负责退换）

前　言

"工程材料及热处理"是机械类和近机械类专业的技术基础课，主要讲述金属材料的性能与成分、组织结构及加工工艺之间的关系。通过学习本课程，为合理选择和使用工程材料、正确制定零件加工工艺及进一步学习后续课程打下基础。

本书由材料的性能、金属学基础知识、金属材料热处理、工程材料及选用四部分组成。全书主要包括材料的性能、金属及合金的结构与结晶、基本类型相图分析方法和铁碳合金相图应用、金属的塑性变形与再结晶、钢的热处理、碳素钢与合金钢、铸铁、有色金属及合金、非金属材料与复合材料、工程材料的选用及工艺路线分析等内容。

本书在编写过程中注重体现以下特色：

(1) 注重应用，结合应用实例介绍理论知识，便于读者了解理论知识的实用意义。

(2) 注重能力培养，每章后附有小结和复习思考题，有利于培养学生分析解决实际问题的能力。

(3) 内容循序渐进，深入浅出，适合高职学生学习，也适于技术院校学生和企业职工自学。

(4) 采用现行国家标准、行业标准，并增加了新材料、新技术、新工艺方面的内容。

本书的绪论和第1章由田俊收编写，第2章由孙亮编写，第3、4、5章由于晗编写，第6章由党天伟编写，第7章由田俊收和赵延彬编写，第8、10章由孙刚编写，第9章由赵鑫、金小光编写，第11章由薛晓峰、于雪超编写。全书由孙刚、于晗任主编，田俊收任副主编。

本书初稿由天津职业技术师范大学机械工程学院王健民教授主审，在此表示衷心感谢。

本书在编写过程中，得到了天津冶金职业技术学院、天津劳动保障技师学院、中国国电内蒙古平庄煤业集团高级技工学校、北京汽车工业技师学院、北京新媒体技师学院、天津城市建设管理职业技术学院等各参编院校领导及同仁的大力支持和热情帮助，在此一并表示感谢。

本书在编写过程中借鉴和参考了各类相关教材，采纳了各类院校、科研单位和企业的教学资料、技术资料、论文和改革经验等，在此对原作者表示感谢。

由于编者水平所限，书中难免有不妥之处，欢迎读者批评指正！

编　者

2012 年 3 月

目　录

绪论 ……………………………………………………………………………… 1

1　材料的性能 ……………………………………………………………… 4

1.1　材料的物理和化学性能 ………………………………………………… 4

1.1.1　物理性能 ………………………………………………………… 4

1.1.2　化学性能 ………………………………………………………… 5

1.2　材料的力学性能 ………………………………………………………… 6

1.2.1　强度塑性与刚度 …………………………………………………… 6

1.2.2　硬度 ………………………………………………………………… 11

1.2.3　疲劳 ………………………………………………………………… 14

1.2.4　冲击韧性 …………………………………………………………… 15

1.2.5　断裂韧性 …………………………………………………………… 17

1.2.6　新旧国标中常用力学性能指标名称与符号对照 ……………… 17

1.3　金属材料的工艺性能 …………………………………………………… 18

小结 ………………………………………………………………………… 19

复习思考题 ………………………………………………………………… 19

2　金属的晶体结构与结晶 ………………………………………………… 20

2.1　金属的晶体结构 ………………………………………………………… 20

2.1.1　晶体与非晶体 ……………………………………………………… 20

2.1.2　晶格与晶胞 ………………………………………………………… 20

2.1.3　常见金属的晶体结构 ……………………………………………… 21

2.2　实际金属的晶体结构 …………………………………………………… 23

2.2.1　多晶体结构 ………………………………………………………… 23

2.2.2　晶体缺陷 …………………………………………………………… 24

2.3　纯金属的结晶 …………………………………………………………… 26

2.3.1　纯金属的冷却曲线和过冷现象 …………………………………… 26

2.3.2　纯金属的结晶过程 ………………………………………………… 28

2.3.3　金属结晶晶粒大小的控制 ………………………………………… 29

2.3.4　金属铸锭的组织与缺陷 …………………………………………… 30

2.3.5　同素异构转变 ……………………………………………………… 31

小结 …………………………………………………………………………… 32

复习思考题 ……………………………………………………………………… 33

3　二元合金的相结构与结晶 ……………………………………………… 34

3.1　合金的相结构 …………………………………………………………… 34

3.1.1　合金的概念 ………………………………………………………… 34

3.1.2　合金相结构的类型 ………………………………………………… 34

3.1.3　合金的组织 ………………………………………………………… 37

3.2　二元合金相图 …………………………………………………………… 38

3.2.1　二元合金相图的基础知识 ………………………………………… 38

3.2.2　匀晶相图 …………………………………………………………… 40

3.2.3　共晶相图 …………………………………………………………… 42

3.2.4　合金性能与相图的关系 …………………………………………… 46

小结 …………………………………………………………………………… 48

复习思考题 ……………………………………………………………………… 48

4　铁碳合金相图和碳素钢 ………………………………………………… 50

4.1　铁碳合金的基本相 ……………………………………………………… 50

4.1.1　铁素体 ……………………………………………………………… 51

4.1.2　奥氏体 ……………………………………………………………… 51

4.1.3　渗碳体 ……………………………………………………………… 51

4.2　铁碳合金相图分析 ……………………………………………………… 52

4.2.1　铁碳合金相图的相区 ……………………………………………… 53

4.2.2　铁碳合金相图中的特性点 ………………………………………… 53

4.2.3　铁碳合金相图中的特性线 ………………………………………… 53

4.3　典型铁碳合金的结晶过程及组织 ……………………………………… 54

4.3.1　铁碳合金分类 ……………………………………………………… 54

4.3.2　典型铁碳合金的结晶过程分析 …………………………………… 55

4.4　含碳量对铁碳合金平衡组织和性能的影响 …………………………… 61

4.4.1　含碳量对平衡组织的影响 ………………………………………… 61

4.4.2　含碳量对力学性能的影响 ………………………………………… 62

4.5　铁碳合金相图的应用 …………………………………………………… 62

4.6　碳素钢 …………………………………………………………………… 64

4.6.1　钢中常存杂质元素及其对钢性能的影响 ………………………… 64

4.6.2　碳素钢的分类 ……………………………………………………… 65

4.6.3　碳素钢的牌号、性能和用途 ……………………………………… 66

小结 …………………………………………………………………………… 70

复习思考题 ……………………………………………………………………… 70

5　金属的塑性变形与再结晶 ……………………………………………… 72

5.1　金属的塑性变形 ………………………………………………………… 72

　5.1.1　单晶体的塑性变形 ………………………………………………… 72

　5.1.2　多晶体的塑性变形 ………………………………………………… 76

5.2　冷塑性变形对金属组织和性能的影响 ………………………………… 77

　5.2.1　冷塑性变形对金属组织的影响 …………………………………… 77

　5.2.2　冷塑性变形对金属性能的影响 …………………………………… 79

　5.2.3　残余应力 …………………………………………………………… 79

5.3　冷塑性变形金属在加热时的变化 ……………………………………… 80

　5.3.1　回复 ………………………………………………………………… 80

　5.3.2　再结晶 ……………………………………………………………… 81

　5.3.3　晶粒长大 …………………………………………………………… 82

5.4　金属的热变形加工 ……………………………………………………… 84

　5.4.1　金属的热变形加工与冷变形加工的区别 ………………………… 84

　5.4.2　金属的热变形加工对组织和性能的影响 ………………………… 84

小结 …………………………………………………………………………… 86

复习思考题 …………………………………………………………………… 87

6　钢的热处理 …………………………………………………………… 88

6.1　概述 ……………………………………………………………………… 88

6.2　钢在加热时的组织转变 ………………………………………………… 89

　6.2.1　奥氏体的形成过程 ………………………………………………… 89

　6.2.2　奥氏体晶粒的长大 ………………………………………………… 90

6.3　钢在冷却时组织的转变 ………………………………………………… 92

　6.3.1　过冷奥氏体的等温转变 …………………………………………… 92

　6.3.2　过冷奥氏体的连续冷却转变 ……………………………………… 97

6.4　钢的退火和正火 ………………………………………………………… 98

　6.4.1　退火 ………………………………………………………………… 99

　6.4.2　正火 ………………………………………………………………… 100

6.5　钢的淬火 ………………………………………………………………… 102

　6.5.1　淬火工艺 …………………………………………………………… 102

　6.5.2　淬火方法 …………………………………………………………… 104

　6.5.3　钢的淬透性 ………………………………………………………… 105

　6.5.4　淬火缺陷及防止方法 ……………………………………………… 107

6.6　钢的回火 ………………………………………………………………… 108

　6.6.1　回火的目的 ………………………………………………………… 108

　6.6.2　淬火钢的回火转变 ………………………………………………… 108

　6.6.3　回火的种类及应用 ………………………………………………… 109

6.7　表面热处理 …………………………………………………………… 110
　　6.7.1　表面淬火 ……………………………………………………… 110
　　6.7.2　化学热处理 …………………………………………………… 112
小结 ………………………………………………………………………… 115
复习思考题 ………………………………………………………………… 115

7　合金钢 ………………………………………………………………… 117

7.1　合金元素在钢中的作用 ……………………………………………… 117
　　7.1.1　合金元素在钢中的存在形式 ………………………………… 117
　　7.1.2　合金元素对铁碳相图的影响 ………………………………… 118
　　7.1.3　合金元素对热处理的影响 …………………………………… 119
7.2　合金钢的分类和编号 ………………………………………………… 120
　　7.2.1　合金钢的分类 ………………………………………………… 120
　　7.2.2　合金钢牌号的表示方法 ……………………………………… 120
7.3　合金结构钢 …………………………………………………………… 122
　　7.3.1　低合金高强度结构钢 ………………………………………… 122
　　7.3.2　合金渗碳钢 …………………………………………………… 124
　　7.3.3　合金调质钢 …………………………………………………… 126
　　7.3.4　合金弹簧钢 …………………………………………………… 128
　　7.3.5　滚动轴承钢 …………………………………………………… 130
　　7.3.6　易切钢 ………………………………………………………… 131
7.4　合金工具钢 …………………………………………………………… 132
　　7.4.1　合金刃具钢 …………………………………………………… 132
　　7.4.2　合金量具钢 …………………………………………………… 136
　　7.4.3　合金模具钢 …………………………………………………… 137
7.5　特殊性能钢 …………………………………………………………… 139
　　7.5.1　不锈钢 ………………………………………………………… 139
　　7.5.2　耐热钢 ………………………………………………………… 143
　　7.5.3　耐磨钢 ………………………………………………………… 145
小结 ………………………………………………………………………… 146
复习思考题 ………………………………………………………………… 146

8　铸铁 ………………………………………………………………… 147

8.1　铸铁的石墨化过程与分类 …………………………………………… 147
　　8.1.1　石墨的结构和性能 …………………………………………… 147
　　8.1.2　铁碳合金双重相图 …………………………………………… 147
　　8.1.3　铸铁的石墨化过程 …………………………………………… 148
　　8.1.4　铸铁的分类 …………………………………………………… 149
8.2　灰铸铁 ………………………………………………………………… 150

8.2.1　灰铸铁的组织和性能 ……………………………………… 150
8.2.2　冷却速度对灰铸铁的组织和性能的影响 ………………… 151
8.2.3　灰铸铁的孕育处理 ………………………………………… 152
8.2.4　灰铸铁的牌号与应用 ……………………………………… 152
8.2.5　灰铸铁的热处理 …………………………………………… 154
8.3　可锻铸铁 …………………………………………………………… 155
8.3.1　可锻铸铁组织及影响因素 ………………………………… 155
8.3.2　可锻铸铁的牌号、性能特点及用途 ……………………… 156
8.4　球墨铸铁 …………………………………………………………… 157
8.4.1　球墨铸铁的组织、性能、用途和牌号 …………………… 157
8.4.2　球墨铸铁的热处理 ………………………………………… 159
8.5　蠕墨铸铁 …………………………………………………………… 161
8.5.1　蠕墨铸铁的组织 …………………………………………… 161
8.5.2　蠕墨铸铁的牌号、力学性能及用途 ……………………… 161
8.6　合金铸铁 …………………………………………………………… 162
8.6.1　耐热铸铁 …………………………………………………… 162
8.6.2　耐磨铸铁 …………………………………………………… 162
8.6.3　耐蚀铸铁 …………………………………………………… 163
小结 ………………………………………………………………………… 163
复习思考题 ………………………………………………………………… 164

9　有色金属及硬质合金 …………………………………………………… 165

9.1　铝及其合金 ………………………………………………………… 165
9.1.1　工业纯铝 …………………………………………………… 165
9.1.2　铝合金及其应用 …………………………………………… 165
9.2　铜及其合金 ………………………………………………………… 171
9.2.1　工业纯铜 …………………………………………………… 171
9.2.2　铜合金及其应用 …………………………………………… 171
9.3　钛及其合金 ………………………………………………………… 176
9.3.1　纯钛 ………………………………………………………… 176
9.3.2　钛合金及其应用 …………………………………………… 177
9.4　滑动轴承合金 ……………………………………………………… 178
9.4.1　滑动轴承合金的性能要求和组织特点 …………………… 178
9.4.2　常用滑动轴承合金 ………………………………………… 178
9.5　硬质合金 …………………………………………………………… 180
9.5.1　硬质合金的性能特点 ……………………………………… 180
9.5.2　硬质合金的种类及应用 …………………………………… 180
小结 ………………………………………………………………………… 181
复习思考题 ………………………………………………………………… 182

10　非金属材料及复合材料 ································ 183

　10.1　高分子材料 ···································· 183

　　10.1.1　高分子材料基本知识 ···················· 183

　　10.1.2　塑料 ································· 184

　　10.1.3　橡胶 ································· 187

　　10.1.4　合成胶黏剂 ························· 189

　10.2　陶瓷材料 ···································· 191

　　10.2.1　陶瓷的分类 ························· 191

　　10.2.2　常用陶瓷的性能特点及应用 ·············· 192

　10.3　复合材料 ···································· 193

　　10.3.1　复合材料的基本类型 ·················· 193

　　10.3.2　常用复合材料的特点与应用 ·············· 193

　小结 ··· 195

　复习思考题 ····································· 195

11　工程材料的选用及工艺路线分析 ·················· 196

　11.1　机械零件的失效形式及其原因分析 ·············· 196

　　11.1.1　零件失效的形式 ····················· 196

　　11.1.2　零件失效的原因 ····················· 197

　　11.1.3　失效分析步骤 ······················ 198

　11.2　机械工程材料的选用 ························ 198

　　11.2.1　选用材料的一般原则 ·················· 199

　　11.2.2　选材的一般步骤 ····················· 200

　11.3　典型零件的选材及工艺路线确定 ·············· 201

　　11.3.1　轴类零件 ························· 201

　　11.3.2　齿轮类零件 ························ 202

　小结 ··· 204

　复习思考题 ····································· 205

参考文献 ······································· 206

绪　论

A　工程材料的分类与应用

工程材料是指应用于工程构件、机械零件、工具等的材料。按化学组成不同，工程材料可分为金属材料、非金属材料和复合材料三大类。

金属材料目前仍是机械工业生产中应用最多的材料。这是因为其来源丰富，且具有优良的使用性能和工艺性能，可满足生产和生活中的各种需要，并易于加工成各种形状和尺寸的零件和工具。金属材料还可通过改变成分、进行各类冷热加工以及热处理来改变其组织和性能，进一步扩大使用范围。

非金属材料包括有机高分子材料和无机非金属材料。非金属材料的某些力学性能不如金属材料，但它们具有的耐腐蚀性、电绝缘性、隔声性和减振性以及陶瓷材料具有的耐高温性，往往是金属材料所不具备的。非金属材料还具有原料来源丰富、价廉和成型加工容易等优点，因而在生活用品和工业生产中的应用日益广泛。

复合材料是在金属材料、有机高分子材料和无机非金属材料的基础上，把不同种类和不同性能的材料通过一定的途径和技术复合为一体，使原组分材料优点互补，获得比单一材料性能更好或具有某种特殊性能的多相材料。通过选择原材料的种类、控制各组分的配比、形态、分布和加工条件，可获得综合性能出色的复合材料，因而复合材料是一种很有发展前途的材料。

B　材料的发展与社会进步

材料是人类生存和发展的物质基础。人类利用材料制作工具和生产生活用品，不断提高生产力水平并改善自身的生存环境。人类发展的历史表明，材料的应用和发展对人类社会进步具有重要的推动作用。材料的品种、数量和质量已经成为衡量一个国家现代化程度的重要标志。历史学家将人类发展中使用的材料作为划分时代的依据，把人类历史划分为石器时代、青铜时代和铁器时代。

在群居洞穴的猿人旧石器时代（见图0-1），通过简单加工获得石器，帮助人类狩猎、护身和生存。随着石器加工制作水平的提高，出现了制陶（见图0-2）和纺织等原始手工

图0-1　旧石器时代

图0-2　陶器

业。从旧石器时代到陶器时代是人类发展史上的第一次飞跃，人类发展到将天然材料改造为人工材料及其制品的阶段。

青铜时代指主要以青铜为材料制造工具、用具、武器的人类物质文化发展阶段。铸造青铜器必须解决采矿、熔炼、制模、合金成分的比例配制和熔炉制造等一系列技术问题。从使用石器到铸造青铜器是人类发展史上的又一次飞跃，青铜工农具的使用大大促进了农业和手工业的出现，是社会变革和进步的巨大动力。我国商代时期就已经盛行青铜器，并将青铜器的冶炼和铸造技术推向高峰。杰出的代表作有商代文丁时期的司母戊鼎（出土于河南安阳，如图0-3所示）、秦始皇陵陪葬坑出土的铜马车、越王勾践的剑（出土于湖北江陵，如图0-4所示）等。

图 0-3　司母戊鼎

图 0-4　越王勾践的剑

铁器时代是青铜时代以后，人们开始使用铁为原料来制造工具和武器的时代。铁的高硬度、高熔点的性能与铁矿的高蕴涵量，使得铁比青铜更为便宜并可在很多方面应用，其需求量很快便远超青铜。铁器出现使人类的工具制造进入了一个全新阶段并普及于工农业生产领域，人类社会开始从农业和手工业社会进入工业社会，在人类发展史上起了重大的推动作用。

近代人类社会经历的重大发展都是以新材料的发现和应用为先导的。钢铁的应用和发展为以蒸汽机的发明和应用为代表的工业革命奠定了物质基础；硅单晶材料的制造和应用，在电子技术特别是微电子技术的发明和应用中起着先导和核心作用；激光材料和光导纤维的问世，推动人类社会进入"信息时代"。当今，信息、能源、农业和先进制造等技术领域的发展都离不开新材料技术的发展，材料科学在推动社会发展和进步中正发挥着更重要的关键性作用。

C　本课程的目的、任务和学习方法

a　本课程的目的

使学生了解金属材料的化学成分、组织结构、加工处理工艺和性能之间的关系和变化规律，为正确选择和合理使用金属材料、指导生产实践以及学习其他相关课程奠定必要的基础。

b　本课程的任务

了解金属及合金的化学成分、组织结构与性能间关系和变化规律的理论；掌握 Fe-Fe$_3$C 相图基本知识和实际应用方法；掌握过冷奥氏体等温转变曲线的基本知识和在热处理等工艺分析中的应用方法；了解合金元素在钢中的作用；理解和记忆本课程的常用名词和术语；了解常用工程材料的分类、编号、成分、性能及应用场合；初步具备正确选择和合理使用金属材料的能力；初步具备制定零件加工工艺路线的能力；初步具备分析和解决金属材料加工和使用中的常见问题的能力。

　　c　本课程的学习方法

　　本课程涉及物理、化学、材料力学、物理化学、晶体学和金属工艺学等方面的知识，而且名词概念较多，常使初学者感到不好掌握。在学习时要把握重点、理清思路、善于归纳。应抓住材料成分、加工工艺、组织结构及性能变化的规律这条主线，归纳出基本理论和重要概念，建立相关知识的横向联系，在理解的基础上记忆，避免死记硬背。

　　本课程的知识和理论都是在生产实践和实验研究中总结概括发展起来的，具有很强的实践性和实用性。在学习时尽可能联系生活和各类实践中相关的感性认识，这样有助于理解和掌握课程内容。要充分利用实验和实习，多观察，勤实践，主动在实践中发现问题，并联系所学的理论分析和探讨，提高分析和解决问题的能力。此外，还要认真完成作业，通过思考、归纳总结及科学安排的复习加深理解和巩固所学知识。

1 材料的性能

目前，应用最广泛的工程材料仍是金属材料，因此本章主要介绍金属材料的性能。金属材料能得到广泛应用，是因为其品种繁多并能满足各种场合对材料使用性能和工艺性能的要求。使用性能是指金属材料在使用条件下保证其制品正常工作所应具备的性能，包括物理性能、化学性能和力学性能等，它决定了金属材料的使用范围与使用寿命。工艺性能是指金属材料在冷、热加工过程中具备的性能，包括铸造性、可锻性、可焊性、热处理性能、切削加工性等，它决定了金属材料在制造过程中加工成型的适应能力。

1.1 材料的物理和化学性能

1.1.1 物理性能

材料的物理性能是指材料在各种物理条件下所表现出来的性能，包括密度、熔点、导热性、热膨胀性、磁性等。常用金属的物理性能见表 1-1。

表 1-1 常用金属的物理性能

金属名称	符号	密度(20℃)/kg·m^{-3}	熔点/℃	热导率(0~100℃)/W·(m·K)$^{-1}$	线膨胀系数(0~100℃)/K^{-1}	电阻率(20℃)/Ω·m
银	Ag	10.49×10^3	960.8	418.6	19.7×10^{-6}	1.63×10^{-8}
铝	Al	2.70×10^3	660.1	221.9	23.6×10^{-6}	2.67×10^{-8}
金	Au	19.30×10^3	1063	315.5	14.1×10^{-6}	2.40×10^{-8}
镉	Cd	8.64×10^3	321.1	103	31×10^{-6}	7.3×10^{-8}
钴	Co	8.9×10^3	1494	96	12.5×10^{-6}	6.34×10^{-8}
铜	Cu	8.96×10^3	1083	393.5	17.0×10^{-6}	1.694×10^{-8}
铬	Cr	7.19×10^3	1903	67	6.2×10^{-6}	13.2×10^{-8}
铁	Fe	7.84×10^3	1538	75.4	11.76×10^{-6}	10.1×10^{-8}
镁	Mg	1.74×10^3	650	153.7	24.3×10^{-6}	4.2×10^{-8}
钼	Mo	10.20×10^3	2615	137	5.1×10^{-6}	5.7×10^{-8}
镍	Ni	8.90×10^3	1453	92.1	13.4×10^{-6}	6.8×10^{-8}
钛	Ti	4.508×10^3	1677	15.1	8.2×10^{-6}	54×10^{-8}
钨	W	19.30×10^3	3380	166.2	4.6×10^{-6}	5.4×10^{-8}
锰	Mn	7.40×10^3	1244	7.8	23×10^{-6}	185×10^{-8}
钒	V	6.10×10^3	1902	31.6	8.3×10^{-6}	19.6×10^{-8}

（1）密度。材料单位体积的质量称为密度。在机械工程中，零件的密度与质量影响机器的效能。对于运动构件，材料的密度越小，消耗的能量越少，效率越高。材料的抗拉强度与密度之比称为比强度。比强度是零件选材的重要依据之一。

（2）熔点。金属由固态转变为液态时的温度称为熔点。一般情况下，金属材料的熔点越高，其在高温下保持强度的能力越强。熔点是金属及其合金在冶炼、铸造、焊接过程中的重要参数。一般情况下，熔点低的金属易于冶炼、铸造和焊接。在进行零件设计时，也需要考虑材料的熔点，例如工业用高温炉、燃气轮机在高温下工作的机构和零件要选用耐高温的难熔金属。

（3）导热性。导热性是材料传导热量的能力，用热导率（也称为导热系数）λ 来表征。材料的热导率越大，其导热性越好。金属中，导热性最好的是银，铜和铝次之。一般情况下，金属及其合金的导热性比非金属材料高很多，金属越纯导热能力越强。热交换器的散热片等零部件通常使用铜、铝等导热性好的材料来制造。金属的导热性对锻造、焊接、热处理等工艺有很大影响。零件的导热性越差，对该零件进行加热和冷却时其表面和内部的温差就越大，内应力也越大，零件也就越容易发生变形和开裂。

（4）热膨胀性。热膨胀性是指材料在温度变化时，体积发生膨胀或收缩的性能。材料的热膨胀性通常用线膨胀系数表示。线膨胀系数是指材料在加热时，单位长度的材料在温度升高1℃时的伸长量。常用金属的线膨胀系数在 $5 \times 10^{-6} \sim 25 \times 10^{-6}$/℃之间。通常，精密仪器的零部件选材要考虑线膨胀系数，影响精度的零件要选择线膨胀系数低的材料，例如数控加工中心的主轴、要求在恒温条件下使用的精密仪器（如高精密的数控机床、三坐标测量机）。在材料的加工过程中，也要考虑材料的热膨胀性，如果材料的表面和内部热膨胀不一致就会产生内应力。

（5）导电性。材料传导电流的能力称为导电性，常用电阻率表征。材料的电阻率越小，其导电性越强。金属通常具有良好的导电性，其中导电性最好的是银，铜和铝次之。金属的纯度越高，导电性越好。通常，金属的电阻率随温度升高而增大；而非金属材料的电阻率随温度升高而降低。高分子材料和陶瓷材料是绝缘体，但部分高分子复合材料也有良好的导电性；含有特殊成分的陶瓷具有一定的导电性，可以用作半导体。

（6）磁性。材料能导磁的性能称为磁性。金属的磁性会随温度升高而减弱或消失。根据材料在磁场作用下表现出的不同特性，可将材料分成三类：

1）铁磁性材料，指在外磁场中能强烈地被磁化的材料，如铁、钴等。铁磁性材料常用于制造变压器、电动机、仪器仪表等。

2）弱磁性材料，指在外磁场中只能微弱地被磁化的材料，如锰、铬等。

3）抗磁性材料，指能抗拒或削弱外磁场对材料本身磁化作用的材料，如铜、锌等。抗磁性材料常用作磁屏蔽材料或防磁场干扰材料。

1.1.2 化学性能

材料的化学性能是指材料在室温或高温下，抵抗各种介质化学作用的能力，包括耐腐蚀性和抗氧化性等。

（1）耐腐蚀性。耐腐蚀性是指材料抵抗各种介质腐蚀破坏的能力。一般来说，非金属材料的耐腐蚀性要高于金属材料。在金属材料中，碳钢、铸铁的耐腐蚀性较差，而不锈钢、铝合金、铜合金、钛及其合金耐腐蚀性较好。金属材料在酸碱、海水或潮湿的大气中工作容易受到腐蚀，损失严重。每年全世界由于腐蚀而报废的金属设备和材料，约相当于全年金属产量的1/3。因此提高金属材料的耐腐蚀性，或做好防腐蚀措施，对于延长构件使用寿命、节约材料都有重大意义。

（2）抗氧化性。抗氧化性是指材料抵抗高温氧化的能力。抗氧化的金属材料常在表面形成一层致密的保护性氧化膜，阻碍氧化的进一步发生。在钢中加入 Cr、Si、Al 等元素，可以在钢的表面形成致密的、高熔点的 Cr_2O_3、SiO_2、Al_2O_3 氧化膜，提高钢的抗氧化能力。

耐腐蚀性和抗氧化性统称为材料的化学稳定性。高温下的化学稳定性又称为热化学稳定性。化工设备、医疗器械、轮船应采用化学稳定性好的材料制造，例如医疗器械常采用不锈钢制造。在高温下工作的零部件，要采用热化学稳定性好的材料，例如燃气涡轮叶片宜采用高温抗氧化能力强和高温强度高的铬镍钢或者镍基耐热合金材料制造。

1.2　材料的力学性能

材料的力学性能是指材料在承受各种外加载荷（拉伸、压缩、弯曲、扭转、冲击、交变应力等）时所表现出的力学特征。金属材料制成的零件、结构件或工具在使用过程中，如果外加载荷超过材料的承受能力，就会产生过量变形甚至断裂等损坏。因此，为了正确选择和合理使用金属材料，必须通过力学性能试验，了解金属材料对各种载荷的承受能力。常用的金属材料力学性能包括强度、硬度、塑性、刚度、冲击韧性、疲劳强度等，它们是通过各种力学性能试验得出的材料在各种载荷作用下抵抗破坏的能力。

1.2.1　强度塑性与刚度

金属材料在静载荷作用下的强度、塑性及刚度一般可通过拉伸试验来测定，了解拉伸试验过程和拉伸曲线是掌握这些性能指标的基础。

1.2.1.1　拉伸试验

拉伸试验是将一定形状和尺寸的金属试样装夹在拉伸试验机上，对试样施加缓慢增加的拉伸载荷，使试样发生变形直至把试样拉断为止。在拉伸过程中，记录试样承受载荷数值和对应的变形量，就可做出该金属的拉伸曲线。国标中统一规定了拉伸试样的形状、尺寸、加工要求和试验条件。

A　拉伸试样

为了能比较不同试验条件下的试验结果，对拉伸试样的形状、尺寸和加工要求有统一的规定。按 GB/T 228.1—2010 中的规定，拉伸试样分为比例试样和非比例试样两种，试样截面分为圆形和矩形两种，常用的为圆形比例试样。

图 1-1 所示为圆形拉伸试样。图中 d_o 为标准试样的原始直径；L_o 为标准试样的原始标距长度。根据标距长度 L_o 与直径 d_o 或试样横截面积 S_o 的比值关系，拉伸试样可分为长试样（$L_o = 11.3\sqrt{S_o}$，即 $L_o = 10d_o$）和短试样（$L_o = 5.65\sqrt{S_o}$，即 $L_o = 5d_o$）两种。

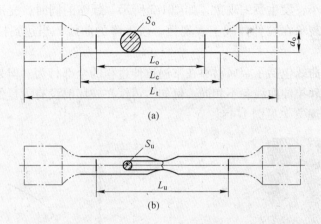

图 1-1　圆形横截面拉伸试样

（a）试验前；（b）试验后

d_o—圆试样平行长度的原始直径；L_o—原始标距；L_c—试样平行长度；L_t—试样总长度；

L_u—断后标距；S_o—平行长度的原始横截面积；S_u—断后最小横截面积

B　力-伸长曲线

拉伸力 F 与试样伸长量 ΔL 之间的关系曲线，称为力-伸长曲线（也称拉伸曲线）。通常把拉伸力 F 作为纵坐标，伸长量 ΔL 作为横坐标。力-伸长曲线可由拉伸试验机自动绘出。

图 1-2 所示为低碳钢的力-伸长曲线。由图可知，低碳钢的拉伸过程经历以下几个阶段：

（1）弹性变形阶段（oe）。弹性变形是指外力去除后能恢复的变形。曲线的 oe 段为弹性变形阶段。其中，曲线的 op 段为一直线，表明试样的伸长量与载荷成正比关系，符合虎克定律，

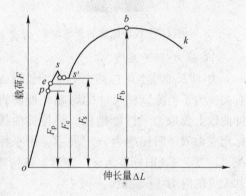

图 1-2　低碳钢的拉伸曲线

F_p 是能够保持正比关系的最大外力；在曲线的 pe 段，试样的伸长量与载荷不再是正比关系，但此时卸除载荷，试样仍能恢复到原来的尺寸，即仍属于弹性变形阶段，F_e 是试样发生弹性变形的最大载荷。

（2）微量塑性变形和屈服阶段（es 和 ss'）。外力超过 F_e 后，试样继续发生变形，但除去外力后，只能有部分变形恢复，而另一部分变形不能消失。在外力去除后不能恢复的变形称为塑性变形或永久变形。es 阶段塑性变形量比较小，属于微量塑性变形阶段。在 ss' 阶段，外力达到 F_s，拉伸曲线出现了水平或锯齿形，这表明在外力不增加或增加很小甚至略有下降的情况下，试样继续变形，这种现象称为"屈服"。

（3）均匀塑性变形阶段（$s'b$）。外力超过 F_s 后，试样开始产生大量塑性变形。由于塑性变形产生加工硬化，因此只有载荷继续增加，变形才能不断进行。此阶段整个试样均匀变形，直到 b 点载荷达最大值，F_b 是试样拉伸过程的最大外力。

（4）局部塑性变形阶段（bk）。b 点以后，塑性变形开始集中在试样某一局部进行，

使此处截面迅速缩小，发生颈缩现象，如图 1-3 所示。颈缩的同时，变形继续进行，而载荷不断下降。颈缩现象在拉伸曲线上表现为一段下降的曲线，当达到拉伸曲线上的 k 点时，试样被拉断。

低碳钢的拉伸曲线包括了金属材料在常温拉伸过程的全部行为。但是不同材料因其本性不同，变形特点和拉伸曲线各不相同。例如，铸铁在破坏前没有大量的塑性变形，因此无屈服现象与颈缩现象（见图 1-4）。

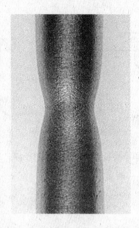

图 1-3　拉伸试件的颈缩现象

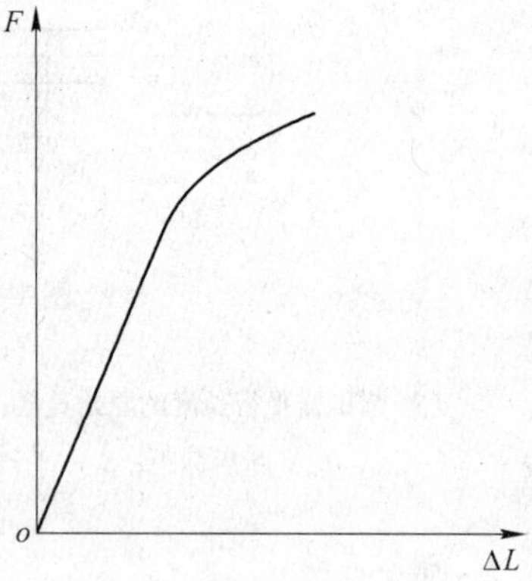

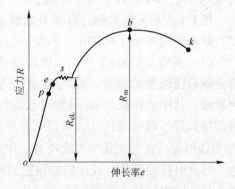

图 1-4　铸铁的拉伸曲线

C　应力-应变曲线

力-伸长曲线上的拉伸力 F 和伸长量 ΔL 不仅与试样的材质有关，还与试样的原始尺寸有关。为了消除试样尺寸的影响并能够直接从拉伸曲线上读取力学性能指标，将拉伸曲线的纵坐标用应力 R（旧标准为 σ）表示，横坐标用伸长率（应变）e（旧标准为 ε）表示，得到与试样尺寸无关的应力-应变曲线。

GB/T 228.1—2010 规定：应力（R）为试验期间任一时刻的力除以试样原始横截面积 S_0 的商。伸长率（e）为原始标距的伸长与原始标距 L_0 之比的百分率。低碳钢的应力-应变曲线如图 1-5 所示。

图 1-5　低碳钢的应力-应变曲线

1.2.1.2　强度

强度是指金属材料在载荷作用下抵抗永久变形或断裂的能力。由于载荷有轴向拉伸与压缩、剪切、扭转和弯曲等不同的作用方式，所以强度指标可分为抗拉强度、抗压强度、抗剪强度、抗扭强度和抗弯强度等，生产中常用抗拉强度作为确定金属强度高低的指标。

A　屈服强度和规定残余延伸强度

a　屈服强度

屈服强度通常是指材料产生屈服时的最低应力。GB/T 228.1—2010 规定，在拉伸试验中金属材料呈现屈服现象时，达到塑性变形发生而力不增加的应力点为屈服强度。屈服强度分为上屈服强度 R_{eH} 和下屈服强度 R_{eL}，如图 1-6 所示。上屈服强度 R_{eH} 是指试样发生屈服而力首次下降前的最大应力；下屈服强度 R_{eL} 是指试样在屈服期间，不计初始瞬时效应时的最小应力。

在金属材料中，一般用下屈服强度 R_{eL} 来代表其屈服强度。

$$R_{eL} = \frac{F_{eL}}{S_o}$$

式中　R_{eL}——下屈服强度，MPa；

　　　F_{eL}——试样屈服时最小载荷，N；

　　　S_o——试样原始横截面积，mm^2。

　　b　规定残余延伸强度

屈服强度是工程实际应用中的重要强度指标，但工程中使用的一些金属材料（如高碳钢、铸铁等）没有明显的屈服现象，这时通常以塑性变形量达到某一规定值时对应的应力作为该材料的屈服强度，称为规定延伸强度，包括规定塑性延伸强度 R_p、规定总延伸强度 R_t 和规定残余延伸强度 R_r。规定残余延伸强度表示卸除应力后残余延伸率等于规定的引伸计标距百分率时对应的应力，如图 1-7 所示。

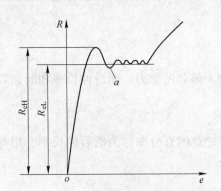

图 1-6　上屈服强度和下屈服强度

e—延伸率；R—应力；R_{eH}—上屈服强度；

R_{eL}—下屈服强度；a—初始瞬时效应

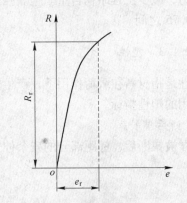

图 1-7　规定残余延伸强度

e—延伸率；e_r—规定残余延伸率；R—应力；

R_r—规定残余延伸强度

规定残余延伸强度用符号 R_r 表示，即：

$$R_r = \frac{F_r}{S_o}$$

式中　R_r——规定残余延伸强度，MPa；

　　　F_r——试样达到规定残余延伸率时的应力，N；

　　　S_o——试样原始横截面积，mm^2。

使用规定残余延伸强度符号时，应附加角标说明所规定的残余延伸率。例如，符号 $R_{r0.2}$ 表示规定残余延伸率为 0.2% 时的应力。

由应力-应变曲线可知，金属材料的工作应力大于屈服强度或规定残余延伸强度，将开始产生明显的塑性变形，而大多数机器零件和工程结构件，常因过量的塑性变形而失效，所以一般零件在工作中不允许产生塑性变形。因此，材料的屈服强度和规定残余延伸强度是零件设计时的主要依据，也是评定金属材料质量的重要力学性能指标。

B 抗拉强度

金属材料在断裂前所能承受的最大应力称为抗拉强度。抗拉强度反映材料抵抗断裂破坏的能力，用符号 R_m 表示：

$$R_m = \frac{F_m}{S_o}$$

式中 R_m——抗拉强度，MPa；

F_m——试样在断裂前的最大载荷，N；

S_o——试样原始横截面积，mm^2。

强度极限是金属材料由均匀塑性变形向局部塑性变形过渡的临界值，也是静载荷下材料断裂破坏前能承受的最大应力。对于没有屈服现象的脆性材料（如灰口铸铁等）制成的零件，断裂是失效的主要原因，因此用强度极限作为零件设计的主要依据与评定材料强度的重要指标。

另外，比值 R_{eL}/R_m 称为屈强比，这是一个重要的指标。较大的屈强比有利于发挥材料的潜力，减少工程结构自重。但屈强比过大会降低材料的安全性，一般合理的屈强比在 0.65 ~ 0.75 之间。

1.2.1.3 塑性

塑性是指材料在载荷作用下，产生塑性变形而不破坏的能力。断后伸长率和断面收缩率是常用的塑性指标。

A 断后伸长率

试样被拉断后，标距部分的残余伸长量与标距之比的百分率称为断后伸长率，用符号 A 表示。

$$A = \frac{L_u - L_o}{L_o} \times 100\%$$

式中 A——断后伸长率（长试样的断后伸长率用 $A_{11.3}$ 表示）；

L_o——试样原始标距长度，mm；

L_u——试样断后标距部分长度，mm。

B 断面收缩率

试样被拉断后，断口处横截面积的减少值与原始横截面积之比的百分率称为断面收缩率，用符号 Z 表示。

$$Z = \frac{S_o - S_u}{S_o} \times 100\%$$

式中 Z——断面收缩率；

S_o——试样原始横截面积，mm^2；

S_u——试样断口处最小横截面积，mm^2。

显然，金属材料的断后伸长率和断面收缩率越大，材料的塑性越好。金属材料的塑性指标对零件的加工和使用具有重要的实际意义。塑性好的材料不仅能通过锻压、轧制、冷拔等工艺加工成型，而且在使用中出现超载时，先产生大量塑性变形而不立即断裂，增加了使用的安全性。所以大多数机械零件除要求具有较高的强度外，还须有一定的塑性。

断后伸长率与断面收缩率可从不同角度衡量材料的塑性。对于同样的材料，试样长度不同，测出的断后伸长率是不同的，短试样和长试样的断后伸长率分别用 A 和 $A_{11.3}$ 表示。而断面收缩率不受试样标距长度的影响，能更可靠地反映材料的塑性。

1.2.1.4 刚度

刚度是材料抵抗弹性变形的能力，刚度的大小一般用弹性模量 E 来衡量。弹性模量是金属材料在弹性变形阶段应力和应变的比值，即引起单位弹性变形所需的应力。在应力-应变曲线上，op 段的斜率通常可作为弹性模量的值。

绝大多数的机械零件都是在弹性状态下工作的，一般不允许有过量的弹性变形，更不能有明显的塑性变形，因此对材料的刚度也有一定的要求。零件的刚度除与零件横截面的大小和形状有关外，主要取决于材料的弹性模量 E。弹性模量的大小主要取决于材料的本性，它反映了材料原子间的结合力，是材料最稳定的性质之一，其值随温度升高而逐渐降低，但是合金化、热处理和冷塑性变形对它的影响都很小，是一个对组织不敏感的力学性能指标。

1.2.2 硬度

硬度是表征金属材料软硬程度的指标。硬度检测是力学性能试验中最常用的一种方法，硬度试验设备简单，操作方便，可以在生产现场进行且不破坏工件。因此在生产中常将硬度试验作为检查原材料、检验产品质量、检验热处理工艺的正确性等的常用试验方法。

生产中常用压入法测量硬度，常用的硬度指标有布氏硬度、洛氏硬度和维氏硬度。

1.2.2.1 布氏硬度

布氏硬度试验是将一直径为 D 的硬质合金球，在规定的载荷 F 的作用下压入试样表面（如图 1-8 所示），保持一定时间后卸除载荷，测量试样表面形成压痕的直径 d，然后计算出单位面积压痕所承受的平均载荷（F/S），该值即为被测试样的布氏硬度值。通常不必用公式计算布氏硬度值，只要测量出压痕直径 d，就可以通过查表得到试样的硬度值。很多新的布氏硬度计可以直接显示出测量值。

按 GB/T 231.1—2009 规定，布氏硬度试验只允许采用硬质合金压头，用符号 HBW 表示布氏硬度。

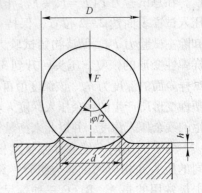

$$HBW = \frac{F}{S} = 0.102 \times \frac{2F}{\pi D(D - \sqrt{D^2 - d^2})}$$

式中　F——压入载荷，N；

图 1-8　布氏硬度的试验原理

　　　　S——压痕表面积，mm^2；

　　　　d——压痕直径，mm；

　　　　D——硬质合金球直径，mm。

　　布氏硬度值习惯上不标出单位，符号 HBW 前面的数字表示硬度值，符号后面的数字按顺序分别表示压头直径、试验力大小及试验力保持的时间（保持 10～15s 不标注）。例如，190HBW10/1000/20 表示，用直径为 10mm 的硬质合金压头，在 9807N（1000kgf）试验载荷作用下，保持 20s 测得的布氏硬度值为 190；530HBW5/750 表示用直径为 5mm 的硬质合金压头，在 7355N（750kgf）试验力作用下，保持 10～15s 测得的布氏硬度值为 530。

　　在进行布氏硬度试验时要根据材料的种类和试样厚度，选用适当的压头直径 D、载荷 F 和载荷保持时间。GB/T 231.1—2009 规定了压头直径、试验力与压头直径平方的比值（F/D^2）和载荷保持时间的选择范围。对材料进行布氏硬度测量时，不论试验力与压头直径多大，只要 F/D^2 的比值相等，测出的 HBW 值一定相等；若测量时 F/D^2 的比值不同则 HBW 值不同。

　　布氏硬度试验因压痕面积较大，能反映被测金属较大范围内的平均硬度，具有测量结果准确、数据复现性好的优点。另外，布氏硬度值与抗拉强度有一定的关系，可由硬度值近似地估算强度指标。布氏硬度的缺点是测量比较复杂，且因压痕面积大，不适宜较薄或成品工件的硬度测量。

1.2.2.2　洛氏硬度

　　洛氏硬度试验是生产中应用最广泛的硬度测试方法。它采用 120°金刚石圆锥或者硬质合金球作为压头，在规定的试验力作用下压入被测金属表面，由所形成的压痕深度来衡量硬度值。试验原理如图 1-9 所示。

　　洛氏硬度试验的过程是：先加初始试验力 F_0，将压头压入试样表面 1—1 位置，对应的压入深度为 h_0，加初始试验力是为消除试样表面的不平整对试验结果的影响。然后加上主试验力 F_1，在总试验力 $F(F = F_0 + F_1)$ 作用下，将压头压入试样表面达 2—2 位置，保持一定时间之后卸除主试验力 F_1，保持初始试验力 F_0。由于试样弹性变形的恢复，压头回升到 3—3 位置，距

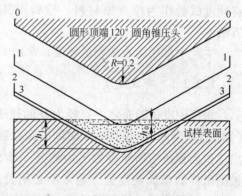

图 1-9　洛氏硬度试验原理

试样表面的深度为 h_1。该深度值再减去初始试验力引起的压入深度，得出主试验力引起的塑性变形所产生的残余压入深度 $h = h_1 - h_0$。洛氏硬度试验的目的就是要测出主试验力产生的残余压入深度，并以此来衡量被测金属的硬度。

　　为了能用同一硬度计测量从极软到极硬材料的硬度，洛氏硬度试验提供了多种不同的压头和相应的试验力组合，组成了不同的硬度标尺（见 GB/T 230.1—2009），其中最常用的是 A、B、C 三种标尺。表 1-2 列出了常用洛氏硬度标尺的试验条件和应用范围。

表 1-2　常用洛氏硬度标尺的试验条件和应用范围

标尺	硬度符号	压头类型	总试验力 F/N	硬度范围 HR	应 用 范 围
A	HRA	金刚石圆锥	588.4	20~88	碳化物、硬质合金、淬火工具钢、表面淬火钢等
B	HRB	ϕ1.588mm 硬质合金球	980.7	20~100	软钢、退火钢、铜合金、可锻铸铁、铝合金等
C	HRC	金刚石圆锥	1471	20~70	淬火钢、调质钢、模具钢、深层表面硬化钢等

　　由于残余压入深度 h 的数值大则硬度值低，因此为符合数值愈大硬度愈高的习惯，用一个常数（HRA 和 HRC 用 0.2；HRB 用 0.26）减去 h 来表示硬度值的大小，并以规定的压痕深度数值（通常为 0.002mm）作为一个硬度单位。由此得到洛氏硬度计算公式如下：

$$HRA\ 和\ HRC \qquad 洛氏硬度 = 100 - \frac{h}{0.002}$$

$$HRB \qquad 洛氏硬度 = 130 - \frac{h}{0.002}$$

　　洛氏硬度值的表示方法是，硬度数值写在符号 HR 前面，HR 后面写使用的标尺。例如，62HRC 表示用 C 标尺测定的洛氏硬度值为 62。

　　洛氏硬度试验法有以下几个特点：

（1）产生的压痕小，可用来测定工件表面与较薄工件的硬度。

（2）试验操作简便，可以直接从硬度计的表盘或显示屏上读出硬度值。

（3）由于压痕小，不适合粗大组织金属材料的硬度测量。

（4）硬度值的准确性不如布氏硬度，数据重复性差。

（5）不同洛氏硬度标尺的试验条件不同，测得的硬度值无法直接比较大小。

1.2.2.3　维氏硬度

　　维氏硬度试验原理与布氏硬度相似，也是以单位面积压痕所承受的载荷作为硬度值，只是它采用的压头形状与布氏硬度不同。图 1-10 所示为维氏硬度试验原理。它采用两相对面夹角为 136° 的正四棱锥体金刚石压头，在规定试验力 F 的作用下压入被测金属表面，保持一定时间后卸除载荷，然后测出压痕投影的两对角线平均长度 d，计算出压痕表面积 S，再用试验力 F 除以压痕表面积 S，将所得的商作为被测金属的硬度值，称为维氏硬度，用符号 HV 表示。实际测量时，用试验机上测微显微镜测出压痕投影两对角线长度，然后根据 d 值查表（见 GB/T 4340.1—2009）即可得到被测材料的维氏硬度值。

　　表示维氏硬度值时，习惯上只写硬度值而不标出单位，符号 HV 前面的数值为硬度值，HV 后面的数字按顺序分别表示

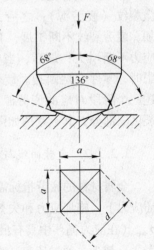

图 1-10　维氏硬度的试验原理

试验力值（kgf）和试验力保持时间（10~15s 时不标注）。例如，60HV10/30 表示在 98.07N（10kgf）试验力作用下保持 30s，测出的维氏硬度值为 60。

维氏硬度试验所用的试验力可根据试样的大小、薄厚等条件进行选择。一般在试样厚度允许的情况下尽可能选用较大的试验力，以获得较大的压痕，提高测量精度。常用的试验力大小在 49.03~980.7N 范围内。

维氏硬度试验的压痕浅，更适用于零件表面层硬度的测量。维氏硬度的试验力可任意选择，可测量由极软到极硬材料的硬度，而且硬度值连续、能互相比较。其缺点是测量比较烦琐，而且测量时对试样表面质量要求高，测量效率比较低，不适宜成批生产检验。

综上所述，硬度试验简单方便又不破坏工件，因而在生产中不仅用于最终热处理效果检查，而且还是生产工艺管理及对生产过程进行质量控制的重要手段。例如，对未经热处理的制件，为了避免混料、错料，可以采用硬度试验进行硬度检测；在加工过程中，为了避免切削加工量过大引起退火及性能变化，也可用硬度检测加以监管。

1.2.3　疲劳

1.2.3.1　疲劳现象

实际应用的很多机械零件或构件是在交变应力或重复应力作用下工作的。这类零件往往在工作应力远低于其屈服极限的情况下发生断裂，这种现象称为疲劳或疲劳断裂。

疲劳破坏的零件工作应力较小，很容易被人们忽视，而且无论是脆性材料还是韧性材料，疲劳破坏都是突然脆断，事先均无明显塑性变形的预兆，很难察觉，所以疲劳破坏有更大的危险性，经常造成重大事故。

研究表明，金属材料的疲劳失效过程可分为疲劳裂纹产生、疲劳裂纹扩展和瞬时断裂三个阶段。首先是零件内部应力集中或强度较低的部位（如材料内部软点、夹杂、原始裂纹、气孔、加工刀痕等处）在交变应力反复作用下形成微裂纹（疲劳源）；之后，随着应力循环周次增加，疲劳裂纹不断扩展，有效承载面积逐渐减小，应力不断增大；最后，当应力超过材料的强度极限时，零件突然断裂。疲劳宏观断口通常有与上述三个阶段对应的疲劳源、疲劳断裂面和最后断裂区三部分，其示意图如图 1-11 所示。

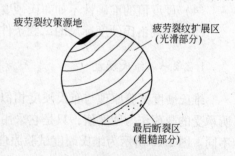

图 1-11　疲劳断口示意图

（疲劳裂纹策源地，疲劳裂纹扩展区（光滑部分），最后断裂区（粗糙部分））

1.2.3.2　疲劳曲线与疲劳极限

金属材料的疲劳指标需用疲劳试验来确定。通过疲劳试验，可得到给定材料在不同循环应力下，施加应力和失效循环次数之间的关系。试验证明，金属材料所受的最大应力 σ_{max}（在应力循环中具有最大代数值的应力）越大，则断裂前应力循环次数 N（也称疲劳寿命）越少。通过疲劳试验得到的最大应力 σ_{max}（也表示为 S_{max}）与断裂前应力循环次数 N 间的关系曲线称为疲劳曲线（也称为 S-N 曲线），如图 1-12 所示。

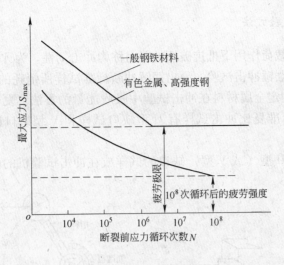

图 1-12　疲劳曲线

如图 1-12 所示，一般钢铁材料的疲劳曲线在循环应力小于某一值时，循环次数可达到很大，甚至无穷大，而试样仍不发生疲劳断裂。显然这个应力值就是试样不发生断裂的最大循环应力。工程上将金属材料经无限次应力循环仍不发生断裂的最大应力称为疲劳极限。对称循环应力的疲劳极限通常用 σ_{-1} 表示。实际疲劳试验当中，不可能作无限次应力循环，按 GB/T 3075—2008 规定，一般钢铁材料以循环次数为 10^7 次时能承受的最大循环应力作为疲劳极限。

许多金属材料（如有色金属和高强度钢等）的疲劳曲线无明显的拐点，不存在水平段，其循环次数只有单调下降的趋势。对这类材料，通常根据零件的工作条件和使用寿命，规定一个失效循环次数 N_f，并以此循环次数所对应的应力作为疲劳极限，称为条件疲劳强度，用符号 σ_N 表示。一般规定，有色金属取 10^8 次循环数的断裂应力幅值为条件疲劳强度。

1.2.3.3　提高疲劳极限的途径

统计数据表明，大部分机械零件的损坏是由疲劳造成的。为了减少或消除疲劳破坏，提高零件的使用寿命，必须提高零件的疲劳抗力。影响疲劳抗力的因素很多，除与材料的本性有关外，在结构设计上应注意尽量避免或减少尖角、缺口和截面突变，从而减少零件应力集中导致的微裂纹等疲劳源的形成和扩展；改善零件表面粗糙度，可减少缺口效应，提高疲劳抗力；采用强化表面的处理，如表面淬火、化学热处理、表面喷丸、表面滚压等都可提高表面硬度，改变零件表层的残余应力状态，从而使零件的疲劳抗力提高。

1.2.4　冲击韧性

许多零件和工具在工作中，往往会受到冲击载荷的作用，如蒸汽锤的锤杆、冲床的冲模、内燃机的活塞销、变速齿轮等。冲击载荷的加载速度快，作用时间短，使金属内部的应力分布和变形很不均匀，所以受冲击零件只具有能抵抗静载荷破坏的足够强度是不够的，还必须具有抵抗冲击载荷作用的能力。

1.2.4.1　冲击试验方法

金属材料在冲击载荷作用下抵抗破坏的能力称为冲击韧性。为评定金属材料的冲击韧性，通常需进行夏比摆锤冲击试验，测出摆锤冲断标准试样所消耗的冲击吸收能量。GB/T 229—2007 规定了测定金属材料在冲击试验中吸收能量的方法。夏比摆锤式冲击试验原理如图 1-13 所示。标准夏比冲击试样有 U 型缺口试样和 V 型缺口试样两种，如图 1-14 所示。

试验时，将带有 U 型（或 V 型）缺口的试样放在冲击试验机的两个支座之间，缺口

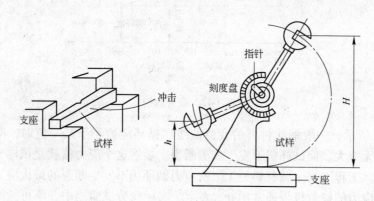

图 1-13　摆锤式冲击试验示意图

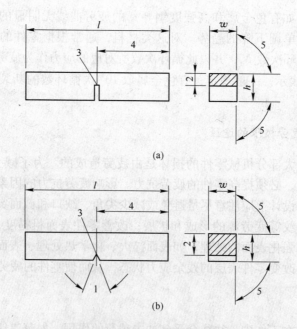

(a)

(b)

图 1-14　标准夏比冲击试样示意图
（a）U 型缺口；（b）V 型缺口
1—缺口角度；2—缺口底部高度；3—缺口根部半径；
4—缺口对称面-端部距离；5—试样纵向面间夹角

背向打击面放置，将质量为 m、高度为 H 的摆锤从高处落下，将试样冲断后摆锤向另一方向升高到高度 h，计算出的摆锤势能差（$mgH - mgh$）即为摆锤冲断试样所消耗的冲击吸收能量。实际测量时，冲击吸收能量的值可直接从试验机的刻度盘上读取。

1.2.4.2 冲击韧性指标

夏比摆锤冲击试验中摆锤冲断标准试样所消耗的能量称为冲击吸收能量。它是衡量冲击韧性好坏的指标。金属材料的冲击吸收能量越大，抗冲击破坏的能力越强，韧性越好。

冲击吸收能量常用符号有 KU_2 或 KV_2，单位为焦耳（J）。KU_2 表示 U 型缺口试样在 2mm 摆锤刀刃下的冲击吸收能量；KV_2 表示 V 型缺口试样在 2mm 摆锤刀刃下的冲击吸收能量。

冲击吸收能量低的材料被冲断前无明显塑性变形，冲断后的断口较平整，呈晶状或瓷状，有金属光泽，这种材料称为脆性材料。

冲击吸收能量高的材料被断裂前有明显塑性变形，冲断后的断口呈纤维状，无光泽，这种材料称为韧性材料。

1.2.5 断裂韧性

材料抵抗内部裂纹失稳扩展的能力称为断裂韧性。有时，桥梁、转子等会在外部应力远低于材料屈服强度的情况下发生断裂。究其原因，是由于工程材料中存在缺陷造成的。常见的缺陷有夹杂物、气孔、裂纹等。从断裂力学角度，我们将这些缺陷都看作裂纹。在应力的作用下，裂纹尖端部分产生应力集中，使得局部应力大于屈服点，裂纹失稳扩展，便会发生低应力脆性断裂。

断裂韧性用 K_{IC} 表示，它是一个临界值，是材料本身的一种力学性能指标，与材料本身的成分、组织、结构有关。

$$K_{IC} = Y\sigma_c \sqrt{a_c}$$

式中　Y——与裂纹形状、加载方式及试样几何尺寸有关的系数，无量纲，可查手册得到；

　　　σ_c——断裂应力，MPa；

　　　a_c——临界裂纹尺寸，m。

1.2.6 新旧国标中常用力学性能指标名称与符号对照

《金属材料室温拉伸试验方法》（GB/T 228—2010）与 GB/T 228—1987 相比，拉伸试验的力学性能指标名称、符号及部分术语有较大修改，主要包括：

（1）强度性能主符号改用 R 代替。

（2）断后伸长率符号用 A 代替 δ。

（3）断面收缩率符号用 Z 代替 ψ。

（4）上、下屈服点改为上、下屈服强度，原屈服点划为下屈服强度。

（5）规定非比例伸长应力、规定总伸长应力分别改为规定塑性延伸强度、规定总延伸强度等。

为便于标准过渡期中对照和查找，表1-3列出了金属材料常用力学性能指标的名称与符号的新旧国家标准对照。本书采用最新国标，因某些相关国标近年来尚未更新，其中使用的力学性能符号仍采用旧标准。

表 1-3　金属材料常用力学性能指标的名称与符号的新旧标准对照

GB/T 228—2010		GB/T 228—1987	
性 能 名 称	符 号	性 能 名 称	符 号
—	—	屈服点	σ_s
上屈服强度	R_{eH}	上屈服点	σ_{sU}
下屈服强度	R_{eL}	下屈服点	σ_{sL}
规定塑性延伸强度	R_p	规定非比例伸长应力	σ_p
规定总延伸强度	R_t	规定总伸长应力	σ_t
抗拉强度	R_m	抗拉强度	σ_b
屈服点延伸率	A_e	屈服点伸长率	δ_s
断后伸长率	A，$A_{11.3}$	断后伸长率	δ_5，δ_{10}
断面收缩率	Z	断面收缩率	ψ

1.3　金属材料的工艺性能

金属材料的工艺性能包括铸造、锻压、焊接、热处理和切削加工性能等。材料工艺性能的好坏直接影响零件制造的工艺方法、质量和成本，是选材和制定零件加工工艺路线时应当考虑的因素之一。

（1）铸造性能。铸造是历史最为悠久的金属成型方法，是毛坯生产的主要方法。在机器设备中，如机床床身、电动机外壳等使用了大量的铸件。铸造是将液态金属浇注到零件的铸型腔中，等待其冷却凝固后，获得铸件的方法。可铸性是指材料通过铸造的方法，获得符合要求的、无缺陷的成型铸件的性能。材料的流动性好、易形成集中缩孔、偏析小等是铸造性能好的标志。一般，铸铁比钢的铸造性好，金属材料比工程塑料的铸造性好。

（2）锻造性能。锻造是金属零件重要的成型方法。锻造是利用冲击力或压力，使金属在砧铁间或锻模中变形，从而获得所需形状和尺寸锻件的工艺方法。锻造使金属材料具有更好的力学性能。

可锻性，指金属材料在压力加工时，能改变形状而不产生裂纹的性能。它包括在热态或冷态下能够进行锤锻、轧制、拉伸、挤压等加工。可锻性同许多因素有关，不仅受化学成分、相组成、晶粒大小等内在因素影响，还受温度、变形方式与速度、材料表面状况和周围环境介质等外部因素影响。一般合金钢和高合金钢的可锻性比碳钢差；而纯金属和铝等有色金属的可锻性比较好。

（3）焊接性能。焊接是一种永久性连接金属材料的工艺方法，在现代工业生产中具有非常重要的作用，如汽车车身、轮船船体、家用电器的生产等都离不开焊接。

可焊性是指材料是否容易被焊到一起，并保证焊缝的质量。钢的含碳量直接影响金属材料可焊性，含碳量越低，可焊性越好。

（4）切削加工性能。大多数工程零件需要通过车削、铣削、刨削、磨削、镗削等传统机械加工方法成型，或者使用数控加工设备、电火花加工设备等加工成型。切削加工性能是指材料是否容易被切削加工成图纸要求的零件，这与材料的硬度、韧性、热处理等因素相关。

小 结

本章主要介绍了材料的性能。材料的性能包括使用性能和工艺性能。使用性能包括物理、化学、力学性能等。工艺性能包括铸造、锻压、焊接、热处理和切削加工性能等。其中，材料的力学性能是重点。材料的力学性能包括强度、硬度、塑性、韧性、疲劳强度等。通过静拉伸试验可测得强度和塑性。常用的硬度表示方法有布氏硬度、洛氏硬度和维氏硬度。冲击韧性在一次冲击载荷下测试。疲劳强度是在交变应力作用下测试。只有了解材料的基本性能，才能合理地使用材料，充分发挥材料的性能。通过本章内容的学习，读者可以了解材料的性能及应用，为以后的学习和工作打好理论基础。

复习思考题

1-1 解释名词：强度、塑性、硬度、冲击韧性、疲劳、疲劳极限。

1-2 金属的物理性能和化学性能有哪些指标，分别表示什么？

1-3 什么是金属的力学性能？它有哪些常用指标？

1-4 简述低碳钢拉伸曲线表现出的变形阶段及各阶段的变形特点。

1-5 表示强度的指标有哪些？它们在工程应用上有什么意义？

1-6 表示塑性的指标有哪些？哪个指标更真实地反映金属的塑性？

1-7 布氏硬度、洛氏硬度的测量方法有什么区别？硬度值的表示方法是什么？它们的适用范围是什么？

1-8 一次冲击试验可用于哪些方面？影响金属材料对大能量冲击抗力、小能量多次冲击抗力的因素有哪些？

1-9 什么是金属的疲劳？疲劳抗力指标有哪些？为什么要重视疲劳破坏？提高零件抗疲劳抗力的措施有哪些？

2 金属的晶体结构与结晶

不同的金属具有不同的性能，例如钢铁的强度、硬度比铜高，而导电和导热性能较铜低。即使同样成分的金属，由于成型工艺或加工处理方式不同，其性能也会有差异。研究表明，金属的性能与内部结构有关，而内部结构的形成，又与结晶条件密切相关。因此，有必要了解金属原子的结合方式、晶体中原子的聚集状态和分布规律，以及金属的结晶过程等。这不仅有助于掌握金属材料的性能，而且对进一步改善和发展金属材料的性能有重要的指导意义。

2.1 金属的晶体结构

2.1.1 晶体与非晶体

自然界中的物质都是由粒子（原子、分子、离子等）组成的，根据内部粒子的聚集状态不同，可将固态物质分为晶体和非晶体两大类。凡是内部粒子按照一定几何规律作规则的周期性排列的物质称为晶体。自然界中绝大多数物质在固态是晶体，如食盐、水晶、固态的金属与合金等是晶体。凡是内部粒子呈无规则紊乱堆积的物质称为非晶体。非晶体的结构与液体结构相同，典型的非晶体物质有普通玻璃、松香、橡胶等。

由于晶体内部粒子规则排列，因此晶体的特性与非晶体的不同。晶体在一般情况下具有规则的外形，但因为晶体受形成条件限制，其外形可经常变得不规则；各种晶体物质都有固定的熔点，例如：铁的熔点为1538℃，铜的熔点为1084℃，铝的熔点660℃，而非晶体加热存在一个软化温度范围，没有固定的熔点；晶体的力学性能各向异性，即在同一种晶体物质的不同方向上具有不同的力学性能，而非晶体的力学性能是各向同性的；此外，晶体可发生同素异构转变，使晶体在不同的条件下有不同的排列规则。

晶体与非晶体有本质的区别，但在有些条件下可以相互转化。某些金属采用特殊的结晶工艺措施，也可使固态金属呈非晶态，而非晶态的金属具有一些突出的性能。

2.1.2 晶格与晶胞

根据晶体的原子排列规则不同，晶体可以有很多种不同的结构。为了便于描述和理解晶体中原子排列的规律，将晶体原子近似看成刚性小球，那么晶体即由这些刚性小球在空间按一定几何规则紧密地堆积而成，如图2-1所示。

为了方便研究晶体的原子排列规律，通常把刚性小球抽象为几何点，这些点称为结点或阵点，晶体原子的振动中心就在结点上。然后将这些点用假想的平行直线连接起来，就构成了一个空间格架，这种用来描述晶体原子排列方式的空间格架称为晶格，如图2-2（a）所示。

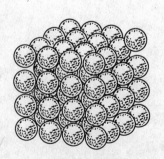

图 2-1　金属晶体原子排列示意图

由于晶体中原子的规则排列具有周期性的特点，因此在研究晶体原子排列规律时，通常只从晶格中选取一个能够完全反映晶格对称特征的最小的几何单元来分析晶体中原子的排列规律。这个最小的几何单元称为晶胞，即为周期性排列的一个周期，如图2-2(b)所示。整个晶格实际上是由许多大小、形状和位向都相同的晶胞在三维空间重复堆积而成的。

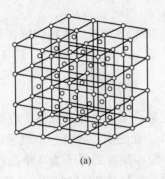 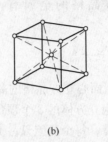

(a)　　　　　　　　　　(b)

图2-2　晶格和晶胞示意图

(a) 晶格；(b) 晶胞

晶胞由原子堆积而成，具有一定的形状与尺寸，晶胞的形状与尺寸常以晶胞的棱边长度 a、b、c 及棱间夹角 α、β、γ 来表示，如图2-3所示。图中通过晶胞角上某一结点沿其三条棱边作的三个坐标轴 x、y、z 称为晶轴，晶胞的棱边长度称为晶格常数，单位为埃（Å）或纳米（nm）（$1\text{Å} = 10^{-10}$ m $= 10^{-1}$ nm）。晶胞的棱间夹角又称为晶轴间夹角。

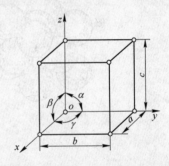

图2-3　晶格常数及晶轴间夹角

2.1.3　常见金属的晶体结构

自然界中的晶体有成千上万种，它们的晶体结构各不相同。金属原子间的结合键为金属键。金属键的无方向性和不饱和性，使金属原子趋于紧密的和简单的排列。在工业上使用的金属元素中，除了少数具有复杂的晶体结构外，绝大多数金属具有面心立方、体心立方和密排六方三种典型的晶体结构。

2.1.3.1　体心立方晶格

如图2-4所示，体心立方晶格的晶胞是一个立方体。晶格常数 $a = b = c$，且 $\alpha = \beta = $

 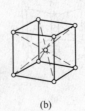 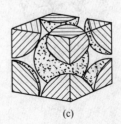

(a)　　　　　　(b)　　　　　　(c)

图2-4　体心立方晶胞示意图

(a) 模型；(b) 晶胞；(c) 晶胞原子数

$\gamma = 90°$，所以只用一个晶格常数 a 表示即可。在体心立方晶胞立方体的中心和 8 个顶角各有 1 个原子。其中晶胞角上的原子为相邻的 8 个晶胞共有，故每个晶胞只占 1/8；中心的原子为晶胞单独占有。因此每个体心立方晶胞单独占有的原子个数是 $8 \times 1/8 + 1 = 2$ 个。

　　体心立方晶格金属的致密度为 0.68，即晶胞 68% 的体积被原子占有，其余 32% 为间隙。

　　具有体心立方晶格的金属有 α-Fe（铁）、Cr（铬）、Mo（钼）、W（钨）、Nb（铌）等。

2.1.3.2　面心立方晶格

　　如图 2-5 所示，面心立方晶格的晶胞也是一个立方体。晶格常数同样用一个常数 a 表示。在面心立方晶胞立方体的 8 个顶角和 6 个面的中心各有一个原子。晶胞角上的原子为相邻的 8 个晶胞共有，每个晶胞只占 1/8；面心位置的原子为 2 个晶胞共有，每个晶胞只占 1/2。因此每个面心立方晶胞所具有的原子个数是 $8 \times 1/8 + 6 \times 1/2 = 4$ 个。面心立方晶格的致密度为 0.74。

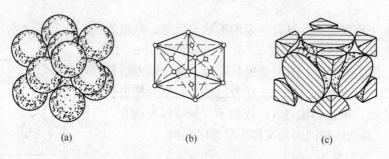

(a)　　　　　　(b)　　　　　　(c)

图 2-5　面心立方晶胞示意图

（a）模型；（b）晶胞；（c）晶胞原子数

　　具有面心立方晶格的金属有 γ-Fe（铁）、Al（铝）、Cu（铜）、Au（金）、Ag（银）、Pb（铅）、Ni（镍）等。

2.1.3.3　密排六方晶格

　　如图 2-6 所示，密排六方晶格的晶胞是一个正六棱柱体，故需要用两个晶格常数来表

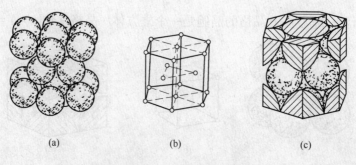

(a)　　　　　　(b)　　　　　　(c)

图 2-6　密排六方晶胞示意图

（a）模型；（b）晶胞；（c）晶胞原子数

示，即底面正六边形的边长 a 和柱体的高度 c。在密排六方晶胞中，除正六棱柱体的 12 个顶角和上下两底面中心各有 1 个原子外，在柱体的中间还有 3 个原子。正六棱柱体顶角的原子为相邻的 6 个晶胞共有，每个晶胞只占 1/6；上下两底面中心的原子为 2 个晶胞共有，每个晶胞只占 1/2；柱体中间的 3 个原子为晶胞单独占有。因此，每个密排六方晶胞所具有的原子个数是 $12 \times 1/6 + 2 \times 1/2 + 3 = 6$ 个。密排六方晶格的致密度为 0.74。

具有密排六方晶格的金属有 Mg（镁）、Zn（锌）、Cd（镉）、Be（铍）、α-Ti（钛）和 α-Co（钴）等。

不同晶格类型的金属致密度大小不同，原子排列的紧密程度不同，间隙的形状与尺寸不同。因此，当金属的晶格类型发生转变时，伴随有体积的变化。同时由于间隙的变化，对其他元素的溶解度也发生变化。需要注意的是，金属的致密度能够反映出晶胞中间隙所占晶胞的总体积，但不能反映间隙的大小与对其他元素的溶解度。

在晶体中，由一系列原子构成的平面称为晶面。通过两个以上原子的直线表示某一原子列在空间的位向，称为晶向。晶体中的原子是规则排列的，因此在不同晶面、晶向上原子排列的密集程度不同。原子排列最密集的晶面称为密排面，原子排列最密集的晶向称为密排方向，图 2-7 所示为体心立方晶格、面心立方晶格和密排六方晶格的一个密排面和面上的密排方向。通过对密排面和密排方向的分析可知，晶体中通常会存在空间方位不同的密排面与密排方向，认识金属的密排面和密排方向对了解金属的塑性变形有重要意义。

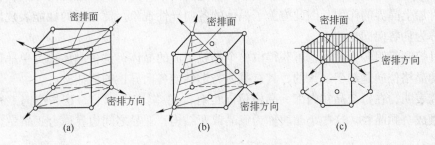

图 2-7　晶格中的密排面和面上的密排方向
（a）体心立方晶格；（b）面心立方晶格；（c）密排六方晶格

由于晶体原子规则排列，因此在不同晶面和晶向上的原子密度不同，原子之间的相互距离不同，导致原子间结合力不同，从而使晶体在不同晶向上的物理、化学和力学性能不同，这就是晶体各向异性的原因。

2.2　实际金属的晶体结构

前面讨论的金属结构是理想的晶体结构，即原子排列得非常整齐，所有原子按相同的规律排列，此时金属的力学性能各向异性。而实际生产中使用的金属和合金是晶体，但并没有显示出力学性能的各向异性现象，这说明实际使用金属的晶体结构与前面介绍的晶体结构是有差别的。

研究表明实际金属为多晶体结构，而且存在着各种晶体缺陷。

2.2.1　多晶体结构

工业金属材料中，除非经过特殊制作其结构才与前面介绍的晶体相近。实际情况是，哪怕在一块很小的金属中也包含着许许多多外形不规则的小晶体。这些小晶体都具有相同的晶格类型，每个小晶体的内部，晶格位向都是均匀一致的，而各个小晶体之间，彼此的位向都不相同，如图2-8所示。这种外形不规则的小晶体通常称为晶粒；晶粒与晶粒之间的界面称为晶界；由许多晶粒组成的晶体称为多晶体。

　　实际金属中晶粒的尺寸很小，在钢铁材料中，一般为 $10^{-1} \sim 10^{-3}$ mm，故必须在金相显微镜下才能看见。图2-9所示为纯铁在显微镜下观察到的晶粒情况。

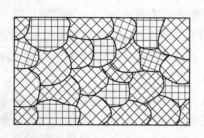
图2-8　金属多晶体结构示意图

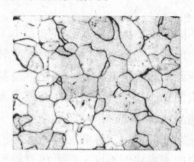
图2-9　纯铁的显微组织

　　实际金属是多晶体，其内部包含了大量彼此位向不同的晶粒，其中每个晶粒都具有各向异性现象。但是从某一方向测试多晶体性能时，由于许许多多晶粒位向不同，性能相互影响，再加上晶界的作用，因此掩盖了晶体的各向异性现象，使金属的性能表现出各向同性，这称为伪各向同性。

　　通过控制组织转变过程，可获得由单个晶粒组成的晶体，这种晶体称为单晶体。单晶体内部的晶格位向是趋于一致的，具有晶体力学性能各向异性的特征。

　　研究表明，在每个晶粒内部，晶格位向也有位向差（1°~2°），这些位向差很小的小晶块嵌镶成一颗晶粒。这些小晶块称为亚晶或亚结构，亚晶之间边界称为亚晶界。

2.2.2　晶体缺陷

　　在实际使用的金属材料中，原子的排列不可能像理想晶体那样规则和完整，总是不可避免地存在一些原子偏离规则排列的不完整性区域。这种原子排列的不规则性称为晶体缺陷。根据缺陷相对于晶体的尺寸或其影响范围的大小，可将它分为点缺陷、线缺陷和面缺陷三类。

2.2.2.1　点缺陷

　　点缺陷的特征是空间三个方向的尺寸都很小，影响范围不超过几个原子间距，晶体中的点缺陷主要有空位、间隙原子。

　　实际晶体结构中，晶格的某些结点未被原子所占有而空着的位置称为空位。有些原子不占有正常的晶格位置，而处在晶格空隙之间，使晶格空隙处出现多余的原子，这种原子称为间隙原子。晶体中空位和间隙原子如图2-10所示。

　　由于形成空位和间隙原子，其周围原子间作用力的平衡被破坏，发生"撑开"或"靠拢"现象，原子偏离了原来的平衡位置，

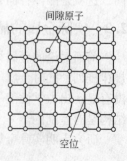
间隙原子

空位

图2-10　空位和间隙
原子示意图

这种现象称为晶格畸变。其范围是以空位和间隙原子为中心的 3~5 倍原子间距。晶格畸变使晶体的强度、硬度和电阻等性能提高。

空位和间隙原子在金属中具有一定的平衡浓度，金属的温度越高，原子活动能力越强，其数量越多。通过高温激冷、冷加工、高能粒子轰击等方法，可使它们的浓度显著高于平衡浓度，达到过饱和程度。

空位和间隙原子还处在不断的运动和变化中，当空位周围原子脱离原来位置进入空位，会使空位消失，而在原来位置上形成一个新的空位，这相当于空位移动。

尽管点缺陷浓度非常小，对力学性能影响也不大，但在金属扩散过程中却起着极为重要的作用。

2.2.2.2　线缺陷

晶体中的线缺陷是各类位错。位错是指晶体中一列或若干列原子发生有规律错排的现象。线缺陷的特征是缺陷在空间两个方向上的尺寸很小，而在第三个方向上的尺寸却很大，甚至可以贯穿整个晶体。

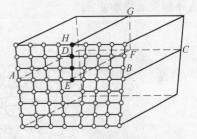

图 2-11　刃型位错示意图

位错是一种极为重要的晶体缺陷，其基本类型为刃型位错和螺型位错。图 2-11 为刃型位错的原子排列模型示意图。由图可见，在 ABCD 晶面以上，多出一个垂直方向的半原子面 EFGH，它中断于 ABCD 晶面的 EF 处，这个多余半原子面像刀刃一样地切入晶体，使晶体中 ABCD 晶面上下两部分的晶体产生了错排现象，因而称为刃型位错。

EF 线称为刃型位错线。在位错线附近，原子错排，偏离平衡位置，产生了晶格畸变，形成了一个应力场。在位错线上方原子间距减小，原子受到压力；而其下方的原子间距增大，原子受到拉力。距位错线越远，晶格畸变越小，应力也就越小。位错对晶格的影响范围是以位错线为中轴线，3~5 个原子间距为半径的管状区域，位错的长度通常有几百到几万个原子间距。

金属结晶、塑性变形、相变等过程产生大量的位错，而位错密度对金属的强度、硬度、塑性变形、扩散运动、物理化学性能有重要的影响。

通常用单位体积内位错线的长度表示晶体中位错的数量，称为位错密度，其计算式为：

$$\rho = \frac{S}{V}$$

式中　ρ——位错密度，cm/cm^3；

　　　　S——体积为 V 的晶体中位错线的总长度，cm；

　　　　V——晶体的体积，cm^3。

金属的强度与位错密度的关系如图 2-12 所示。由图可见，当金属处于退火状态时，位错密

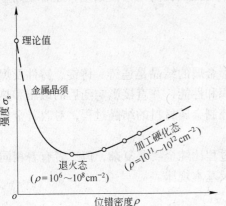

图 2-12　金属的强度与位错密度的关系

度为 $\rho = 10^6 \sim 10^8 \, cm^{-2}$，强度最低；随着位错密度的增加，金属的强度显著提高。而位错密度极低的金属晶须，随位错的减少，塑性变形困难，其强度又明显提高。

2.2.2.3 面缺陷

面缺陷的特征是缺陷在空间一个方向上的尺寸很小，而在其余两个方向上的尺寸很大，晶界、孪晶界、亚晶界、相界等缺陷属于这一类。

一般金属材料都是多晶体，它是由许多小晶粒组成，晶界为相邻晶粒间的界面。由于相邻晶粒之间有较大的位向差，故晶界是不同位向晶粒之间的过渡层。

晶界处原子的排列不规则，原子处于不稳定状态，能量较高，因此晶界与晶粒内部有着一系列不同的特征。例如，常温下晶界有较高的强度和硬度；晶界处原子扩散速度较快；晶界处容易被腐蚀，杂质元素易于聚集，熔点低等。

亚晶界是亚晶之间的界面，它是由一系列刃型位错所形成的小角度晶界。图 2-13 为晶界和亚晶界示意图。

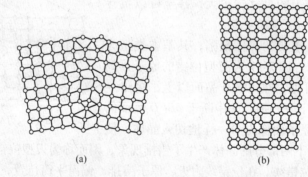

图 2-13　晶界和亚晶界示意图
（a）晶界的过渡结构示意图；（b）亚晶界的结构示意图

亚晶的大小与金属的加工状态有关，如塑性变形使亚晶细小。亚晶界处存在着大量位错，原子排列不规则，产生晶格畸变，使其能量增高，因而亚晶界对金属性能有着与晶界相似的影响。细化亚晶、增加亚晶之间的位相差，可大大提高位错的数量，显著提高金属的强度与硬度。

2.3　纯金属的结晶

金属由液态冷却转变为固态的过程称为结晶。金属的结晶是连铸、铸锭、铸件及焊接件生产中的重要过程。这个过程决定了工件的组织和性能，并直接影响随后的锻压和热处理等工艺性能及零件的使用性能。因此，研究并控制金属材料的结晶过程，对改善金属材料的组织和性能具有重要的意义。

工业用的金属材料大多是合金，合金的结晶过程比纯金属要复杂，但二者有着相同的基本规律。因此，本节先介绍纯金属的结晶过程及基本规律。

2.3.1　纯金属的冷却曲线和过冷现象

金属的结晶过程是通过一些实验的方法，借助实验现象来研究的。用热分析法做出金属的冷却曲线来研究结晶过程是常用的方法之一。
而冷却曲线是表明金属冷却时温度随时间变化的关系
曲线。

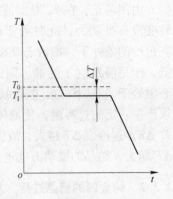

　　纯金属的冷却曲线如图 2-14 所示。由图可见，液态金
属结晶前随着冷却时间的增加，由于向周围散失热量，温度
将不断下降。当冷却到某一温度时，金属的温度不再随着时
间的增加而下降，在冷却曲线上出现一个平台，这个平台对
应的温度，就是纯金属的结晶温度，平台对应的过程为纯金
属的结晶过程。冷却曲线上出现平台的原因，是由于金属在
结晶过程中放出的结晶潜热补偿了冷却时散失的热量，从而
使金属的温度保持不变。金属结晶结束后，由于没有结晶潜

图 2-14 纯金属冷却的曲线

热补偿散失的热量，因此随冷却时间的增加，金属的温度不断下降。

　　纯金属在无限缓慢冷却条件下（即平衡条件下）的结晶温度称为理论结晶温度，用
T_0 表示，如图 2-15(a) 所示。但实际生产中，金属结晶的冷却速度是比较快的，因此，液
态金属总是在理论结晶温度以下的某一温度 T_n 才开始结晶，如图 2-15(b) 所示。金属的实
际结晶温度 T_n 总是低于理论结晶温度的现象称为过冷现象。

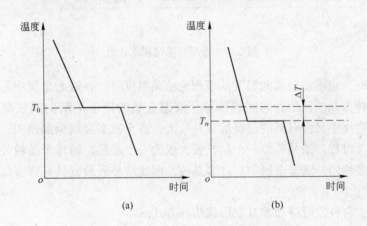

图 2-15 理论结晶温度和实际结晶温度
(a) 理论结晶温度；(b) 实际结晶温度

　　理论结晶温度与实际结晶温度的差 ΔT 称为过冷度，过冷度 $\Delta T = T_0 - T_n$。

　　研究表明，金属的过冷度不是一个恒定值，它与金属的成分、冷却速度有关。结晶时
的冷却速度越大，金属的实际结晶温度越低，过冷度越大。过冷是金属结晶的必要条件，
没有过冷就不能完成结晶。

　　金属结晶之所以在过冷条件下进行，这是由结晶时的能量条件决定的。根据热力学条
件，在等温等压条件下，一切自发过程都是朝着自由能减小的方向进行的，系统的自由能
处于最低状态时，系统最稳定。液态金属要转变为固态金属，必然伴随着自由能的减小，
自由能的减小是转变的推动力。由于液体和固体金属的结构不同，虽是同一物质，它们在
不同温度下的自由能变化不同，如图 2-16 所示。

由图可见，在 T_0 温度液态和固态自由能相等，转变没有推动力，此时处于固液共存的平衡状态。在过冷的条件下，由液态转变为固态可使自由能降低，于是便发生了结晶。因此，液态金属要结晶，必须处于 T_0 以下。换句话说，要使液体结晶，就必须产生一定的过冷度，使液体和固体间形成自由能差 ΔF。过冷度 ΔT 越大，液体和固体间的自由能差 ΔF 越大，结晶的推动力也越大。

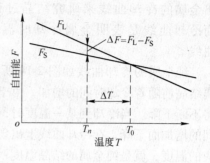

图 2-16　固液两相自由能随温度变化曲线

2.3.2　纯金属的结晶过程

实验研究证明，纯金属的结晶过程是由晶核不断形成和长大这两个基本过程组成的，如图 2-17 所示。

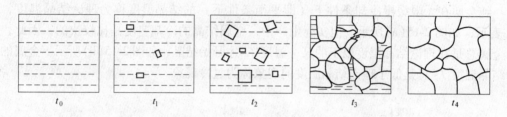

图 2-17　金属结晶过程示意图

金属结晶时，当液态金属的温度低于理论结晶温度时，在液态金属中形成极细小的晶体，这些小晶体为晶核。随着时间的推移，液态金属的原子不断向晶核聚集，使晶核长大。同时液态金属中又会有新的晶核形成并长大，直至液态金属全部消失，小晶体彼此相互接触完成结晶过程。结晶后每一个晶核长大成为一个晶粒，而每个晶粒外形不规则但内部晶格位向大致相同。液态金属中有许多晶核，因此结晶后形成具有许多位向不同晶粒组成的多晶体。

晶核的形成有自发形核和非自发形核两种方式。

结晶以液态金属中类似规则排列的原子团为晶核，这种形核方式为自发形核。自发形核时只有液态金属中大于一定尺寸的、稳定的原子团才能成为结晶的核心。而结晶时只有过冷度很大，达到几十到几百度，液态金属中原子团的尺寸才能够达到形核要求，完成形核。因此自发形核不是金属结晶的主要形核方式，只是结晶时的辅助形核方式。

实际液态金属中总是不可避免地存在一些杂质，杂质的存在常常促使金属原子在其表面形核。此外，液态金属总是与锭模内壁相接触，于是晶核就依附于这些现成的固体表面形成。这种依靠外来质点作为结晶核心的形核方式称为非自发形核。非自发形核需要的过冷度很小，是金属结晶形核的主要方式。

晶核长大的实质是原子由液体向固体表面转移的过程。纯金属结晶时，晶核长大方式主要有两种：一种是平面长大方式，另一种是枝晶长大方式。

晶核长大方式取决于冷却条件，同时也受晶体结构、杂质含量的影响。当过冷度较小时，晶核主要以平面长大方式进行，晶核沿不同方向的长大速度是不同的，以沿原子最密排面垂直方向的长大速度最慢，表面能增加缓慢。所以，平面长大的结果是使晶核获得表面为原子最密排面的规则形状。当过冷度较大，尤其存在杂质时，晶核主要以枝晶的方式长大。实际金属结晶时晶核长大主要以枝晶方式进行。

金属结晶时通过改变结晶的条件，就可以控制晶粒长大的方式，最终可达到控制晶体的组织和性能的目的。

2.3.3 金属结晶晶粒大小的控制

金属结晶以后获得多晶体。对金属材料而言，晶粒的大小与其强度、韧性有密切关系。常温下，金属晶粒越细小，则金属的强度越高，同时塑性和韧性也越好，所以工程上通过控制金属结晶的过程来细化晶粒，这对改善金属材料的力学性能有重要意义。晶粒大小也是衡量金属组织的重要标志之一。

晶粒的大小称为晶粒度，用单位面积上的晶粒数目或晶粒的平均线长度（或直径）表示。

金属结晶后的晶粒度与形核速率 N（晶核形成数目，$s \cdot mm^3$）和长大速率 G（mm/s）有关。形核速率越大，单位体积中所生成的晶核数目越多，晶粒也越细小；若形核速率一定，长大速度越小，则结晶的时间越长，生成的晶核越多，晶粒越细小。

工业生产中，为了细化铸态的晶粒以提高铸件及焊缝的性能，采取的措施常有增加过冷度、变质处理、附加振动等。

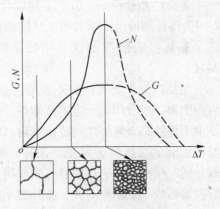

图 2-18 形核率 N、长大速率 G 与过冷度 ΔT 的关系

（1）增加过冷度。金属结晶时的冷却速度愈大，过冷度便愈大。不同过冷度 ΔT 对晶核的形成率 N 和长大速率 G 的影响如图 2-18 所示。金属结晶时，形核率 N 和长大速率 G 都是随过冷度 ΔT 的增加而增大，但二者变化速率不同，结晶在一般的过冷度范围内，过冷度越大，则 N 与 G 的比值也越大，即形核率 N 的增长比长大速率 G 的增长要快，使单位体积中晶粒数目越多，故晶粒细化。

加快冷却速度的方法主要有：采用蓄热大或散热快的铸模、降低金属铸型的预热温度、采用水冷铸型、降低浇铸温度等。

对体积大、形状复杂的铸件，很难获得大的过冷度，而且冷速过大会产生较大的热应力，造成铸件的开裂。因此常采用变质方法或物理方法来细化晶粒。

（2）变质处理。变质处理又称孕育处理，它是在液态金属中加入孕育剂或变质剂，以增加非自发形核的数目，促进形核，或抑制晶核长大，从而达到细化晶粒的目的。变质处理是结晶过程中细化晶粒最常用方式。

用于细化晶粒的变质剂有如下几种：

1）在浇注前向液体金属中加入同类金属细粒，或加入结构完全对应的高熔点物质细粒，在液相中直接起外来晶核的作用，如向铁水中加入硅铁、钙铁合金。

2）在液态金属中加入少量的某些元素，形成稳定化合物作为活性质点，促进非自发形核，如在钢液中加入钛、钒、铌等以形成碳化合物作为活性质点。

3）有些物质不能提供结晶核心，但能阻止晶粒长大，例如液态金属中加入少量表面活性元素，能附着在晶核的结晶前沿，阻碍晶核长大，如向铝硅铸造合金中加入钠盐等。

（3）附加振动。金属结晶时，采用机械振动、超声波振动、搅拌等处理方法，能够打碎正在长大的树枝状晶，而破碎的枝晶又可成为新的晶核，从而提高形核率、细化铸件的晶粒。

2.3.4　金属铸锭的组织与缺陷

在实际生产中，液态金属多是在铸模中结晶的，铸模的散热条件、液态金属的化学成分等将影响铸锭的结晶过程、形成的组织及缺陷，而这些又会影响铸件的使用性能。因此要了解铸件、铸锭的组织及形成规律，以控制和改善组织。

2.3.4.1　铸锭的组织

铸锭结晶过程中，由于不同部位的冷却条件不同，因此铸锭的组织是不均匀的。图2-19为铸锭剖面组织示意图。其组织由外向内分为三个晶区：表层细晶区、柱状晶区、中心等轴晶区。

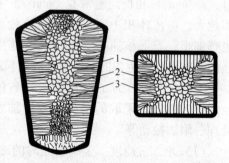

图 2-19　金属铸锭组织示意图
1—表面细晶粒层；2—柱状晶粒层；
3—中心等轴晶粒区

细晶区位于金属锭的外表层，晶粒十分细小，组织细密，成分均匀，力学性能好。细晶区的形成是由于将液态金属浇注到铸模以后，模壁的温度较低，和模壁接触的金属受到激冷，形成大量的晶核，同时模壁也有非自发形核的作用，结果在金属的表层形成一层厚度不大、晶粒细小的细晶区。纯金属铸锭表层细晶区的厚度一般都很薄，对整个铸锭性能的影响不是很大。

柱状晶区与表层细晶区紧密相接，其特点是彼此平行的柱状晶粒，垂直模壁、组织比较致密。柱状晶粒的形成是由于在表面细晶粒形成后，随着模壁温度的升高，铸锭的冷却速度有所降低，而此时凡枝轴垂直于模壁的晶粒，沿着枝轴向模壁传热比较有利，这些晶粒优先得到成长，从而形成柱状晶粒。

柱状晶区，晶粒彼此间的界面比较平直，组织比较致密。而柱状晶的交界面处的低熔点杂质或非金属杂质较多，形成明显的脆弱界面，在锻造、轧制时易沿这些脆弱面形成裂纹或开裂。

中心等轴晶粒区位于柱状晶区的里面，处在铸锭中心，是由粗大的等轴晶粒组成的。特点是晶粒粗大，组织疏松。中心等轴晶粒区的形成是由于柱状晶粒发展到一定程度，通过已结晶的柱状晶层和模壁向外散热的速度愈来愈慢，剩余在锭模中部的液体温差也愈来愈小，散热方向性已不明显，未结晶的液态金属过冷度较小，再加上液态金属中含有较多的杂质，不能形成过多的晶核，而且各方向长大速度相近，因此出现了粗等轴晶粒。

中心等轴晶区不存在明显的脆弱面，方向不同的晶粒彼此交错，各方向上力学性能均匀，是一般钢铁铸件所要求的组织和性能。

由上述可知，铸锭组织是不均匀的。从表层到心部依次由细小的等轴晶粒、柱状晶粒和粗大的等轴晶粒所组成。改变结晶条件可以改变这三层晶区的相对大小和晶粒的粗细，甚至可以获得只有两层或单独一个晶区所组成的铸锭。

2.3.4.2　铸锭缺陷

在金属铸锭中，除晶粒形状、尺寸不均匀外，还经常存在各种铸造缺陷，如缩孔、疏松、气泡及偏析等。

缩孔的形成是因为金属液体凝固要发生体积收缩。当液态金属在铸模中由外向内、自下而上凝固时，凝固早的液体金属所产生的体积收缩由凝固晚的液体金属来补充，由于液面的下降，最后凝固的部位得不到液体的补充，便会在锭的上部形成空洞，即缩孔。一般缩孔部分在轧制或锻造之前都要切去，否则对产品质量有影响。

除缩孔外，在缩孔周围还会形成微小分散孔隙，此即疏松。疏松一般发生在铸锭上部枝状晶较发达的部位。由于枝晶在成长的过程中枝晶间形成封闭体系，结晶得不到钢液的补充，结晶后体积收缩形成小孔即疏松。疏松降低了金属的密度，若疏松处无杂质，则在高温热加工时可以焊合。若中心疏松很严重，则在锻轧件内部产生裂纹。

气泡是指铸锭结晶过程中有气体析出而形成的空洞。它是由于结晶时液态金属中的气体不能逸出金属表面，以气泡形式留在铸锭内部而形成的。在铸锭铸坯轧制过程中气孔大多都可以焊合，但皮下气孔会造成微细裂纹和表面起皱现象，从而影响金属的质量。

偏析是指合金铸锭在纵断面、横截面上化学成分不均匀的现象。造成偏析的原因是由于在结晶过程中，杂质元素、气体元素、低熔点元素在最后结晶区域平均含量增高；在中心等轴晶粒区，枝晶发达，有较大的枝晶偏析；液态合金结晶时形成比重相差较大的合金相，由于这种相的上浮或下沉，形成区域偏析等。

由金属的结晶过程分析可知，金属铸锭各个部分由于结晶条件不同，组织和化学成分不均，必然使铸锭各部分的力学性能有差别，只有经过较大变形量的热加工后，才能将这些差别减小。

2.3.5　同素异构转变

大多数金属结晶结束后及在进一步冷却的过程中，其晶格结构不再发生变化。但也有一些金属如铁、钛、钴、锰、锡等，在结晶之后继续冷却时，还会出现晶体结构的变化，从一种晶格转变为另一种晶格。这种金属在固态下随温度的变化，由一种晶格向另一种晶格的转变称为同素异构转变。

由同素异构转变得到的不同晶格的晶体称为同素异构体。根据同素异构体存在的温度由低到高，分别用 α、β、γ、δ 表示。例如，常温下的同素异构体通常用 α 表示。

纯铁的冷却曲线如图 2-20 所示。分析纯铁的结晶过程，其在 1538℃ 由液态转变为具有体心立方晶格的 δ-Fe；而在 1394℃ 纯铁发生同素异构转变，由固态的体心立方晶格 δ-Fe 转变为面心立方晶格的 γ-Fe；冷却到 912℃ 再一次发生同素异构转变，转变为体心立方晶格的 α-Fe；冷却到 770℃ 冷却曲线又出现平台，在此温度 α-Fe 的晶格只是发生了磁性转变，即纯铁在 770℃ 以上无铁磁性，在 770℃ 以下具有铁磁性。770℃ 为纯铁的磁性转变点，也称居里点。纯铁同素异构转变的过程可表示为：

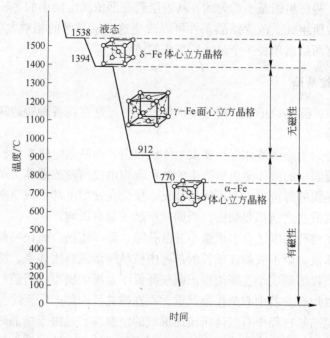

图 2-20　纯铁的冷却曲线

$$\delta\text{-Fe} \underset{(体心立方)}{\overset{1394℃}{\rightleftharpoons}} \gamma\text{-Fe} \underset{(面心立方)}{\overset{912℃}{\rightleftharpoons}} \alpha\text{-Fe}_{(体心立方)}$$

同素异构转变是固态下发生的晶格类型的转变，也是通过形核及晶核长大过程完成的。晶核优先在原来的晶界处形成；转变在一定的温度下进行，有潜热放出，转变时需要过冷。由于同素异构转变是在固体状态下发生的，需要比液态金属结晶更大的推动力，因此要有更大的过冷度。另外，由于晶型的转变造成致密度的差异，会引起体积的变化，从而产生组织应力。

同素异构转变对金属具有十分重要的意义，正是因为纯铁能产生同素异构转变，才使得钢铁材料能利用金属的同素异构现象进行热处理，从而改变钢铁材料的组织与性能。

小　结

本章重点介绍了金属的晶体结构、结晶过程及控制。金属材料的性能与其成分、组织结构密切相关。金属材料的熔炼、铸造、焊接经历结晶的过程。要了解金属的组织结构、成分与性能之间的关系，有必要了解有关晶体学的一些基础知识，了解结晶过程与组织的变化规律，以获得需要的组织与性能。

学习本章应注意掌握以下要点：

（1）晶体的基本概念及特点，了解晶体的基本特征。晶体原子排列模型，晶格、晶胞的构成及与晶体原子排列的关系。

（2）常见金属的三种晶体结构，实际金属的结构特点与缺陷；晶体中的缺陷及对金属结构与性能的影响。

（3）金属结晶的过程，结晶形核、长大方式与影响因素，晶粒大小对金属性能的影响，通过控制结晶过程获得需要的组织与性能。

（4）铸锭结晶组织的形成过程，铸锭常见的缺陷。铸锭组织对性能的影响及控制组织分布的方法。

（5）金属同素异构转变的概念，纯铁的同素异构转变情况。

复习思考题

2-1 解释名词：晶体、非晶体、晶界、多晶体、晶胞、晶体缺陷、空位、间隙原子、结晶、过冷现象、变质处理、同素异构转变。

2-2 常见的金属晶体结构有哪几种？它们的原子排列有什么特点？

2-3 实际金属中存在哪些晶体缺陷？各种缺陷对金属的晶格、力学性能产生什么影响？

2-4 晶体的力学性能为什么具有各向异性？实际金属力学性能为何表现为各向同性？

2-5 金属结晶的过程怎样？简述金属结晶过程的形核与长大过程。

2-6 晶粒大小对金属的力学性能有何影响？影响晶粒大小的因素及控制方法有哪些？

2-7 金属铸锭的组织有哪几个晶区？各晶区的性能如何？

2-8 铸锭的常见缺陷有哪些？它们对金属铸锭产生什么影响？

2-9 说明缩孔与疏松形成的原因及在铸锭内的分布。

2-10 纯铁的同素异构转变如何进行？

3 二元合金的相结构与结晶

纯金属虽然在工业上获得了一定的应用，但它的强度、硬度较低，而且冶炼成本高，因此在使用上受到限制，实际工业生产中使用的金属材料绝大多数是合金。

合金的强度、硬度、耐磨性等力学性能高于纯金属，某些合金还具有特殊的电、磁、耐热、耐蚀等物理、化学性能，而且合金还能够通过改变化学成分、组织结构获得不同的性能，满足不同的使用要求。综合考虑生产成本，使用性能等因素，合金比纯金属更具有优越性，应用更广泛。

本章主要介绍合金组成相的类别和性能，合金的结晶过程、组织转变及分析的方法。

3.1 合金的相结构

3.1.1 合金的概念

（1）合金。由两种或两种以上的金属或金属与非金属，经熔炼、烧结或其他方法组合而成并具有金属特性的物质称为合金。例如，钢铁材料是以铁和碳为主的合金，普通黄铜是铜和锌的合金。

（2）组元。组成合金的最基本的、独立的物质称为组元，简称元。一般说来，组元就是组成合金的金属元素或非金属元素，也可以是稳定的化合物。例如，普通黄铜的组元是铜和锌；碳钢的组元是铁和碳，也可看做是铁和渗碳体（由铁和碳化合形成的化合物）两组元组成的合金。根据组成合金的组元多少，合金可分为二元合金、三元合金和多元合金。

（3）合金系。给定组元按不同比例配制的一系列成分不同的合金称为合金系。例如，铁和碳按不同的比例，可配制出不同成分的碳钢和生铁，它们构成铁碳合金系。

（4）相。当不同的组元经熔炼或烧结组成合金时，组元间相互作用，形成具有一定晶体结构和一定成分的相。相是指在金属或合金中，化学成分相同、具有同一晶体结构，并有明显的界面与其他部分分开的均匀组成部分。例如，α-Fe 和 γ-Fe 的晶体结构不同，是两种不同的相，由 α-Fe 转变为 γ-Fe 发生了相变；碳钢由铁素体和渗碳体两种相组成，是两相混合物。

由一种固相组成的合金称为单相合金，由几种不同固相组成的合金称为多相合金。

3.1.2 合金相结构的类型

液态合金结晶时，由于各组元之间相互作用不同，结晶后固态合金中可形成两类基本相：固溶体和金属化合物。

3.1.2.1 固溶体

合金中的组元在固态下互相溶解形成的均匀固相称为固溶体。形成的固溶体其晶格类型与组成它的一个组元是相同的。在固溶体中晶格保持不变的组元为溶剂，一般在合金中含量较多；晶格消失的组元称为溶质，一般在合金中含量较少。

A 固溶体的种类

固溶体与溶液一样，它的成分可在一定的范围内变化。大多数合金形成固溶体时，溶质在溶剂中的溶解度是有一定限度的，这种固溶体称为有限固溶体。有些合金形成固溶体时，溶质在溶剂中可任意溶解，这种固溶体称为无限固溶体。一般来说，组元间晶格类型相同才可能无限互溶，否则只能有限互溶。组元间原子半径相差越小，在周期表中位置越接近，相互之间溶解度越大，反之溶解度越小。此外，合金中固溶体的溶解度还与温度有关，有限固溶体的溶解度随着温度的升高而增大。

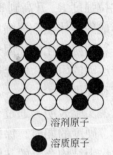

○ 溶剂原子
● 溶质原子

固溶体是溶质组元溶入溶剂组元晶格中，根据溶质组元溶入溶剂组元晶格中的位置不同，固溶体分为置换固溶体与间隙固溶体。

a 置换固溶体

溶质原子取代溶剂原子分布在溶剂晶格的某些结点上而形成的固溶体称为置换固溶体。图 3-1 是置换固溶体示意图。

图 3-1 置换固溶体示意图

置换固溶体中溶质在溶剂中的溶解度取决于两组元的晶格类型、组元间原子半径的相对差别、组元间电负性、电子浓度等因素。

当形成置换固溶体时，由于溶质与溶剂原子的半径不可能相同，因此，在溶质原子周围一定范围内，造成固溶体晶格常数的变化和晶格畸变，如图 3-2 所示。

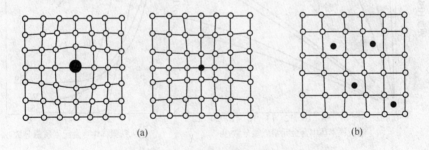

(a)　　　　　　　　　　　　(b)

图 3-2 固溶体的晶格畸变示意图
（a）置换固溶体的晶格畸变；（b）间隙固溶体的晶格畸变

b 间隙固溶体

溶质原子进入溶剂晶格间隙位置而形成的固溶体称为间隙固溶体，如图 3-3 所示。过渡族金属元素与氢、碳、氮、氧等原子半径较小的非金属元素组成合金时能形成间隙固溶体。如铁素体就是碳进入 α-Fe 晶格间隙而形成的间隙固溶体。

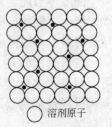

○ 溶剂原子
· 溶质原子

一般溶质原子与溶剂原子直径的比值 $d_质/d_剂 < 0.59$ 时才能形成间隙固溶体。溶质与溶剂原子直径接近则容易形成置换固溶体。

由于溶剂晶格的间隙半径比较小，溶剂的溶入在溶剂晶格中造成晶格畸变，如图 3-3 所示。溶质溶入数量越多，引起的晶格畸变越

图 3-3 间隙固溶体示意图

大。当晶格畸变达到一定程度后，固溶体的晶体结构将不再是稳定的，此时溶质原子将不再溶入固溶体中，而是和溶剂原子结合形成新相。由此可见，间隙固溶体只能是有限互溶的。

B　固溶体的性能

当溶质元素的含量极少时，固溶体的性能与溶剂金属基本相同。随着溶质含量的升高，固溶体的强度、硬度逐渐升高，而塑性、韧性有所下降。例如，纯铜的抗拉强度 R_m 为 220MPa、硬度为 40HBW、断面收缩率 Z 为 70%，当加入 1% 的镍形成单相固溶体后，抗拉强度 R_m 升高到 390MPa，硬度升高到 70HBW，而断面收缩率 Z 仍有 50%。这种通过形成固溶体使金属强度和硬度提高的现象称为固溶强化。

固溶强化的原因是，溶质原子溶入溶剂晶格导致溶剂晶格发生畸变。晶格畸变增大位错运动的阻力，使金属的滑移变形变得更加困难，塑性变形抗力增加，从而提高合金的强度和硬度。

实验表明，通过合理控制固溶体中溶质元素的含量，可以在显著提高金属材料的强度、硬度的同时，保持较高的塑性、韧性，如图 3-4 所示。固溶体的综合力学性能良好，常作为结构合金的基体相，生产实际中综合力学性能要求高的结构材料几乎都是以固溶体为基体的合金。

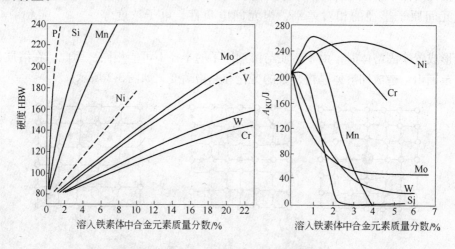

图 3-4　合金元素含量对铁素体性能的影响

固溶体与纯金属相比，物理性能也有较大的变化，如电阻率上升、电导率下降、磁矫顽力增大。例如，向钢片中加入 4% 的硅得到电阻率高的硅钢片，此硅钢片用作电动机的导磁材料，可以减小磁路的涡流损耗。

需要指出的是，固溶强化是强化金属的重要途径之一，在生产中得到了广泛的应用。但是大多数金属单纯采用固溶强化所能达到的强化效果是有限的，常常不能满足对金属材料性能的要求。因此，生产实际中在固溶强化基础上还采用其他的强化方法来强化金属。

3.1.2.2　金属化合物

组成合金的各组元间除了相互溶解形成固溶体外，还可能相互化合形成金属化合物。

金属化合物的晶格类型和特性完全不同于组成它的任一组元，常有复杂的晶体结构，一般可用分子式表示。金属化合物一般具有高熔点、高硬度并且脆性很大，常作为强化相分布在固溶体基体上，提高合金的强度、硬度和耐磨性，但同时会使合金的塑性、韧性下降。

金属化合物通常分为正常价化合物、电子化合物和间隙化合物三类。

（1）正常价化合物。正常价化合物是指组元间严格遵守原子价规律结合的化合物。它们由元素周期表中相距较远、电负性相差较大的两元素组成，可用确定的化学式表示，如 Mg_2Si、Mg_2Sn、Cu_2Se、ZnS 等。这类化合物成分固定，硬度较高、脆性大。

（2）电子化合物。电子化合物是组元间不遵守原子价规律，而是按一定电子浓度（化合物中价电子数与原子数之比）形成的化合物。电子化合物中电子浓度与其晶体结构之间有一定的对应关系：电子浓度为 3/2，形成体心立方晶格的电子化合物称 β 相，如 CuZn；电子浓度为 21/13，形成复杂立方晶格的电子化合物称 γ 相，如 Cu_5Zn_8；电子浓度为 7/4，形成密排六方晶格的电子化合物称为 ε 相，如 $CuZn_3$。电子化合物虽然可用化学式表示，但它的成分范围较宽，可以溶入一些其他组元，形成以该化合物为基体的固溶体。

电子化合物主要以金属键结合，具有明显的金属特性，可以导电。它们的熔点和硬度较高，塑性较差，是许多有色金属中重要的强化相。

（3）间隙化合物。间隙化合物是由原子半径较大的过渡族金属元素与原子半径较小的非金属元素形成的化合物。尺寸较大的过渡族元素原子占据晶格的结点位置，尺寸较小的非金属原子则有规则地嵌入晶格的间隙之中。根据结构特点可以将间隙化合物分为间隙相和复杂结构的间隙化合物两种。

当非金属元素原子半径较小时（非金属原子半径与金属原子半径之比小于 0.59），形成具有简单晶体结构的间隙化合物，称为间隙相，如 TiC 等。间隙相具有金属特性，有极高的熔点和硬度，非常稳定。它们的合理存在，可有效地提高钢的强度、热强性、红硬性和耐磨性。间隙相是高合金钢和硬质合金中重要的组成相。

当非金属元素原子半径较大时（非金属原子半径与金属原子半径之比大于 0.59），形成具有复杂结构的间隙化合物。例如，钢中的 Fe_3C、$Cr_{23}C_6$、Fe_4W_2C、Cr_7C_3、Mn_3C、FeB、Fe_2B 等都是这类化合物。复杂结构的间隙化合物也具有很高的熔点和硬度，但比间隙相稍低些，在合金中也起强化相作用。

3.1.3 合金的组织

合金的组织是指合金中相的综合体，即合金中不同形状、尺寸、数量和分布的各相组合而成的综合体。通常我们可以借助金相显微镜等手段观察合金内部各相的形貌和特征等，故也称显微组织。

组织和结构是两个不同的概念，表现在它们所涉及的尺度范围不同。组织是在显微镜下观察到的合金内部的形貌和特征，尺度范围较大。而晶体结构指的是金属晶体中原子排列的方式，尺度范围小。

固溶体和金属化合物是组成合金组织的基本部分。如果合金由单一的固溶体组成，则合金的组织在显微镜下观察为多晶体的颗粒。如图3-5所示，铁素体的室温组织由颗粒状的单相固溶体组成。若合金以固溶体为基体，金属化合物为强化相时，则合金的组织由两个相组成，是多相的机械混合物。如图3-6所示，含碳量为0.77%的铁碳合金的室温组织由铁素体和渗碳体两相混合而成。

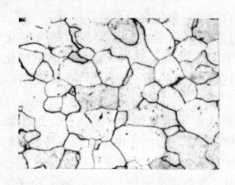　　　　　　　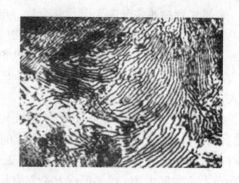

图3-5　铁素体的室温组织　　　　图3-6　含碳量为0.77%的铁碳合金的室温组织

工业生产中大多数合金是由固溶体与少量的金属化合物组成的，通常是多种相混合物。多相合金中的各相数量、形态、大小和分布不同，则合金的组织不同，合金的性能也不同。因此，为满足工业生产中对合金性能的需求，可以通过各种工艺手段来改变各相的形态、大小和分布，改变合金的组织，从而改变合金的性能。例如，纯铁经变形度为70%的冷拔变形后，晶粒被拉长变形，同时其内部位错密度等晶体缺陷增多，其抗拉强度由冷拔前的180MPa提高到460MPa。再如，碳含量为0.77%的铁碳合金，室温平衡组织中含有片状的Fe_3C相，其硬度高达800HBW，切削性能较差；但球化退火后，Fe_3C相变为分散的颗粒状，硬度大大降低使切削性能得到提高。

3.2　二元合金相图

合金的性能与化学成分及组织有关，而合金的组织取决于合金的成分和温度等因素。研究合金的组织形成及变化规律，常以合金相图作为研究的工具。

合金相图是表示在平衡状态下，合金的状态（组成相）与温度、成分之间关系的图解，也称为合金状态图。

3.2.1　二元合金相图的基础知识

3.2.1.1　二元合金相图的表示方法

二元合金的状态主要与合金的温度和成分两个因素有关，所以要用纵、横两个坐标来表示。下面以Cu-Ni合金相图为例，说明二元合金相图的表示方法。

图3-7为Cu-Ni合金相图，纵坐标表示合金的温度，横坐标表示合金的成分，横坐标从左到右Ni的含量逐渐增大，而Cu的含量逐渐减小。

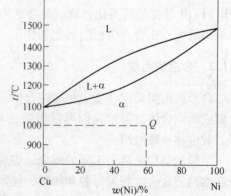

图3-7　二元相图的表示

例如，横坐标的最左端 0 点，表示合金含 Ni 量为 0% 即为纯组元 Cu；最右端 100 点，表示合金含 Ni 量为 100%，即为纯组元 Ni；60 点表示合金含量 Ni 量为 60%，含 Cu 量为 40%。图中任意一点都表示一定成分、温度的合金。

3.2.1.2　二元合金相图的建立

了解相图的建立方法，可以帮助我们理解相图中各点、线及相区的含义，为使用相图分析合金组织的变化规律打下基础。

合金相图都是通过实验方法得到的，建立一个合金系相图最主要的工作是测出一系列不同成分合金的熔点和固态转变温度，即相变临界点。测定临界点的实验方法有：热分析法、热膨胀法、电阻测量法、X 射线分析法等，其中最基本的是热分析法。下面以 Cu-Ni 合金为例，说明用热分析法测定二元合金相图的步骤。

（1）配制一系列成分不同的 Cu-Ni 合金。例如，配制含 Ni 量为 0%、30%、50%、70%、100% 的五组 Cu-Ni 合金，配制的不同成分合金越多，做出的相图越准确。

（2）测出各合金的冷却曲线。分别对上述各成分的合金加热熔化并缓慢冷却，测出冷却曲线，如图 3-8（a）所示。

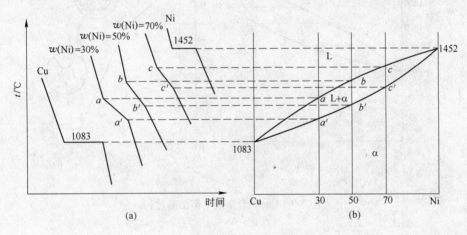

图 3-8　用热分析法建立 Cu-Ni 相图
（a）冷却曲线；（b）相图

（3）找出冷却曲线上的临界点。在冷却曲线上，找出各成分合金的结晶开始点和结晶终了点。五种合金的临界点列于表 3-1 中。

表 3-1　不同成分 Cu-Ni 二元合金冷却曲线上的临界点

序　号	合金成分/%		相变临界点/℃	
	Cu	Ni	结晶开始温度	结晶终了温度
1	100	0	1083	1083
2	70	30	1120	1165
3	50	50	1302	1232
4	30	70	1376	1308
5	0	100	1455	1455

（4）标注各临界点。将各临界点标注在温度-成分坐标图中相应的位置上。

（5）连接临界点。将各相同意义的临界点连接成光滑曲线，即可获得图 3-8（b）所示的 Cu-Ni 合金相图。

实际上，二元合金相图的类型很多，有的还比较复杂。然而，无论怎样复杂的相图，都可以看成是由几种基本类型的相图组成的。下面介绍几种基本类型的相图和相图的分析方法。

3.2.2　匀晶相图

当组成合金的各组元在液态和固态都能按任意比例相互溶解形成固溶体，这类合金的相图为匀晶相图。能形成这类相图的合金系有 Cu-Ni、Au-Ag、Fe-Cr、Au-Pt 等。下面以图 3-9 所示的 Cu-Ni 相图为例介绍匀晶相图的分析方法。

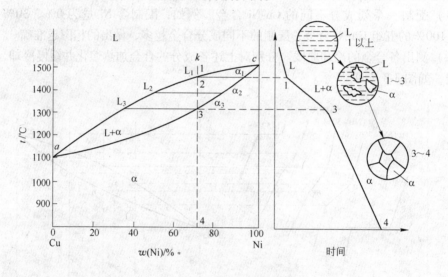

图 3-9　Cu-Ni 合金的平衡结晶过程

3.2.2.1　相图分析

Cu-Ni 二元合金有两种基本相，液相 L 和固相 α，α 相是 Cu 和 Ni 无限互溶形成的固溶体。相图中 a 点和 c 点分别表示纯组元 Cu 和 Ni 的熔点。上面的一条曲线称为液相线，下面的一条曲线为固相线。液相线和固相线把匀晶相图分成三个不同相区：液相线以上是单相液相 L 区；固相线以下为单相固相 α 区；在液相线和固相线之间，合金处于液相 L 和固相 α 两相共存状态，用 L + α 表示。

3.2.2.2　合金的平衡结晶

平衡结晶是指金属在极缓慢冷却条件下进行的结晶过程。平衡结晶过程中各相处于平衡状态，所得的组织称平衡组织。下面以图 3-9 中成分为 k 的合金为例，分析合金的结晶过程。

液相线以上合金为液相 L。当合金缓慢冷却到和液相线相交的 1 点时，从液相合金中结晶出 α 固溶体，使合金的组成相变化为 L + α。此时固溶体的成分为 $α_1$，与其平衡的液

相成分为 L_1，从相图中可以分析出，α_1 固溶体比原成分为 k 的合金含 Ni 量高很多。随着温度继续下降，结晶出的 α 固溶体数量不断增加，其成分也沿着固相线不断变化；剩余的液相 L 不断减少，其成分沿着液相线不断变化。冷却到 2 点时，此时剩余液相的成分为 L_2，固溶体的成分为 α_2。当合金冷却到与固相线相交的 3 点时，结晶过程结束，得到与原合金成分相同的单相 α 固溶体；温度再下降，合金组织不再发生变化。

通过上述结晶过程的分析可以得出，固溶体结晶不是一个恒温过程，而是在一个温度区间完成结晶的。在此区间内的一定温度下，只能结晶出一定成分和一定数量的固溶体，而且随着温度的降低固溶体的数量和成分不断改变，这就需要通过两种原子的相互扩散，才能得到成分均匀的固溶体，实现平衡结晶。因此，固溶体的结晶速度比纯金属慢。

固溶体结晶只有在非常缓慢的冷却条件下，原子才能够有时间进行充分的扩散，固相的成分才能沿着固相线变化，最后形成成分均匀的固溶体。但是，在实际生产中，液态金属的结晶过程不可能在十分缓慢的冷却条件下进行，而是具有较大的冷却速度，而且固态下原子的扩散十分困难，致使固溶体内部的原子扩散不能充分进行。实际固溶体结晶是在一定的温度区间进行，一般是按枝晶方式长大，这样在高温下先结晶出来的树枝晶的枝干含高熔点组元较多，在较低的温度下结晶出来的树枝晶的枝晶含低熔点组元较多，结果造成在一个晶粒内化学成分分布不均匀，这种现象称为枝晶偏析。如图 3-10 所示，Cu-Ni 合金枝晶偏析的显微组织中，枝干含高熔点组元 Ni 量多，不易蚀呈白色；枝间含低熔点组元 Cu 量多，易蚀呈黑色。

枝晶偏析的存在，使晶粒内部性能不一致，这会降低合金的力学性能、工艺性能和耐蚀性能。因此，生产上为了消除其影响，常把合金加热到高温，并进行长时间保温，使原子充分扩散，从而获得成分均匀的固溶体，这种处理方法称为扩散退火。

3.2.2.3 杠杆定律的应用

合金在结晶过程中，液相和固相的成分以及它们的相对质量都在不断发生变化。利用杠杆定律，不但能够确定两相区内任一成分的合金在任一温度下处于平衡时的两相成分，而且可以确定两相的相对质量。

A 确定两平衡相的成分（水平截线法）

如图 3-11 所示，成分为 X 的合金在 T_1 温度时，处于液相 L 与固相 α 两相共存状态，

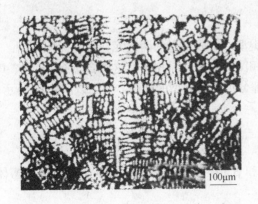

图 3-10 铸态 Cu-Ni 合金枝晶偏析的显微组织

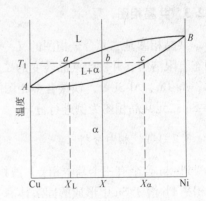

图 3-11 杠杆定律的证明

液相 L 与固相 α 的成分不同。可以通过 T_1 点作一条水平线 abc，水平线与液相线相交于 a 点，与固相线相交于 c 点，分别将 a 点和 c 点投影在成分坐标轴上，则 X_L 和 $X_α$ 分别是液相 L 和固相 α 的成分。

　　B　确定两平衡相的相对质量（杠杆定律）

以图 3-11 中成分为 X 的合金在 T_1 温度时为例，确定两平衡相相对质量。设合金总质量为 1，温度 T_1 时，合金中液相 L 的质量分数为 Q_L，固相 α 的质量分数为 $Q_α$。用水平截线法可以确定液相的成分 X_L 和固相的成分 $X_α$。

$$Q_L + Q_α = 1$$

$$Q_L X_L + Q_α X_α = X$$

解方程可得固相 α 与液相 L 质量分数之比为：

$$\frac{Q_α}{Q_L} = \frac{X - X_L}{X_α - X} = \frac{ab}{bc} \quad 或 \quad Q_α \cdot bc = Q_L \cdot ab$$

同样，液相的质量分数 Q_L、固相的质量分数 $Q_α$ 分别为：

$$Q_L = \frac{bc}{ac}, \quad Q_α = \frac{ab}{ac}$$

　　上面的计算式与力学中的杠杆定律相似，所以称为杠杆定律。如果把图 3-12 中表示合金的原成分的 b 点看作杠杆的支点，假定杠杆两端分别悬挂质量 Q_L 和 $Q_α$，则杠杆的平衡条件是：

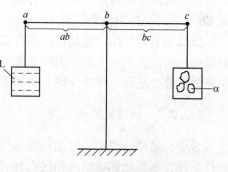

$$Q_α \cdot bc = Q_L \cdot ab$$

即　　　　　$$\frac{Q_α}{Q_L} = \frac{ab}{bc}$$

图 3-12　杠杆定律的力学比喻

　　杠杆的两端表示该温度下两相的成分，杠杆全长 ac 表示合金的总质量，液臂长度 ab 对应固相的质量，固臂长度 bc 对应液相的质量。

3.2.3　共晶相图

　　共晶相图是二元合金相图的又一种基本类型。组成合金的两组元在液态无限溶解，在固态有限溶解，并发生共晶转变的二元合金相图，称为共晶相图。这类合金有 Pb-Sn、Pb-Sb、Ag-Cu、Al-Si 等，铁碳合金相图的铸铁部分也是共晶型的相图。下面以图 3-13 所示的 Pb-Sn 二元共晶相图为例进行分析。

3.2.3.1　相图分析

　　Pb-Sn 合金有三个基本相：L 液相、α 相和 β 相。α 相是 Sn 溶于 Pb 中形成的固溶体，β 相是 Pb 溶于 Sn 中形成的固溶体。

　　由相图可见，相图中有三个单相区，分别是 L 相、α 相和 β 相相区；三个双相区，

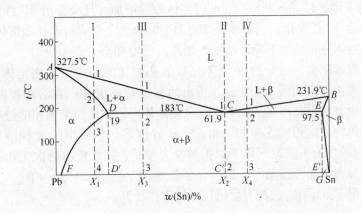

图 3-13 Pb-Sn 合金相图

L+α、L+β 和 α+β 相区；一个三相区，在 *DCE* 水平线上是 L+α+β 三相共存。

相图中 *A* 点、*B* 点分别为纯组元 Pb、Sn 的熔点；*D* 点、*E* 点分别为 α 和 β 固溶体的最大溶解度点；*F* 点、*G* 点分别为 α 和 β 固溶体的室温溶解度点；*C* 点为共晶点。各点的成分、温度见图 3-13。

相图中 *AC* 和 *BC* 线为液相线，液相线以上合金为液相 L。*AD*、*DCE*、*BE* 为固相线，固相线以下合金结晶为固相；固相线中 *DCE* 线是一条水平线，也称为共晶线，共晶线对应的温度为 183℃。根据前面介绍的确定两相区各相成分的方法可知，任何成分在 *DCE* 线之间的液态合金冷却到共晶线对应的温度时，剩余液相的成分必然是共晶点 *C* 的成分。具有 *C* 点成分的液相 L_C 在共晶点 *C* 对应的温度，将同时结晶出成分为 *D* 点的固溶体 α_D 和成分为 *E* 点的固溶体 β_E 的两相混合物。这种一定成分的液相，在一定温度，同时结晶出成分不同的两种固相的转变称为共晶转变。共晶转变获得的两相混合物称为共晶体或共晶组织。显然，在共晶转变过程中液相 L_C 和两个固相 α_D 与 β_E 处于三相共存状态。Pb-Sn 合金的共晶转变可用下式表达：

$$L_C \xrightleftharpoons{183℃} \alpha_D + \beta_E$$

DF 线是 Sn 在固溶体 α 中的溶解度曲线。*EG* 线是 Pb 在固溶体 β 中的溶解度曲线，溶解度曲线也称固溶线。曲线表明，固溶体的溶解度随着温度的下降而降低。

3.2.3.2 合金的结晶过程和组织

下面以图 3-13 所示的四种典型合金为例，分析合金的结晶过程和显微组织。

A 合金 I （成分在 *F~D* 之间的合金）

合金 I 的冷却曲线及结晶过程如图 3-14 所示。

液相合金缓慢冷却到 1 点温度时，开始从液相合金中结晶出 α 固溶体，组成相变化为

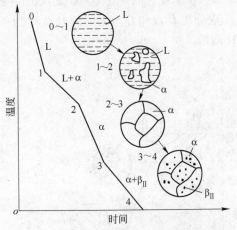

图 3-14 合金 I 的冷却曲线及结晶过程

L+α。温度继续下降，结晶不断进行，α固溶体数量增加，其成分沿 AD 线变化；剩余液相减少，其成分沿 AC 线变化；当冷却至 2 点温度时合金完全结晶成 α 固溶体。在 2～3 点温度之间，α固溶体只有温度下降，不发生相变。当冷却至 3 点温度时，Sn 在 Pb 中的溶解度达到饱和；继续降温，过剩的 Sn 将不断以 β 固溶体的形式从 α 固溶体中析出，使 α 固溶体的成分沿着溶解度曲线 DF 变化，析出的 β 固溶体成分沿着溶解度曲线 EG 变化。为了区别从液相中直接结晶出来的固相，将从固溶体中析出另一个固相的过程称为二次结晶，析出的固相称为二次相或次生相。由此，从 α 固溶体中析出的 β 固溶体称为次生 β 固溶体，用 β_{II} 表示。由于固态下原子的扩散能力较差，因此析出的次生相不易长大，一般都比较细小，分布于晶界或晶内。最后合金 I 得到的室温组织为 $\alpha + \beta_{II}$。

合金 I 在室温下 α 和 β_{II} 的相对量可用杠杆定律计算：

$$w(\alpha) = \frac{4g}{fg} \times 100\%, \quad w(\beta_{II}) = \frac{f4}{fg} \times 100\%$$

同样分析可以得出，成分为 E～G 点之间的合金，结晶后的组织为 $\beta + \alpha_{II}$。

B　合金 II（共晶合金）

合金 II 的冷却曲线及结晶过程如图 3-15 所示。

液相合金缓慢冷却到 1 点温度时，将发生共晶转变，即从液相 L 中同时结晶出 α 和 β 两种固溶体，其反应式为：$L_C \underset{}{\overset{183℃}{\rightleftharpoons}} \alpha_D + \beta_E$。共晶转变在恒温下进行，直到液相全部转变为共晶组织（$\alpha_D + \beta_E$）为止。此时获得的共晶组织中的 α_D 和 β_E 的相对量可用杠杆定律计算。

$$w(\alpha_D) = \frac{EC}{DE} \times 100\%, \quad w(\beta_E) = \frac{CD}{DE} \times 100\%$$

共晶转变结束后，α 和 β 两种固溶体的成分，分别为 D 点和 E 点所对应的成分。从共晶温度冷却到室温的过程中，共晶组织中的 α 和 β 固溶体均发生二次结晶，即从 α 固溶体中析出 β_{II}，从 β 固溶体中析出 α_{II}。由于从固溶体中析出的次生相与共晶组织中的相同相混合在一起且析出数量很少，在显微镜下很难分辨，一般可以忽略，所以合金 II 的室温组织为共晶组织（α+β）。

C　合金 III（成分在 D～C 之间的合金）

成分在 D 点和 C 点之间的合金称为亚共晶合金，合金 III 的冷却曲线及结晶过程如图 3-16 所示。

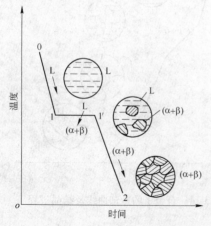

图 3-15　合金 II 的冷却曲线及结晶过程

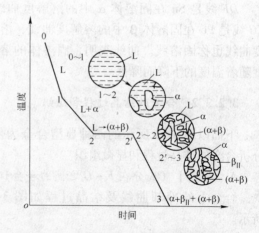

图 3-16　亚共晶合金的冷却曲线及结晶过程

液相合金缓慢冷却到 1 点温度，开始从液相中结晶出 α 固溶体，称为初生 α 固溶体，组成相变化为 L + α。温度继续下降，结晶不断进行，初生 α 固溶体数量增加，其成分沿 AD 线变化；剩余液相减少，其成分沿 AC 线变化。当刚冷却到与 DCE 线相交的 2 点温度时，称初生 α 固溶体的成分为 D 点成分，剩余液相的成分为 C 点成分。在此温度，剩余液相将发生共晶转变，形成共晶组织（$\alpha_D + \beta_E$），转变式为：$L_C \xrightleftharpoons{183℃} \alpha_D + \beta_E$，在共晶转变过程中初生 α 固溶体不发生变化。共晶转变完后，合金的组织为初生 α_D 和（$\alpha_D + \beta_E$），它们的相对量可用杠杆定律计算。

$$w(\alpha_D) = \frac{2C}{DC} \times 100\%$$

$$w(\alpha_D + \beta_E) = w(L_C) = \frac{D2}{DE} \times 100\%$$

从 2 点温度继续冷却至室温，由于固溶体的溶解度随温度的降低而下降，初生 α 固溶体、共晶组织中的 α 固溶体中和 β 固溶体中将分别析出 β_{II} 和 α_{II} 相。由于在金相显微镜下，只能观察到从初生 α 固溶体中析出的 β_{II} 相，而共晶组织中 α_{II} 和 β_{II} 相一般难以分辨，故可忽略不计。所以，合金Ⅲ的室温组织为初生 $\alpha + \beta_{II} + (\alpha + \beta)$，室温组织的组成相为 α 和 β。利用杠杆定律，可以计算出合金Ⅲ在室温下各组成相的相对量。

$$w(\alpha) = \frac{3G}{FG} \times 100\%$$

$$w(\beta) = \frac{F3}{FG} \times 100\%$$

图 3-17 所示为 Pb-Sn 亚共晶合金的显微组织，其中黑色树枝状枝晶体为初生 α 固溶体，黑白相间分布的为共晶组织（α + β），初生 α 内的白色小颗粒为次生 β_{II}。次生 β_{II} 和共晶体（α + β）中的 β 相虽然成分和结构完全相同，属于同一相，但形貌特征完全不同，故属于不同的组织。

D 合金Ⅳ（成分在 C ~ E 之间的合金）

成分在 C 点和 E 点之间的合金称为过共晶合金，合金Ⅳ的冷却曲线及结晶过程如图 3-18所示。

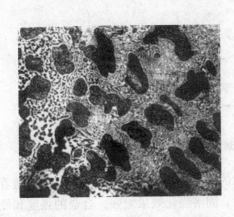

图 3-17 Pb-Sn 亚共晶合金的显微组织

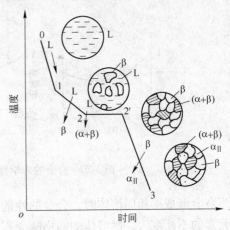

图 3-18 过共晶合金的冷却曲线及结晶过程

过共晶合金结晶过程的分析方法和步骤与上述亚共晶合金类似，不同的是初生相为 β 固溶体，次生相是 α_{II}，所以过共晶合金室温组织为初生 β + α_{II} +（α + β）。图 3-19 所示为 Pb-Sn 过共晶合金的显微组织，其中亮白色为初生 β 固溶体，黑白相间分布的为（α + β）共晶体，初生 β 固溶体内的黑色小颗粒为次生 α_{II}。

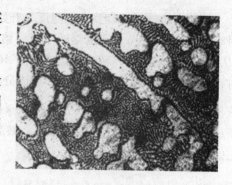

图 3-19　Pb-Sn 过共晶合金的显微组织

3.2.4　合金性能与相图的关系

合金的性能主要取决于合金的化学成分与组织，而合金的某些工艺性能则与合金的结晶特点有关。合金的化学成分与组织之间的关系、合金的结晶特点都能体现在合金相图上，因此合金相图与合金性能之间必然存在着一定的联系，我们可以利用相图大致判断出不同合金的性能特点，作为选用合金和制定加工工艺的参考。

3.2.4.1　合金的力学性能和物理性能与相图的关系

合金的力学性能和物理性能与相图的关系如图 3-20 所示。

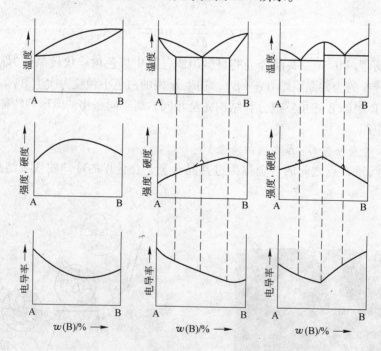

图 3-20　合金的力学性能和物理性能与相图关系

当合金形成单相固溶体时，合金的性能与组元的性质及溶质元素的溶入量有关。随着溶质元素的不断溶入，固溶体的晶格畸变程度增大，固溶强化效果增强，合金的强度和硬度提高。晶格畸变程度的增大，也使合金中自由电子运动的阻力增加，电导率下降。无限固溶体当溶质原子含量大约为 50%、有限固溶体达到最大溶解度时，晶格畸变最大，同时上述性能达到极值。强度、硬度和电导率与合金成分间呈曲线关系变化。

当合金结晶成两相混合物时，若两相的晶粒较粗，而且均匀分布时，则合金的力学性能与物理性能是两相性能的平均值，故性能与合金成分之间呈直线关系变化。这样合金的某些性能可按各组成相的性能、组成相的相对量，用叠加法求出。

例如，两相混合物的硬度可按下式估算：

$$HBW = HBW_\alpha \cdot w(\alpha) + HBW_\beta \cdot w(\beta)$$

对组织较敏感的某些性能如强度等，与组成相或组织组成物的形态有很大关系。组成相或组织组成物越细密，强度越高（见图 3-20 中虚线）。当形成化合物时，则在性能-成分曲线上对应化合物成分处出现极大值或极小值。例如，能够发生共晶转变的合金在共晶成分附近，由于共晶转变形成细小的共晶组织，合金的力学性能将偏离直线关系而出现峰值。

3.2.4.2 合金的铸造性能与相图的关系

合金的铸造性能主要包括流动性、缩孔、偏析和热裂倾向等。它取决于合金的结晶特点以及相图中液相线、固相线之间的垂直与水平距离。合金的铸造性能与相图之间的关系如图 3-21 所示。固相线与液相线之间的距离大，合金的结晶温度范围也就大，结晶过程树枝状晶体发达，从而阻碍液相的流动，因此流动性差。另外，树枝状晶体发达，容易形

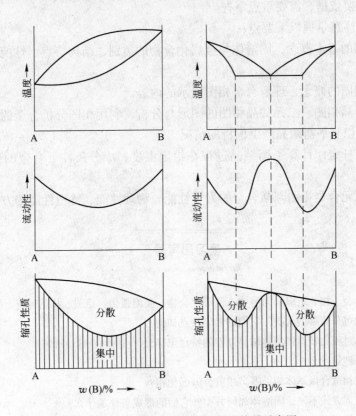

图 3-21 合金的铸造性能与相图的关系示意图

成较多的分散缩孔，使铸件组织疏松。反之，合金的结晶温度范围小，树枝状晶体不发达，流动性好，且容易形成集中缩孔，可获得致密的铸件。此外，合金结晶的温度范围大，固相与液相成分相差大，偏析与热裂的倾向大，铸造性能差。

由图 3-21 可见，纯金属、共晶成分的合金在恒温下结晶，具有最好的流动性，易形成集中缩孔，热裂倾向小，铸件性能好；无限固溶体当溶质原子含量大约为 50%、有限固溶体达到最大溶解度时（如共晶线两端点成分的合金），结晶温度区间大，流动性差，易形成较多的分散缩孔，铸件性能差。因此，铸造用金属材料在其他条件许可的情况下，尽可能选用共晶成分附近的合金。

固溶体合金具有良好的塑性，塑性变形抗力小，变形均匀，因而压力加工性能好，可以进行锻、轧、拉拔、冲压等加工，但其切削加工时不易断屑和排屑，使工件表面粗糙度增加，故切削加工性能差。两相混合物的压力加工性能不如固溶体，尤其有硬而脆的化合物存在，会使塑性变形抗力增加，塑性变差，不利于锻造等加工。但两相混合物只要组织中硬而脆的化合物不多，其切削加工性能就好于固溶体。

小　　结

本章重点介绍合金组成相的结构及各种相的特点、二元合金相图及利用相图分析合金的结晶过程。作为描述合金状态与合金温度、压力及成分之间关系的一种图解，相图是研究相变的过程及产物的重要工具。相图可以作为制定金属材料冶炼、铸造、锻造和热处理等工艺规程的重要依据，需要重点掌握。

学习本章应注意掌握以下要点：

（1）合金相的基本概念，固溶体与金属化合物的类别、结构特点、性能特点，合金的组织组成特点。

（2）合金相图的概念，理解合金相图表示的内容。

（3）二元匀晶相图、二元共晶相图的图形与分析，利用相图分析合金的结晶过程及组织变化过程，认识非平衡结晶产生偏析的情况。

（4）利用杠杆定律计算平衡结晶过程在给定温度、成分条件下合金的组织和相的相对量。

（5）根据二元合金相图判断合金的力学性能、物理性能、铸造性能的方法等。

复习思考题

3-1　名词解释：合金、相、组织、固溶体、金属化合物、固溶强化、相图、共晶转变、枝晶偏析。

3-2　合金的相结构可分为哪两大类？它们的性能特点如何？

3-3　与纯金属结晶过程比较，固溶体结晶过程的特点怎样？

3-4　固溶强化的原理是什么？

3-5　在合金中哪类相适合做基体相，哪类相适合做强化相？

3-6　按溶质原子溶入方式不同，固溶体如何分类？它们的形成条件是什么？

3-7　判断下列情况是否有相变：

（1）液态金属结晶；

（2）同素异构转变；

（3）晶粒长大。

3-8 固溶体的溶解度与什么因素有关?

3-9 什么是平衡结晶? 枝晶偏析产生的原因是什么，有什么危害?

3-10 在二元合金系中应用杠杆定律可以解决什么问题?

3-11 已知 A 与 B 在液态时能无限溶解，在固态 350℃ 时 A 溶于 B 的最大溶解度为 25%，室温下为 10%；但 B 在固态下不溶于 A，在 350℃ 时含有 B 为 60% 的液态合金发生共晶转变。根据上述数据：

（1）做出 A-B 相图；

（2）分析含 B 分别为 20%、80% 合金的平衡结晶过程，并计算室温组织中共晶体的相对含量。

3-12 一个二元共晶反应如下：$L(75\% B) \rightarrow \alpha(15\% B) + \beta(95\% B)$

（1）求共晶体中 α 和 β 的相对含量；

（2）某合金的室温组织中 β 与 $(\alpha + \beta)$ 共晶体各占 50%，求该合金成分。

3-13 利用图 3-22 所示的二元共晶相图：

（1）分析合金 I、Ⅱ 的结晶过程，并画出冷却曲线；

（2）说明室温下合金 I、Ⅱ 的相和组织，并计算出相和组织组成物的相对量。

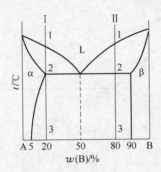

图 3-22 二元共晶相图

3-14 为什么固溶体合金结晶时成分间隔和温度间隔越大，则流动性越不好、分散缩孔越大、偏析越严重?

3-15 什么样的合金铸造性能好，为什么?

4 铁碳合金相图和碳素钢

钢铁是现代工业中应用范围最广的金属材料，它是以铁碳两元素为基本组元的合金。铁碳合金相图是人类经过长期生产实践并进行大量科学实验总结出来的，是研究铁碳合金的化学成分、组织和温度之间关系的重要工具。掌握铁碳合金相图，对于钢铁材料的研究和使用，制定热处理、热加工工艺等方面有重要的意义。

在铁碳合金中，铁与碳可以形成 Fe_3C、Fe_2C、FeC 等一系列化合物，因此整个 Fe-C 相图可以视为由 Fe-Fe_3C、Fe_3C-Fe_2C、Fe_2C-FeC 等一系列二元相图组成。由于 $w(C) > 5\%$ 的铁碳合金性能很脆，没有应用价值，所以在铁碳合金相图中只需研究 Fe-Fe_3C（$w(C)$ 为 $0\% \sim 6.69\%$）部分。因此，一般所说的铁碳合金相图，实际上就是 Fe-Fe_3C 相图，如图 4-1 所示。

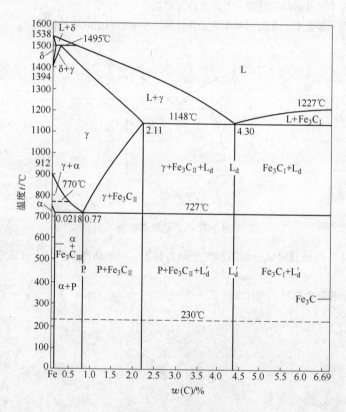

图 4-1 Fe-Fe_3C 相图

4.1 铁碳合金的基本相

铁碳合金系中，由于铁和碳之间相互作用不同，铁与碳既可形成固溶体，也可形成金属化合物。其中固溶体相有铁素体和奥氏体，金属化合物相有渗碳体。平衡冷却条件下铁碳合金就是由各相混合而成的，因此要了解铁碳合金的性能和组织，首先应了解铁碳合金基本相。

4.1.1 铁素体

碳溶于 α-Fe 中形成的间隙固溶体称为铁素体，用符号 F 或 α 表示。由于 α-Fe 是体心立方晶格，其晶格致密度低，但间隙半径很小，因而溶碳能力极差。在 727℃ 时，α-Fe 的溶碳量最大，为 0.0218%，随着温度下降溶碳量逐渐减小，在 600℃ 时约为 0.0057%。因此，铁素体在室温时的力学性能几乎与纯铁相同，具有良好的塑性、韧性，而强度、硬度较低。其抗拉强度 R_m 为 180～280MPa，屈服强度 $R_{p0.2}$ 为 100～170MPa，断后伸长率 A 达 30%～50%，断面收缩率 Z 为 70%～80%。

铁素体的居里点为 770℃，即铁素体在 770℃ 以下具有铁磁性，在 770℃ 以上失去铁磁性。

铁素体的显微组织与纯铁相同，呈明亮的等轴多边形晶粒组织，如图 4-2 所示。有时由于各晶粒位向不同，受腐蚀程度略有差异，因而稍显明暗不同。

4.1.2 奥氏体

碳溶于 γ-Fe 中形成的间隙固溶体称为奥氏体，常用符号 A 或 γ 表示。由于 γ-Fe 是面心立方晶格，其晶格致密度高，但间隙半径比体心立方晶格的 α-Fe 大，故奥氏体的溶碳能力也较强。在 1148℃ 时溶碳量最大，可达 2.11%，随着温度下降，碳在 γ-Fe 中溶解度逐渐减小，在 727℃ 时溶碳量为 0.77%。

奥氏体的力学性能与其溶碳量及晶粒大小有关，一般奥氏体的硬度为 170～220HBW，伸长率 A 为 40%～50%。奥氏体硬度不高，具有良好的塑性，是绝大多数钢在高温下轧制和锻压成型时所要求的组织。

奥氏体是一种高温相，通常存在于 727℃ 以上的温度范围。其高温下的显微组织与铁素体的显微组织相近，如图 4-3 所示，其晶粒也呈多边形，但晶界较平直，晶粒内常有孪晶出现。奥氏体为非铁磁性相。

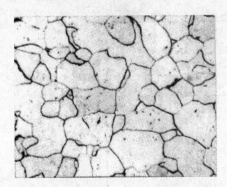

图 4-2　纯铁的显微组织

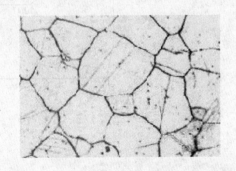

图 4-3　奥氏体的显微组织

4.1.3 渗碳体

渗碳体是一种具有复杂晶格的间隙化合物，其分子式为 Fe_3C。由于碳在 α-Fe 中溶解度很小，所以在常温下，铁碳合金中的碳主要以渗碳体形式存在。Fe_3C 的晶体结构如图4-4所示。

渗碳体的含碳量为 6.69%，熔点为 1227℃，不发生同素异构转变，但有磁性转变，居里点为230℃，在230℃以下具有铁磁性，在230℃以上失去铁磁性。其硬度很高，为 800～820HBW，而塑性和韧性几乎为零，脆性极大。

渗碳体是碳钢中主要的强化相，它的形态、数量、分布与大小对钢的力学性能有很大影响。在室温下的铁碳合金中，渗碳体通常呈片状、球状、网状或板状存在，过共析钢中魏氏组织渗碳体一般呈针状。

渗碳体中的铁原子可被 Cr、Mn 等其他金属原子置换。这种以渗碳体为溶剂的固溶体称为合

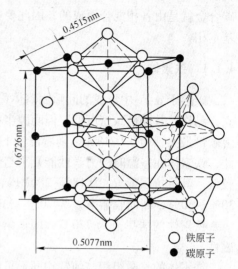

图4-4　渗碳体的晶体结构

金渗碳体，如 $(Fe, Mn)_3C$、$(Fe, Cr)_3C$ 等。同时，渗碳体是一种亚稳相，在一定条件下将分解为铁和石墨，这一分解过程对铸铁具有重要意义。

渗碳体不受硝酸酒精腐蚀，在显微镜下观察呈白亮色；而在碱性苦味酸钠腐蚀下，渗碳体被染成黑色。

4.2　铁碳合金相图分析

铁碳合金相图是一个比较复杂的二元合金相图，它由一个包晶相图、一个共晶相图和一个共析相图所构成。由于相图左上角的包晶相图部分在选材，制订热加工、焊接和热处理工艺方面应用意义不大，为了便于分析研究，将此部分简化。简化后的铁碳合金相图如图4-5所示。

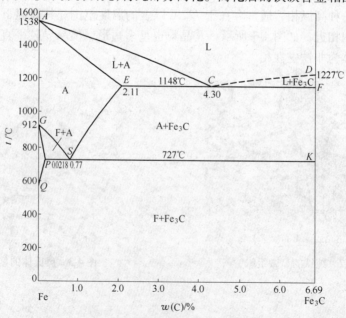

图4-5　简化的 Fe-Fe_3C 相图

相图的上半部分是共晶相图，下半部分是共析相图。在前面章节已经介绍了共晶相图的分析方法，而共析相图与共晶相图的分析方法类似。因此，分别分析共晶相图和共析相图比较容易掌握铁碳合金相图的基本规律。

4.2.1 铁碳合金相图的相区

铁碳合金的基本相有液相（L）、铁素体（F）、奥氏体（A）和渗碳体（Fe_3C），不同成分和温度的铁碳合金由各相单独或混合组成。

铁碳合金相图有 4 个单相区：L、F、A 和 Fe_3C 相区。各单相区之间的相区，是由两单相混合的双相区，共有 5 个双相区：$L+A$、$L+Fe_3C$、$F+A$、$A+Fe_3C$、$F+Fe_3C$ 相区。另有 2 个三相区：在 ECF 线上是 $L+A+Fe_3C$ 三相共存，在 PSK 线上是 $A+F+Fe_3C$ 三相共存。各相区的位置如图 4-5 所示。

4.2.2 铁碳合金相图中的特性点

铁碳合金相图中的各特性点可以结合各相区的组成相情况分析，它们的温度、成分及含义列在表 4-1 中。

表 4-1 铁碳合金相图中的主要特性点

特性点符号	温度/℃	含碳量/%	特性点含义说明
A	1538	0	纯铁的熔点
C	1148	4.30	共晶点，$L_C \rightarrow A_E + Fe_3C$
D	1227	6.69	渗碳体的熔点
E	1148	2.11	碳在 γ-Fe 中的最大溶解度点
F	1148	6.69	共晶渗碳体的成分点
G	912	0	α-Fe→γ-Fe 同素异构转变点
K	727	6.69	共析渗碳体的成分点
Q	600	0.0057	600℃时碳在 α-Fe 中的溶解度点
P	727	0.0218	碳在 α-Fe 中的最大溶解度点
S	727	0.77	共析点

4.2.3 铁碳合金相图中的特性线

铁碳合金相图中 AC、CD、AE、ECF 分别是液相线和固相线，关于它们的含义在前面的章节中已经介绍，在此不再赘述。下面重点讨论相图中的共晶转变和共析转变两条等温转变线和 ES、PQ、GS 等几条重要的特性线。

（1）共晶转变线。共晶转变线 ECF 是一条水平线，温度 1148℃，C 点为共晶点。含碳量为 4.3% 的液相合金，在此温度会同时结晶出奥氏体（含碳量为 2.11%）和渗碳体两种固相。这种由一定成分的液相，在一定温度下，同时结晶出两种不同的固相的转变称为共晶转变。铁碳合金的共晶转变式可写为：

$$L_C \xrightleftharpoons{1148℃} (A_E + Fe_3C)$$

　　铁碳合金的共晶转变的产物（共晶体）是含碳量为 2.11% 的奥氏体和渗碳体两相组成的机械混合物（$A + Fe_3C$），称为莱氏体，以符号 L_d 表示。

　　凡含碳量超过 2.11% 的铁碳合金从液态平衡冷却到共晶温度时，都会发生共晶转变。

　　（2）共析转变线。共析转变线 *PSK* 是一条水平线，温度 727℃，*S* 点为共析点。含碳量为 0.77% 的奥氏体，在此温度会同时析出铁素体（含碳量 0.0218%）和渗碳体两种新的固相。这种由一定成分的固相，在一定温度下，同时析出两种新的固相的转变称为共析转变。铁碳合金的共析转变式可写为：

$$A_S \underset{}{\overset{727℃}{\rightleftharpoons}} (F_P + Fe_3C)$$

　　铁碳合金共析转变的产物（共析体）是含碳量为 0.0218% 的铁素体和渗碳体的细密机械混合物（$F + Fe_3C$），称为珠光体，以符号 P 表示。

　　凡是含碳量大于 0.0218% 的铁碳合金，平衡冷却时在 *PSK* 水平线上均发生共析转变。

　　（3）*ES* 线。*ES* 线又称 A_{cm} 线，它是碳在奥氏体中的饱和溶解度曲线。1148℃ 时，奥氏体的溶碳量最大为 2.11%（*E* 点）。随着温度的降低，溶解度降低，到 727℃ 时，奥氏体的溶碳量为 0.77%（*S* 点）。因此，含碳量大于 0.77% 的铁碳合金，自 1148℃ 冷至 727℃ 的过程中，奥氏体中多余的碳将以渗碳体的形式析出。为了区别从液态合金中直接结晶出的渗碳体（称为一次渗碳体，用 Fe_3C_I 表示），将从奥氏体中析出的渗碳体称为二次渗碳体（Fe_3C_{II}）。

　　（4）*GS* 线。*GS* 线又称 A_3 线，含碳量小于 0.77% 的奥氏体在冷却时，当温度降到 *GS* 线时，开始析出铁素体。*GS* 线也是加热时铁素体转变为奥氏体的终了温度线。奥氏体与铁素体之间的转变是固溶体的溶剂金属发生同素异构转变的结果。由此可知，铁溶入碳形成固溶体后仍可发生同素异构转变，但同素异构转变温度随着含碳量的变化而变化（沿 *GS* 线），转变在一个温度范围进行。

　　（5）*PQ* 线。*PQ* 线是碳在铁素体中的溶解度曲线。727℃ 时，铁素体的溶碳量最大为 0.0218%（*P* 点）。随着温度的降低，溶解度降低，到 600℃ 时，铁素体的含碳量仅为 0.0057%（*Q* 点）。因此，一般铁碳合金由 727℃ 冷至室温时，铁素体中多余的碳以渗碳体形式析出，这种由铁素体中析出的渗碳体称为三次渗碳体（Fe_3C_{III}）。

　　铁碳合金相图的主要特性线及其含义见表 4-2。

表 4-2　$Fe-Fe_3C$ 相图中的特性线

特性线	含　义	特性线	含　义
ACD	铁碳合金的液相线	*ES*	碳在奥氏体中的溶解度线
AECF	铁碳合金的固相线	*ECF*	共晶转变线 $L_C \rightarrow A_E + Fe_3C$
GS	奥氏体向铁素体转变开始温度线	*PSK*	共析转变线 $A_S \rightarrow F_P + Fe_3C$
PQ	碳在铁素体中的溶解度线		

4.3　典型铁碳合金的结晶过程及组织

4.3.1　铁碳合金分类

　　按照铁碳相图中合金成分和组织的不同，铁碳合金可分成三大类。

（1）工业纯铁：含碳量小于 0.0218% 的铁碳合金。其室温平衡组织为铁素体和极少量的三次渗碳体。

（2）钢：含碳量在 0.0218% ~ 2.11% 之间的铁碳合金。其特点是一定高温范围下，固态组织为单相奥氏体，具有良好的塑性，适合进行热变形加工。

按室温平衡组织不同，钢又分为亚共析钢、共析钢和过共析钢。亚共析钢含碳量为 0.0218% ~ 0.77%（共析点 S 以左），其室温平衡组织是珠光体 + 铁素体；共析钢含碳量为 0.77%（共析点 S），其室温平衡组织是珠光体；过共析钢含碳量为 0.77% ~ 2.11%（共析点 S 以右），其室温平衡组织是珠光体 + 二次渗碳体。

（3）白口铸铁：含碳量为 2.11% ~ 6.69% 的铁碳合金。其特点是液态结晶时都发生共晶转变，液态流动性好，因而有良好的铸造性能。但其共晶转变的产物是以渗碳体为基体的莱氏体组织，因此不能热变形加工。

按室温平衡组织不同，白口铸铁又分为亚共晶白口铸铁、共晶白口铸铁、过共晶白口铸铁。亚共晶白口铸铁含碳量为 2.11% ~ 4.3%（共晶点 C 以左），其室温平衡组织是低温莱氏体 + 珠光体 + 二次渗碳体；共晶白口铸铁含碳量为 4.3%（共晶点 C），其室温平衡组织是低温莱氏体；过共晶白口铸铁含碳量为 4.3% ~ 6.69%（共晶点 C 以右），其室温平衡组织是低温莱氏体 + 一次渗碳体。

4.3.2 典型铁碳合金的结晶过程分析

下面通过分析典型铁碳合金的结晶过程，进一步深入了解各类铁碳合金的组织形成规律。典型铁碳合金相图如图 4-6 所示。

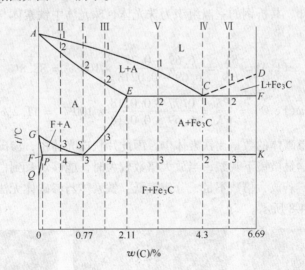

图 4-6 典型铁碳合金相图示意图

4.3.2.1 共析钢

图 4-6 中合金 Ⅰ 为共析钢，含碳量 0.77%。当液相合金冷却到 AC 线（1 点）时，从液相中开始结晶出奥氏体。随温度的降低，结晶出的奥氏体不断增加，其成分沿 AE 线变化；而剩余液相逐渐减少，其成分沿 AC 线变化。冷却到 AE 线（2 点）时，液相全部结晶

为奥氏体。2点到3点是奥氏体的冷却过程，组织不发生变化。当合金冷却到 *PSK* 线（3点）时，奥氏体发生共析转变，形成珠光体，共析转变式为：$A_S \underset{727℃}{\rightleftharpoons} (F_P + Fe_3C)$。温度继续下降，从共析转变后，含碳量为 0.0218%（*P* 点）的铁素体中不断析出三次渗碳体，其成分沿 *PQ* 变化。由于三次渗碳体数量极少，不易分辨，故可以忽略不计。共析钢结晶的冷却曲线和组织转变过程如图4-7所示。

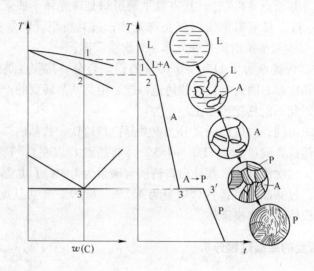

图4-7　共析钢结晶过程组织转变示意图

由上述分析可知，共析钢的室温组织为珠光体，珠光体中铁素体与渗碳体的相对数量可用杠杆定律求出：

$$w(F_P) = \frac{SK}{PK} = \frac{6.69 - 0.77}{6.69 - 0.0218} \times 100\% = 88.8\%$$

$$w(Fe_3C) = \frac{PS}{PK} = \frac{0.77 - 0.0218}{6.69 - 0.0218} \times 100\% = 11.2\%$$

由于珠光体中渗碳体的数量比铁素体少，因此片状珠光体中，渗碳体的层片薄，铁素体的层片厚。在光学显微镜下观察，当放大倍数较大时，能够观察到白色基体的铁素体和黑色线条的渗碳体；若放大倍数不足，分辨率低，铁素体与渗碳体无法分辨，珠光体只是灰暗的一片，如图4-8所示。

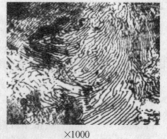

×5000　　　　　　　　　×1000　　　　　　　　　×500

图4-8　不同放大倍数下珠光体的组织特征

4.3.2.2 亚共析钢

图 4-6 中合金 Ⅱ 为亚共析钢，含碳量在 0.0218% ~ 0.77% 之间。亚共析钢在 1 点到 3 点温度间的结晶过程与共析钢相似。当合金冷却到和 GS 线相交的 3 点时，开始在奥氏体晶界处析出铁素体，称先共析铁素体。随着温度的降低，先共析铁素体数量增多，其成分沿 GP 线变化；剩余奥氏体数量减少，其成分沿 GS 线变化。当温度降至和 PSK 线相交的 4 点时，先共析铁素体的含碳量为 0.0218%（P 点），剩余奥氏体的含碳量达到 0.77%（S 点），因此剩余奥氏体发生共析转变形成珠光体。温度继续下降，从先共析铁素体与共晶铁素体中不断析出三次渗碳体，其含碳量沿 PQ 线变化，由于析出的三次渗碳体数量极少，故可忽略不计。亚共析钢冷却到室温的组织为铁素体和珠光体，亚共析钢结晶的冷却曲线和组织转变过程如图 4-9 所示。

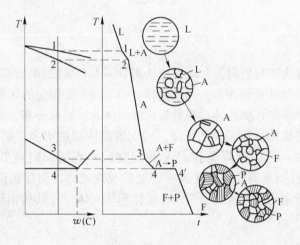

图 4-9 亚共析钢结晶过程组织转变示意图

不同成分亚共析钢的结晶过程都和合金 Ⅱ 相似，它们的室温组织都由珠光体和铁素体组成。但因含碳量不同，珠光体和铁素体的相对量也不同。图 4-10 所示为含碳量 0.2%、0.4% 和 0.6% 亚共析钢的显微组织，图中黑色部分为珠光体，因放大倍数较低无法分辨层片，故呈黑色；白亮部分为铁素体。

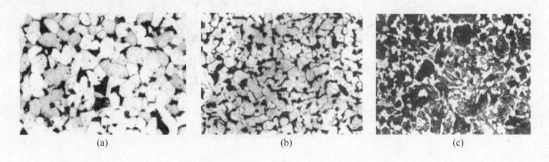

图 4-10 亚共析钢室温下的显微组织
(a) w(C) = 0.2%；(b) w(C) = 0.4%；(c) w(C) = 0.6%

在显微分析中，可以根据珠光体和铁素体所占面积的相对量来估算亚共析钢的含碳量：

$$w(C) = S(P) \times 0.77\%$$

式中　　$S(P)$——视场中珠光体所占面积百分数。

用杠杆定律也可以计算共析转变完成后，亚共析钢中珠光体和铁素体的相对量，在此以含碳量为 0.40% 的亚共析钢为例进行计算。

$$w(F_{0.0218}) = \frac{0.77 - 0.40}{0.77 - 0.0218} \times 100\% = 49.5\%$$

$$w(P_{0.77}) = \frac{0.40 - 0.0218}{0.77 - 0.0218} \times 100\% = 50.5\%$$

4.3.2.3　过共析钢

图 4-6 中合金Ⅲ为过共析钢，含碳量在 0.77% ~ 2.11% 之间。过共析钢在 1 点到 3 点温度间的结晶过程也与共析钢相似。当合金冷却到和 ES 线相交的 3 点时，奥氏体中含碳量达到饱和，继续降温将在奥氏体晶界处析出渗碳体并呈网状分布，这种从奥氏体中析出的渗碳体称为二次渗碳体。随温度的下降，二次渗碳体数量增多；剩余奥氏体数量减少，其成分沿 ES 线变化。当温度降至和 PSK 线相交的 4 点时，剩余奥氏体的含碳量达到 0.77%（S 点），因此剩余奥氏体发生共析转变形成珠光体。温度再降低，合金的组织基本不变，所以过共析钢的室温组织为二次渗碳体和珠光体。过共析钢结晶的冷却曲线和组织转变过程如图 4-11 所示。

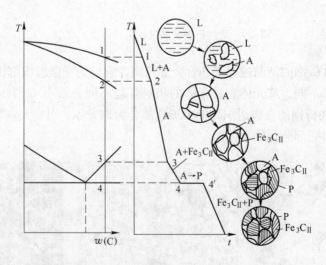

图 4-11　过共析钢结晶过程组织转变示意图

不同成分过共析钢的结晶过程都和合金Ⅲ相似，它们的室温组织都由渗碳体和珠光体组成，但因含碳量不同，组织中二次渗碳体和珠光体的相对量不同。随含碳量的增加组织

中二次渗碳体数量增加，网状趋于完整并逐渐
增厚。图 4-12 所示为含碳量 1.2% 过共析钢的
显微组织。

　　用杠杆定律也可以计算共析转变完成后，
过共析钢中珠光体和二次渗碳体的相对量，
在此以含碳量 1.2% 的过共析钢为例进行
计算。

$$w(\mathrm{Fe_3C_{II}}) = \frac{1.2 - 0.77}{6.69 - 0.77} \times 100\% = 7.3\%$$

$$w(\mathrm{P_{0.77}}) = \frac{6.69 - 1.2}{6.69 - 0.77} \times 100\% = 92.7\%$$

图 4-12　含碳量为 1.2% 过共析钢的显微组织

4.3.2.4　共晶白口铸铁

　　图 4-6 中合金 Ⅳ 为共晶白口铸铁，含碳量为 4.3%。当液态合金冷却到 1 点（共晶点）
时发生共晶转变，形成莱氏体 $\mathrm{L_d}$，共晶转变式为：$\mathrm{L_C} \xmathrm{\overset{1148℃}{\rightleftharpoons}} (\mathrm{A_E + Fe_3C})$。在显微镜下
莱氏体的形态通常是粒状或条状的奥氏体均匀分布在渗碳体基体上，由共晶转变产生的奥
氏体称为共晶奥氏体，同时产生的渗碳体称为共晶渗碳体。温度继续下降，共晶奥氏体中
将不断析出二次渗碳体，其成分沿 ES 变化。当温度降至和 PSK 线相交的 2 点时，剩余共
晶奥氏体的含碳量达到 0.77%（S 点），此时剩余共晶奥氏体将在恒温下发生共析转变形
成珠光体。2 点以下继续冷却，组织基本不变。最终，共晶白口铸铁的室温组织由珠光
体、二次渗碳体和共晶渗碳体组成，称为低温莱氏体，用符号 $\mathrm{L_d'}$ 表示。其结晶过程的冷却
曲线和组织转变如图 4-13 所示。

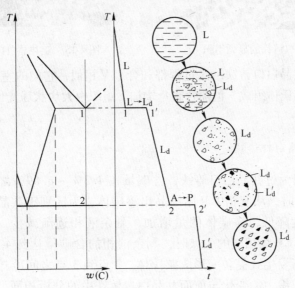

图 4-13　共晶白口铸铁结晶过程组织转变示意图

图 4-14 所示为共晶白口铸铁的显微组织，图中黑色粒状或条状分布的为珠光体，白色基体为渗碳体，二次渗碳体与共晶渗碳体混在一起，不易分辨。

4.3.2.5　亚共晶白口铸铁

图 4-6 中合金 V 为亚共晶白口铸铁，含碳量在 2.11% ~ 4.3% 之间。当液态合金冷却到 AC 线（1 点）时，从液相中开始结晶出奥氏体，为区别于共晶奥氏体，称之为初晶奥氏体。随温度的降低，初晶奥氏体不断增加，其成分沿 AE 线变化；而剩余液相逐渐减少，其成分沿 AC 线变化。当温度降至和 ECF 线相交的 2 点时，初晶奥氏体的含碳量达到 2.11%（E 点），剩余液相含碳量为 4.3%（C 点），此时剩余液相将在恒温下发生共晶转变形成莱氏体。2 点以下继续冷却，从初晶奥氏体中将不断析出二次渗碳体，其成分沿 ES 变化，莱氏体组织中的变化与前面共晶白口铸铁中的分析相同。当温度降至和 PSK 线相交的 3 点时，剩余的初晶奥氏体含碳量达到 0.77%（S 点）。此时剩余初晶奥氏体将在恒温下发生共析转变形成珠光体，莱氏体也在此温度转变为低温莱氏体。3 点以下继续冷却，组织基本不变。最终，亚共晶白口铸铁的室温组织由珠光体、二次渗碳体和低温莱氏体组成。

图 4-15 所示为亚共晶白口铸铁的显微组织。图中黑色大块状是由剩余初晶奥氏体转变成的珠光体，在它周围是二次渗碳体，其余组织是低温莱氏体。

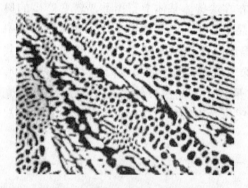　

图 4-14　共晶白口铸铁的显微组织　　　　图 4-15　亚共晶白口铸铁的显微组织

不同成分的亚共晶白口铸铁结晶过程都和合金 V 相似，它们的室温组织都由珠光体、二次渗碳体和低温莱氏体组成，但随含碳量增加，组织中大块状珠光体量减少，低温莱氏体量增多。

4.3.2.6　过共晶白口铸铁

图 4-6 中合金 VI 为过共晶白口铸铁，含碳量在 4.3% ~ 6.69% 之间。当液态合金冷却到 CD 线（1 点）时，从液相中开始结晶出渗碳体，为区别于共晶渗碳体，称之为一次渗碳体。随着温度降低，渗碳体的量增加，剩余液相逐渐减少，其成分沿 CD 线变化。当温度降至和 ECF 线相交的 2 点时，剩余液相的含碳量达到 4.3%（C 点），此时剩余液相将在恒温下发生共晶转变形成莱氏体。2 点到 3 点之间冷却时，一次渗碳体不发生变化，莱氏体组织中的变化与前面共晶白口铸铁中的分析相同。当温度降至和 PSK 线相交的 3 点时，莱氏体转变为低温莱氏体。3 点以下继续冷却，组织基本不变。最

终，过共晶白口铸铁的室温组织由一次渗碳体和低温莱氏体组成。

图 4-16 为过共晶白口铸铁的显微组织。图中亮白色的长条是一次渗碳体，基体为低温莱氏体。

不同成分的过共晶白口铸铁结晶过程都和合金Ⅵ相似，它们的室温组织都由一次渗碳体和低温莱氏体组成，但随含碳量增加，组织中一次渗碳体量增多，低温莱氏体量减少。

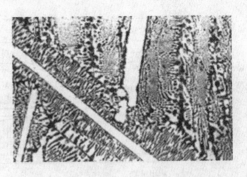

图 4-16 过共晶白口铸铁的室温组织

将上述各类铁碳合金结晶过程中的组织变化填入铁碳合金相图中，则可得到按组织分区的铁碳合金相图，如图 4-17 所示。与之对应，图 4-5 所示的简化的 Fe-Fe$_3$C 相图为按相组分填写的铁碳合金相图。

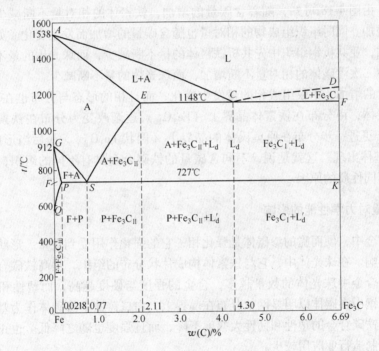

图 4-17 Fe-Fe$_3$C 相图各区域的组织组分

4.4 含碳量对铁碳合金平衡组织和性能的影响

4.4.1 含碳量对平衡组织的影响

根据铁碳合金结晶过程的分析，不同类型的铁碳合金室温平衡组织不同，可运用杠杆定律进行计算，将铁碳合金的含碳量与平衡结晶后的组织组成物及相组成物之间的定量关系进行归纳和总结，如图 4-18 所示。

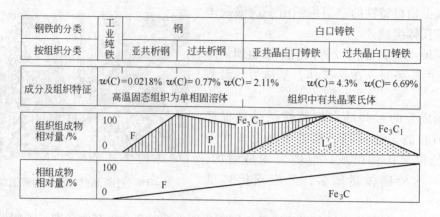

钢铁的分类	工业纯铁	钢		白口铸铁	
按组织分类		亚共析钢	过共析钢	亚共晶白口铸铁	过共晶白口铸铁
成分及组织特征		$w(C)=0.0218\%$　$w(C)=0.77\%$　$w(C)=2.11\%$　　　　　$w(C)=4.3\%$　$w(C)=6.69\%$ 高温固态组织为单相固溶体　　　　　　　　　组织中有共晶莱氏体			

图 4-18　铁碳合金的含碳量与组织组成物和相组成物之间的关系

铁碳合金的室温组织是由铁素体和渗碳体两相组成的，其中铁素体是低强度相，渗碳体是硬脆相。由图 4-18 可知，随着含碳量的增加，铁素体的相对量不断减少，渗碳体的相对量不断增加。同时组织组成物的相对量也随含碳量的增加而发生变化。如前分析，随含碳量的增加，亚共析钢组织中先共析铁素体的量不断减少，而珠光体的量不断增加；过共析钢组织中二次渗碳体的相对量不断增加，而珠光体的量不断减少。

随含碳量的增加，不仅组成相的量发生变化，而且相的形态与分布也在变化。例如，组织中的渗碳体，由分布在铁素体晶界上（Fe_3C_{III}）逐渐改变为分布在铁素体的基体内（如珠光体），更进一步分布在原奥氏体的晶界上（网状 Fe_3C_{II}），最后当形成莱氏体时，Fe_3C 已作为基体出现。这就是说，不同含碳量的铁碳合金具有不同的组织，这也正是决定它们具有不同性质的原因。

4.4.2　含碳量对力学性能的影响

在铁碳合金中，硬而脆的渗碳体是强化相，它的强化作用受到数量、形状、大小和分布等因素的影响。在珠光体中，它与铁素体构成片状分布的组织，提高铁碳合金的强度和硬度，故铁碳合金中珠光体的数量越多，合金的强度与硬度越高，而塑性和韧性相应降低。当过共析钢中渗碳体以明显网状分布在晶界上，白口铸铁中渗碳体作为基体形成莱氏体时，不仅使铁碳合金的塑性和韧性大幅度下降，而且强度也随之降低。也正是如此，白口铸铁在机械制造行业应用较少。

含碳量对钢的力学性能的影响如图 4-19 所示。由图可见，随着含碳量的提高，钢的强度和硬度呈直线上升，而塑性和韧性不断降低。当含碳量超过 0.9% 时，由于网状渗碳体的存在，不仅塑性和韧性进一步下降，而且强度也明显降低。

4.5　铁碳合金相图的应用

铁碳合金相图反映了铁碳合金组织随温度和成分变化的规律，利用它可以分析不同成分的铁碳合金的性能，指导选材。同时，它还是制定各种热加工工艺的重要依据。

（1）在选材方面的应用。根据铁碳合金成分、组织和性能的关系，我们可以根据对工件的性能要求来选材。若需要塑性、韧性高的材料应选用低碳钢；需要强度、塑性及韧性

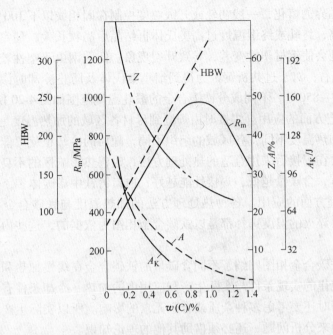

图 4-19 含碳量对钢的力学性能的影响

都较好的材料应选用中碳钢；需要硬度高、耐磨性好的材料应选用高碳钢。例如，一般低碳钢和中碳钢主要用来制造机器零件或建筑结构件，高碳钢用来制造各种工具、弹簧等。白口铸铁组织中有大量渗碳体，具有很高的硬度和脆性，既难以切削加工，也不能锻造，故应用不广泛；但其抗磨损能力高，可用作需要耐磨而不受冲击载荷的工件，如拔丝模、犁铧、球磨机的铁球等。

（2）在铸造生产方面的应用。铁碳合金相图的液相线表示不同成分合金的熔点温度，为确定合适的浇注温度提供了依据。碳钢和铸铁的浇注温度一般在液相线以上 50~100℃。此外，铸件的铸造性能还与合金的成分有关，可根据铁碳合金相图确定铸造性能良好的合金成分。接近共晶成分的白口铸铁，结晶温度区间小，故流动性好，不易形成分散缩孔，有可能得到致密的铸件，所以铸铁的成分应尽量选择在共晶点附近。钢的结晶温度区间随含碳量的增加而增大，但结晶开始温度却随含碳量增加而降低，故生产上将铸钢的成分规定在适当的范围内，一般含碳量为 0.15%~0.55%，因为这时力学性能较好，结晶温度区间相对较小，铸造性能也较好。铁碳合金的浇注温度如图 4-20 所示。

（3）在压力加工工艺方面的应用。钢加热到奥氏体状态，具有较高的塑性和较小的变形抗力，因此制定钢材的轧制、锻造工艺时，通常选择在单相奥氏体区的适当温度范围内进行。应合理选择锻轧温度，开轧温度太高，会使钢材氧化严重

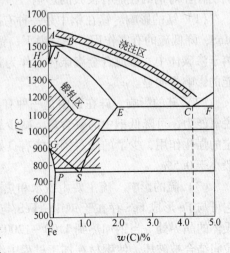

图 4-20 Fe-Fe₃C 相图与热加工的关系

甚至发生奥氏体晶界的熔化，一般初轧或开锻温度控制在固相线以下 100～200℃。终轧或终锻温度不宜过高，终轧或终锻温度过高奥氏体再结晶后晶粒长大，使室温组织粗大；而终轧温度太低，则会使钢材塑性变差，导致开裂现象。低碳钢由于塑性较好，终轧或终锻温度可在 800℃左右；对于过共析钢，为得到细小奥氏体及防止冷却时渗碳体呈网状，变形终止温度为 750～850℃。不同成分铁碳合金的锻轧温度范围如图 4-20 所示。

（4）焊接工艺方面的应用。焊接时焊缝到母材各区域的加热温度是不同的。由铁碳合金相图可知，加热温度不同，各区域的组织不同，随后的冷却也就可能出现不同的组织与性能。这就需要在焊接后采用合适的热处理方法，改善热影响区的不良组织，提高焊接质量。对钢材而言，含碳量越低，焊接性能越好；白口铸铁中渗碳体多，焊接性能差。

（5）在热处理方面的应用。各种热处理方法的加热温度与铁碳合金相图有密切的关系。退火、正火、淬火的温度选择都是以铁碳合金相图为依据的，这些内容将在后面章节中详细介绍。

必须指出，铁碳合金相图归纳了不同含碳量的铁碳合金在缓慢加热和冷却时组织转变的规律，但这些规律的实现条件与实际生产和应用中的加热、冷却条件有一定的差距，在使用铁碳合金相图时还要考虑多种杂质或合金元素的影响。所以实际生产过程中，不能完全用铁碳合金相图来分析问题，还必须借助其他的理论知识。

4.6　碳素钢

钢铁材料是工业生产、工程建筑和日常生活中应用最多的金属材料，根据其化学成分不同可以分为碳素钢与合金钢两大类。碳素钢简称碳钢，是含碳量小于 2.11% 并含有硅、锰、硫、磷等杂质元素的铁碳合金。碳素钢冶炼成本低，性能可以满足一般机械零件、工程机械的需要，因此在工业生产上广泛应用。

4.6.1　钢中常存杂质元素及其对钢性能的影响

工业用钢中，除铁和碳以外，还含有少量的锰、硅、硫、磷、氢、氧和氮等元素，它们的存在对钢的性能有较大的影响。

（1）锰的影响。锰在钢中是一种有益元素，它主要来源于铁水和脱氧剂。锰可以形成 MnS，降低硫的有害作用。在室温下，锰能溶于铁素体，对钢有一定的强化作用；锰也能溶于渗碳体中，形成合金渗碳体。作为常存元素，锰在钢中含量一般小于 0.8%，对钢性能的影响不明显。

（2）硅的影响。硅在钢中是一种有益元素，它主要来源于铁水和脱氧剂。硅有很强的脱氧能力，可降低钢中的氧含量，减少氧化物夹杂。在室温下硅能溶于铁素体，对钢有一定的强化作用，少量的硅对钢性能有良好影响。因此，作为常存元素，硅在钢中的含量一般小于 0.5%。

（3）硫的影响。硫主要由铁水和焦炭带入钢中。在固态下，硫在铁中的溶解度极小，它可与 Fe 形成 FeS 存在于钢中。FeS 与 Fe 可形成低熔点（985℃）的共晶体，分布在奥氏体的晶界处。当钢加热到 1100～1200℃进行热压力加工时，晶界上的共晶体已熔化，晶粒间结合被破坏，使钢材在加工过程中沿晶界开裂，这种现象称为"热脆"。

为了消除硫的有害作用，可向钢中适量加入锰。锰与硫优先形成高熔点（1620℃）的

MnS 并呈粒状分布在晶粒内。MnS 在高温下具有一定塑性，从而避免了热脆现象的发生。

通常情况下，硫是有害的元素，在钢中要严格限制硫的含量。但硫可以改善钢的切削加工性能，在易切钢中有意加大硫、锰含量，形成大量 MnS 夹杂可起断屑作用，改善切削加工性能。

（4）磷的影响。磷来源于铁水。在一般情况下，磷能溶于铁素体中，它有强烈的固溶强化作用，使钢的强度、硬度增加，而塑性、韧性显著降低，这种脆化现象在低温时更为严重，故称为"冷脆"。

磷在结晶过程中，由于容易产生偏析，从而在局部发生冷脆。此外，磷的偏析还使钢材在热轧后形成带状组织。因此，通常情况下，磷也是有害元素，也要严格控制磷在钢中的含量。

但在易削钢中，适当增加磷的含量，可使铁素体脆化，提高钢的切削加工性。

（5）氮的影响。氮由炉气进入钢中，是有害杂质元素。氮在铁素体中溶解度很小，并且随温度的下降而减小。如果含氮较高的钢从高温快速冷却，可使氮过饱和地溶解在铁素体中。此钢材长期放置或稍加热，氮将以氮化铁的形式析出，使钢的强度、硬度提高，但韧性大大下降，产生时效脆化。因此，常向钢中加入铝、钛，形成氮化物以减少铁素体中的氮含量，消除时效脆化倾向。

（6）氢的影响。由于炼钢的炉料或系统中含有水分，使得钢中含氢。氢在钢中是有害元素，它往往以原子或分子状态聚集，使钢的塑性、韧性急剧下降，这种现象称为氢脆。严重时氢会集中在钢内缺陷处形成氢分子，使钢件产生局部显微裂纹，这种裂纹在显微镜下呈白色痕迹，称为"白点"。产生白点的钢不能继续使用。

（7）氧的影响。由于冶炼方式的原因，钢中不可避免有氧存在。氧在钢中通常以各种氧化物夹杂形式存在，它们会降低钢的力学性能，特别是使塑性、韧性及疲劳强度降低。

4.6.2 碳素钢的分类

生产中使用的钢材在千种以上，为便于生产、管理及使用，需对各种钢材按一定的规律进行分类，并按一定的方法编号。

（1）按用途分类。按用途分，钢可分为碳素结构钢和碳素工具钢。碳素结构钢主要用于各种工程结构件（如桥梁、船舶、压力容器、建筑用钢等）和各种机器零件（如轴、齿轮、连杆、螺栓、凸轮、弹簧等），这类钢大多数为低碳钢和中碳钢。碳素工具钢主要用于制造各种刃具、量具和模具，这类钢一般为高碳钢。

（2）按含碳量分类。按含碳量分，钢可分为低碳钢（含碳量小于 0.25%）、中碳钢（含碳量为 0.25% ~0.6%）和高碳钢（含碳量大于 0.6%）。

（3）按冶炼质量分类。按钢中有害元素硫、磷含量的多少，钢可分为普通质量钢、优质钢、高级优质钢。

普通质量钢：硫含量为 0.035% ~0.050%，磷含量为 0.035% ~0.045%；

优质钢：硫含量不大于 0.035%，磷含量不大于 0.035%；

高级优质钢：硫含量不大于 0.025%，磷含量不大于 0.025%。

工业生产中为钢材命名时，通常将用途、成分、质量这三种分类方法结合起来，如碳素工具钢、优质碳素结构钢等。

4. 6. 3 碳素钢的牌号、性能和用途

4. 6. 3. 1 碳素结构钢

碳素结构钢的牌号是由代表屈服点"屈"字的汉语拼音字头 Q、屈服点数值、质量等级符号（A、B、C、D）、脱氧方法符号（F、b、Z、TZ）组成的。

碳素结构钢的屈服点等级有 195MPa、215MPa、235MPa、275MPa 等四个等级。

质量等级符号 A、B、C、D 表示硫磷含量不同，从 A 到 D 硫、磷含量不断减少。其中 A、B、C 为普通级，D 为优质级。不同等级的钢分别保证了不同的力学性能指标。

脱氧方法符号中，F 为沸腾钢，b 为半镇静钢，Z 为镇静钢，TZ 为特殊镇静钢。其中 Z、TZ 可以省略不标。

例如，Q235-AF 表示碳素结构钢，屈服点等级为 235MPa，质量等级 A，是沸腾钢。

碳素结构钢含碳量在 0.06% ~0.38% 范围内，含有害杂质和非金属夹杂物较多，但其冶炼简单、价格低廉、工艺性好，性能上能满足一般工程结构及普通零件的要求，因而是结构钢中应用广、用量很大的一类钢。碳素结构钢大多在热轧状态下直接使用。它通常轧制成圆钢、盘条、螺纹钢、方钢、工字钢、钢板或各种型材。碳素结构钢一般以热轧空冷状态供应。

表 4-3 中牌号 Q195 与 Q275 是不分质量等级的，出厂时既保证力学性能，又保证化学成分。

Q195 钢中碳的含量很低，具有很高的塑性和韧性，易于进行冷加工。它常用作铁钉、铁丝及各种薄板，也常用来制造承受载荷较小的零件、冲压零件和焊接件等。

Q275 钢属中碳钢，其强度较高，塑性和焊接性较差。它通常用于钢筋混凝土结构配件、构件，也可代替 30 钢、40 钢用于制造螺栓、轴、齿轮等稍重要但强度要求不高的某些零件，以降低原材料成本。

其余两个牌号中，A 级钢一般用于不经锻压、热处理的工程结构件或普通零件（如制作机器中受力不大的铆钉、螺钉、螺母等），有时也可制造不重要的渗碳件。B 级钢常用于制造稍为重要的机器零件和作船用钢板，并用以代替相应含碳量的优质碳素结构钢。碳素结构钢的牌号、化学成分和力学性能见表 4-3、表 4-4。

表 4-3 碳素结构钢的牌号与化学成分（摘自 GB/T 700—2006）

牌　号	统一数字代号	等级	厚度（或直径）/mm	脱氧方法	化学成分（质量分数）/%，不大于				
					C	Si	Mn	P	S
Q195	U11952	—	—	F、Z	0.12	0.30	0.50	0.035	0.040
Q215	U12152	A	—	F、Z	0.15	0.35	1.20	0.045	0.050
	U12155	B							0.045
Q235	U12352	A	—	F、Z	0.22	0.35	1.40	0.045	0.050
	U12355	B			0.20				0.045
	U12358	C		Z	0.17			0.040	0.040
	U12359	D		TZ				0.035	0.035

牌 号	统一数字代号	等级	厚度(或直径)/mm	脱氧方法	化学成分(质量分数)/%，不大于				
					C	Si	Mn	P	S
Q275	U12752	A	—	F、Z	0.24	0.35	1.50	0.045	0.050
	U12755	B	≤40	Z	0.21			0.045	0.045
			>40						
	U12758	C	—	Z	0.22			0.040	0.040
	U12379	D	—	TZ	0.20			0.035	0.035

注：表中为镇静钢、半镇静钢牌号的统一数字，沸腾钢的统一数字代号如下：

Q195F—U11950；

Q215AF—U12150，Q215BF—U12153；

Q235AF—U12350，Q235BF—U12353；

Q275AF—U12750。

表 4-4　碳素结构钢的力学性能（摘自 GB/T 700—2006）

牌号	等级	厚度(或直径)/mm						抗拉强度 R_m /N·mm^{-2}	厚度(或直径)/mm					冲击试验	
		≤16	>16~40	>40~60	>60~100	>100~150	>150~200		≤40	>40~60	>60~100	>100~150	>150~200	温度/℃	冲击吸收功(纵向)/J，不小于
		屈服强度 R_{eH}/N·mm^{-2}，不小于							断后伸长率 A/%，不小于						
Q195	—	195	185	—	—	—	—	315~430	33	33	—	—	—	—	—
Q215	A	215	205	195	185	175	165	335~450	31	30	29	27	26	—	—
	B													+20	27
Q235	A	235	225	215	215	195	185	370~500	26	25	24	22	21	—	—
	B													+20	27
	C													0	
	D													−20	
Q275	A	275	265	255	245	225	215	410~540	22	21	20	18	17	—	—
	B													+20	27
	C													0	
	D													−20	

4.6.3.2　优质碳素结构钢

优质碳素结构钢的牌号用两位数字表示，数字表示钢中平均含碳量的万分之几。例如，45 钢，表示平均含碳量为 0.45% 的优质碳素结构钢；08 钢表示平均含碳量为 0.08% 的优质碳素结构钢。

优质碳素结构钢根据钢中含锰量不同分为普通含锰量钢（含锰量小于 0.8%）和较高含锰量钢（含锰量 0.7%~1.2%）。若为较高含锰量钢，要在牌号后标出元素符号"Mn"，如 65Mn；若为沸腾钢，牌号后加"F"，如 08F。优质碳素结构钢的牌号、化学成分和力学性能见表 4-5。

表 4-5 常用优质碳素结构钢的牌号、主要成分、力学性能（摘自 GB/T 699—1999）

牌号	主要成分 w/%			力 学 性 能						
	C	Si	Mn	σ_b/MPa	σ_s/MPa	δ_5/%	ψ/%	A_{KU2}/J	HBW	
									热 轧	退 火
				不小于					不大于	
08F	0.05 ~ 0.11	≤0.03	0.25 ~ 0.05	295	175	35	60		131	
08	0.05 ~ 0.12	0.17 ~ 0.37	0.35 ~ 0.65	325	195	33	60		131	
10	0.07 ~ 0.14	0.17 ~ 0.37	0.35 ~ 0.65	335	225	27	55		137	
15	0.12 ~ 0.19	0.17 ~ 0.37	0.35 ~ 0.65	375	225	27	55		143	
20	0.17 ~ 0.24	0.17 ~ 0.37	0.35 ~ 0.65	410	245	25	55		156	
25	0.22 ~ 0.29	0.17 ~ 0.37	0.50 ~ 0.80	450	275	23	50	71	170	
30	0.27 ~ 0.35	0.17 ~ 0.37	0.50 ~ 0.80	490	295	21	50	63	179	
35	0.32 ~ 0.40	0.17 ~ 0.37	0.50 ~ 0.80	530	315	20	45	55	197	
40	0.37 ~ 0.45	0.17 ~ 0.37	0.50 ~ 0.80	570	335	19	45	47	217	187
45	0.42 ~ 0.50	0.17 ~ 0.37	0.50 ~ 0.80	600	355	16	40	39	229	197
50	0.47 ~ 0.55	0.17 ~ 0.37	0.50 ~ 0.80	630	378	14	40	31	241	207
55	0.52 ~ 0.60	0.17 ~ 0.37	0.50 ~ 0.80	645	380	13	35		255	217
60	0.57 ~ 0.65	0.17 ~ 0.37	0.50 ~ 0.80	675	400	12	35		255	229
65	0.62 ~ 0.70	0.17 ~ 0.37	0.50 ~ 0.80	695	410	10	30		255	229
65Mn	0.62 ~ 0.79	0.17 ~ 0.37	0.90 ~ 1.20	735	430	9	30		285	229
70	0.67 ~ 0.75	0.17 ~ 0.37	0.50 ~ 0.80	715	420	9	30		269	229
75	0.72 ~ 0.80	0.17 ~ 0.37	0.50 ~ 0.80	1080	880	7	30		285	241

注：1. 锰含量较高的各个钢（15Mn ~ 70Mn），其性能和用途与相应牌号的钢基本相同，但淬透性稍好，可制作截面稍大或要求强度稍高的零件。

2. 试样毛坯尺寸 25mm。

08F、10 钢的含碳量很低，强度、硬度低，塑性、韧性好，具有优良的冲压性能、焊接性能等，主要用于制造各类深冷冲压零件、容器、垫圈、仪表板、车身板等。

15、20 钢属于低碳钢，具有良好的冲压性能、焊接性能，常用于强度要求不高的焊接构件及机器零件，如螺母、螺钉、法兰盘、轴套等。15、20 钢经渗碳处理，可用于齿轮、凸轮、轴、销等零件。

35、40、45、50 钢属于中碳钢，具有较高的强度和硬度，切削性能良好，经调质处理后，可获得强度、韧性有良好配合的综合力学性能，用于在复杂载荷条件下工作的零件，如连杆、轴类、齿轮、套筒等，对要求耐磨部分还可进行表面淬火处理。

60、65、70 钢属于高碳钢，这类钢具有高的强度、硬度和弹性极限，但是焊接性能不好，切削性能稍差，可用于制造要求弹性好、强度较高的零件，如弹簧、板簧、弹簧垫圈等。

4.6.3.3 碳素工具钢

碳素工具钢的质量等级为优质或高级优质，它的编号方法是在"碳"字汉语拼音字头

"T"后面加上数字，数字表示钢中平均含碳量千分之几。例如，T8 和 T12 分别表示平均含碳量为 0.8% 和 1.2% 的碳素工具钢。若钢中含锰量较高，则在数字后面加上元素符号 Mn，如 T12Mn；高级优质碳素工具钢在钢号后面加上 A，如 T13A。

碳素工具钢的含碳量为 0.65%～1.35%，高含碳量可保证淬火后有足够高的硬度。随着含碳量的增加，碳素工具钢的耐磨性增加，而韧性降低。因此 T7、T8 钢适用于制造承受一定冲击而且要求韧性较高的工具，如木工用斧、钳工錾子等；T9、T10、T11 钢用于制造承受冲击较小而硬度与耐磨要求较高的工具，如钻头、丝锥、手锯条等；T12、T13 钢的硬度及耐磨性最高，但韧性最差，用于制造不承受冲击的工具，如锉刀、铲刀、刮刀等。

表 4-6、表 4-7 列出了碳素工具钢的牌号、热处理及用途。

表 4-6　碳素工具钢的牌号、主要成分和性能（摘自 GB/T 1298—2008）

牌　号	主要成分 w/%					退火后硬度（HBW）	淬火温度及冷却剂	淬火后硬度（HRC）
	C	Mn	Si	S	P	不大于		不小于
			不大于					
T7 T7A	0.65～0.74	≤0.40	0.35	0.030 0.020	0.035 0.030	187	800～820℃ 水	62
T8 T8A	0.75～0.84	≤0.40	0.35	0.030 0.020	0.035 0.030	187	780～800℃ 水	62
T8Mn T8MnA	0.8～0.9	0.40～0.60	0.35	0.030 0.020	0.035 0.030	187	780～800℃ 水	62
T9 T9A	0.85～0.94	≤0.40	0.35	0.030 0.020	0.035 0.030	192	760～780℃ 水	62
T10 T10A	0.95～1.04	≤0.40	0.35	0.030 0.020	0.035 0.030	197	760～780℃ 水	62
T11 T11A	1.05～1.14	≤0.40	0.35	0.030 0.020	0.035 0.030	207	760～780℃ 水	62
T12 T12A	1.15～1.24	≤0.40	0.35	0.030 0.020	0.035 0.030	207	760～780℃ 水	62
T13 T13A	1.25～1.35	≤0.40	0.35	0.030 0.020	0.035 0.030	217	760～780℃ 水	62

表 4-7　碳素工具钢的牌号、性能特点及用途

牌　号	性　能　特　点	用　途　举　例
T7、T7A、T8、T8A、 T8Mn	韧性较好，一定的硬度	木工工具、钳工工具，如锤子、錾子、模具、剪刀等，T8Mn 可制作截面较大的工具
T9、T9A、T10、T10A、 T11、T11A	较高硬度和耐磨性，一定韧性	低速刀具，如刨刀、丝锥、板牙、锯条、卡尺、冲模、拉丝模等
T12、T12A、T13、T13A	硬度高、耐磨性高、韧性差	不受振动的低速刀具，如锉刀、刮刀、外科用刀具和钻头等

小　结

本章重点介绍了铁碳合金的基本相，铁碳合金相图、铁碳合金结晶过程的分析方法，铁碳合金相图的应用，碳素钢的种类、成分特点及应用。钢铁材料是工业中应用范围最广的合金，铁碳合金相图在制定铁碳合金的冶炼、铸造、热加工、热处理工艺及选材方面应用广泛，学习铁碳合金相图对理解常用碳素钢的组织与性能也有重要的意义。

学习本章应注意掌握以下要点：

(1) 铁碳合金基本相的结构、成分、性能特点。

(2) 铁碳合金相图点、线、区的含义，相图包含的共析反应、共晶反应及产物情况。

(3) 铁碳合金的分类，典型铁碳合金的结晶过程，室温组织及特征，利用杠杆定律计算平衡冷却过程各相及组织的相对量。

(4) 铁碳合金含碳量与平衡组织、力学性能的关系。

(5) 钢中常存元素及对性能的影响，碳素钢的分类及编号方法。

(6) 各种成分的碳素结构钢、碳素工具钢的性能特点及应用。

复习思考题

4-1　名词解释：铁素体、奥氏体、渗碳体、珠光体、莱氏体、工业纯铁、钢、白口铸铁、共析转变、碳素钢。

4-2　说明铁素体、奥氏体、渗碳体的晶体结构与性能特点。

4-3　默画出简化的 $Fe\text{-}Fe_3C$ 相图，并标出各点的符号、温度、成分以及各相区的相组成及不同区域的组织组成。

4-4　写出 $Fe\text{-}Fe_3C$ 相图中的共析转变与共晶转变的转变式和转变产物名称。

4-5　比较珠光体和莱氏体的异同，说明珠光体和莱氏体的性能特点、组织特征及含碳量。

4-6　分析一次渗碳体、二次渗碳体、三次渗碳体、共晶渗碳体、共析渗碳体的异同之处。

4-7　分析含碳量为 0.77%、0.4%、1.2% 铁碳合金的平衡结晶过程及室温平衡组织，并计算各室温组织中组织组成物和相组成物的质量分数。

4-8　计算铁碳合金中二次渗碳体和三次渗碳体的最大可能含量。

4-9　已知某铁碳合金 727℃ 时有奥氏体 80%、渗碳体 20%，求此合金的含碳量和室温时的组织组成物和相组成物的质量分数。

4-10　已知铁素体的硬度为 80HBW，渗碳体的硬度为 800HBW，根据铁碳合金性能的变化规律，估算质量分数分别为 0.45%、1.2% 的铁碳合金的硬度。

4-11　填写表 4-8。

表 4-8

名　称	符　号	组成相	晶体结构	组织特征	性能特点
铁素体					
奥氏体					
渗碳体					
珠光体					
莱氏体					

4-12 现有一批积压退火碳钢钢材，经取样、制样后在金相显微镜下观察，其组织为珠光体＋铁素体，若其中铁素体约占视场面积的80％，试判断此批钢材的含碳量大约是多少。

4-13 说明下列现象产生的原因：

（1）莱氏体比珠光体塑性差；

（2）碳质量分数为1.0％的钢比0.5％的钢硬度高；

（3）碳质量分数为0.4％的钢在高温时可以进行锻造，而4.0％的白口铸铁在高温下却不能锻造。

4-14 现有大小和形状相同的低碳钢和白口铸铁各一块，试说出能将它们迅速区分开的几种方法。

4-15 钢中常存的杂质有哪些？硫、磷对钢的性能有哪些影响？

4-16 按含碳量、冶炼质量和用途，碳素钢如何分类？

4-17 碳素结构钢按屈服强度高低如何分类？试述各类钢的成分特点及应用。

4-18 试述优质碳素结构钢中各种含碳量钢的主要应用。

4-19 碳素钢工具钢随含碳量的增加，性能及应用如何变化？

5 金属的塑性变形与再结晶

在机械制造中，广泛采用轧制、锻造、冲压、冷压与冷镦等成型工艺使金属材料按预定的要求进行塑性变形。塑性变形不仅改变了金属的形状、尺寸，而且同时还引起金属内部的组织和性能的改变。因此，研究金属的塑性变形过程，了解塑性变形过程中金属组织、性能的变化规律，了解变形后的金属在加热时发生的变化，对改进金属材料的加工工艺，发挥金属材料的强度潜力，提高产品质量和生产效率有重要意义。

5.1 金属的塑性变形

金属材料在外力的作用下产生变形，根据材料受力的大小可先后发生弹性变形、塑性变形直至断裂。

弹性变形是指除去外力后能够完全恢复的变形。通过弹性变形是不能实现材料的加工成型的。塑性变形是指除去外力后不能恢复的永久变形。金属零件的变形加工都是通过塑性变形实现的。

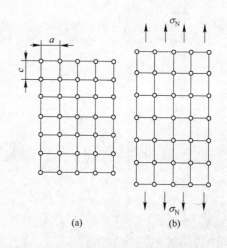

从微观来看，金属发生弹性变形是由于外力克服原子间的作用力，使原子偏离平衡位置，当外力与原子间作用力达到平衡时，原子处于新的平衡状态，晶格的形状发生改变，如图 5-1 所示，金属处于一定的弹性变形状态。这时若除去外力，原子在原子间力的作用下回到原来的平衡位置，晶格恢复原来的形状，金属的变形完全恢复。

当金属受到的外力超过一定的数值，在弹性变形的基础上将产生塑性变形。金属塑性变形的过程远比弹性变形复杂，而且塑性变形后金属的组织与性能发生明显的改变。

图 5-1　正应力作用下金属弹性变形示意图
（a）变形前（$c=a$）；（b）变形后（$c>a$）

一般情况下使用的金属都是多晶体，要了解多晶体金属塑性变形的规律，首先应了解单晶体的塑性变形。

5.1.1 单晶体的塑性变形

单晶体塑性变形的基本方式主要有滑移和孪生。大多数情况下，滑移是金属塑性变形的主要方式。

5.1.1.1 滑移变形

所谓滑移，是指在切应力作用下，晶体的一部分沿着一定的晶面和晶向，相对于另一部分发生滑动。图 5-2 为晶体滑移过程示意图。

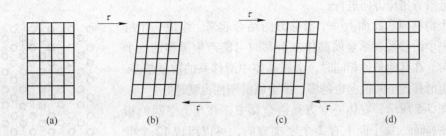

图 5-2　晶体滑移过程示意图

晶体在外力作用下，任何晶面上所受应力，可分解为垂直于晶面的正应力及平行于晶面的切应力。正应力只能引起弹性变形或断裂。只有在切应力的作用下，晶格弹性歪扭后，晶面两侧部分晶体间产生相对滑动，才能产生塑性变形。

A　滑移带与滑移线

对经过表面抛光的试样进行适量的塑性变形时，试样表面上会出现一些和应力轴成一定角度的细微的相互平行的线条，这些线条就是滑移带。在电子显微镜下观察可以发现，滑移带是由金属晶体表面上一个个小台阶构成的。

微观上一个小台阶就是一条滑移线，一组小台阶就是一个滑移带，如图 5-3 所示。每条滑移线之间有一定的滑移量，大量滑移带构成了宏观变形。

综上所述，当金属发生滑移变形时，滑移并非在整个晶体可能滑移的晶面上同时发生。滑移过程也不

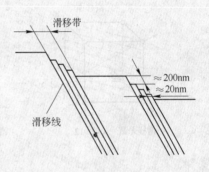

图 5-3　滑移带示意图

是依靠已滑移的晶面连续滑下去。滑移是从晶体的某一晶面开始，在滑移到几百到上千个原子间距后停止，外力继续增加，滑移便转移到另一个与之平行的晶面上进行。此面滑移停止后，继续滑移可在另一组与原滑移面相距几百个原子间距的平行晶面上进行。这样依次传递，滑移由一个晶面转移到相距一定距离的平行的晶面上。这些参与滑移的相互平行的晶面构成了若干个小台阶。根据滑移变形的特征，晶体滑动距离是滑动方向原子间距的整数倍，滑动后并不破坏晶体排列的规律及位向。

B　滑移系

实验得出，滑移通常是沿晶体的一定晶面与晶向进行，能够产生滑移的晶面称为滑移面，能够产生滑移的晶向就是滑移方向。

多数情况下，滑移面总是原子排列最密集的晶面，即密排面；而滑移方向也总是原子密度最大的晶向，即密排方向。这是因为在晶体中原子密度最大的晶面上，原子间的结合力最强，而与相邻的同位向的晶面之间的距离却最大，晶面与晶面之间的结合力最弱，滑移阻力最小，最容易发生滑动。同理，沿原子密度最大的晶向的原子间距最小，滑动阻力也最小，在滑移时原子移动较小的距离就可以达到新的平衡，因此最易沿此方向滑动。如图 5-4 所示，密排面Ⅰ—Ⅰ与非密排面Ⅱ—Ⅱ比较，沿密排面滑动的阻力小，滑动比较容易。但并非其他晶面就一定不能滑移，有些次密排晶面也可以滑移，只是密排面更容易滑动罢了。而滑移方

向却都是沿着密排方向进行。

　　一个滑移面和此面上一个滑移方向结合起来，组成一个滑移系。一个滑移系表示金属晶体在滑移时可能产生滑移的一个空间位向。在其他条件相同时，金属晶体中滑移系的数量越多，则能产生滑移的空间位向也越多，该金属的塑性也就越好。

　　如图 5-5 所示，在体心立方晶格金属中，有 6 个空间位相不同的密排面，每个面上有 2 个密排方向，可以组成 12 个滑移系。面心立方晶格金属有 4 个密排面，每个密排面上有 3 个密排方向，可以构成 12 个滑移系。密排六方晶格的金属有 1 个密排面，密排面上有 3 个密排方向，可以构成 3 个滑移系。

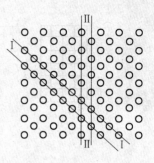

图 5-4　滑移面示意图

体心立方晶格金属与面心立方晶格金属都有 12 个滑移系，而对于滑移而言，滑移方向的作用更大，因此面心立方晶格金属的塑性最好。

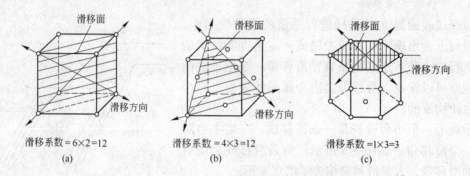

滑移系数 = 6×2 = 12　　　　滑移系数 = 4×3 = 12　　　　滑移系数 = 1×3 = 3
　　　(a)　　　　　　　　　　　　(b)　　　　　　　　　　　　(c)

图 5-5　三种常见金属晶格中的滑移系

（a）体心立方晶格；（b）面心立方晶格；（c）密排六方晶格

C　滑移变形机理

　　人们最初曾设想，滑移过程是晶体的一部分相对于另一部分做整体的刚性移动。但是根据这一刚性滑动的模型，计算出滑移所需的切应力比实测值大几百到几千倍，因此刚性滑移与实际情况不符。

　　经过大量实验与研究证实，金属晶体内部存在位错，滑移实际上是位错在切应力作用下运动的结果。图 5-6 示意地表示了位错移动造成滑移的这一过程。在切应力的作用下，位错在滑移面上一层层移动到晶体表面，从而形成一个原子间距的滑移量。同一滑移面上

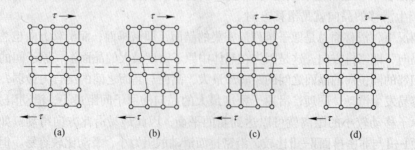

　　　(a)　　　　　　　　(b)　　　　　　　　(c)　　　　　　　　(d)

图 5-6　刃型位错移动产生滑移的示意图

若有大量位错移出，就在金属表面形成一条滑移线。

当晶体在切应力作用下通过位错的移动而产生滑移时，实际上并不需要整个滑移面上的全部原子一起移动，而只是在位错中心附近的少数原子发生移动，而且它们移动远小于一个原子间距就可以达到新的平衡位置。如图5-7所示，位错线上半部分的多余原子面，在切应力的作用下，由实线位置移动到虚线位置，向右移动了一个很小的距离，而位错线下面的一列原子受向左的切应力的作用，迫使原子面由实线位置移动到虚线位置，向左移动了一个很小的距离，与晶体位错线上半部分的多余原子面重合，变成整排原子面。原来整

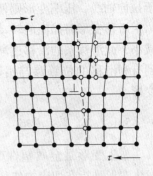

图 5-7 位错移动示意图

排原子面上方的原子，向右移动很小的距离，移到虚线位置进入空格，变成新的多余半排原子面，其结果位错在滑移面上向右移了一个原子间距。位错在滑移面上一层层移动到晶体表面，就形成一个原子间距的滑移量。

这样通过位错移动而产生逐步滑移，比刚性移动需要的切应力小得多。可见，滑移是通过滑移面上位错移动实现的，位错的存在显著降低了金属晶体的强度。但是，当金属晶体中位错的数目超过一定数值时，又会使位错移动的阻力增加，金属的强度提高。金属在滑移的过程中，不断有新的位错产生，因此塑性变形过程是位错密度不断增加的过程。

D 滑移时晶面的转动

晶体中存在着各种位向的滑移系，因此受外力时，各滑移系所受的应力不同。计算得出，外力与滑移面法线的夹角为45°时，滑移系上的分切应力最大，开动滑移的可能性最大；外力与滑移面法线的夹角为90°时，滑移系上的分切应力为零，这样的滑移系不能开动。因此，当滑移系法线与外力夹角接近45°时，此滑移系处于有利的滑移位置，滑移优先在这样的滑移系上进行。

晶体受力时，作用在滑移系上的应力可分解为垂直于滑移面的正应力和平行于滑移面的切应力。正应力只能引起正断，而切应力则可使晶体滑移。

当外力作用在单晶体试样上时，外力在滑移面上的分切应力使晶体滑移，而正应力构成一力偶，使晶体在滑移的同时发生晶面转动。对于滑移系比较少的密排六方结构金属，此现象尤为明显。如图5-8所示，由于晶面转动，拉伸变形使滑移面和滑移方向逐渐平行

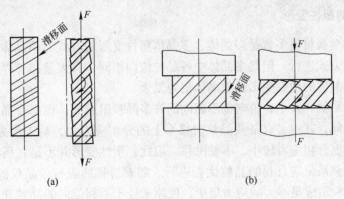

(a)   (b)

图 5-8 晶体滑移时的转动示意图

于拉伸轴线，压缩变形则使滑移面逐渐转到与应力垂直的方向。

滑移变形时晶面的转动使滑移面法线与外力夹角发生变化，滑移系上的分切应力逐渐减小，此滑移系的滑移逐渐趋于困难。而原来处于不利滑移位置的滑移系则可能逐渐转动到有利滑移的位置参与滑移，这样使滑移在不同位向的滑移系上交替进行，晶体均匀变形。

5.1.1.2　孪生变形

孪生变形是金属塑性变形的另一种方式。孪生变形是指在切应力作用下，晶体的一部分相对另一部分沿一定的晶面（孪生面）及晶向（孪生方向）发生的均匀剪切变形。孪生变形的结果是使晶体的变形部分与未变形部分构成镜面对称的位向关系。发生剪切变形的区域称孪晶带，对称的两部分晶体称孪晶带或双晶带。图 5-9 为孪生过程示意图。

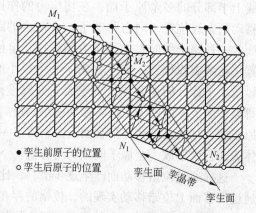

图 5-9　孪生过程示意图

孪生变形时，孪生带每层原子沿孪生方向的位移量都是该方向原间距的分数倍，且位移量与该原子面到孪晶面的距离成正比。孪生变形所需的切应力比滑移大得多，因此只有在滑移难进行时才发生孪生变形。

单晶体的塑性变形究竟以何种方式进行，主要取决于晶体结构和外部条件。一般情况下滑移比孪生容易，所以变形时首先发生滑移，只有滑移变形极其困难时才出现孪生。密排六方结构的金属（如 Mg、Zn、Cd 等）滑移系少，故常以孪生方式变形；体心立方晶格的金属一般都以滑移方式进行变形，只有在低温或受到冲击时才发生孪生变形；而面心立方晶格的金属一般不发生孪生变形。

孪生所产生的塑性变形量一般不大，但是在孪生后，由于孪晶带晶体转至新位向，改变了滑移系的受力状态，有利于产生新的滑移变形，因而使金属的变形能力提高，这一点对于滑移系较少的金属具有特殊意义。在金属的塑性变形过程中，滑移和孪生两种变形方式往往是交替进行的，这样就可以获得较大的变形量。

5.1.2　多晶体的塑性变形

实际使用的金属材料多数是多晶体，多晶体塑性变形的方式与单晶体基本相同，也主要以滑移和孪生方式进行。但是多晶体中各晶粒位向不同，有大量晶界存在对塑性变形产生影响，因此多晶体的塑性变形比单晶体更为复杂。

多晶体是由形状、大小、位向都不相同的许多晶粒组成的，而每个晶粒的滑移面、滑移方向的分布不同，其中必有某些晶粒滑移系上的分切应力大，易于优先产生滑移变形，某些晶粒滑移系上分切应力较小，不易滑移。因此，塑性变形并不是在所有的晶粒内同时进行，而是在滑移系位向有利的晶粒优先进行。随着滑移的进行，晶粒的位向发生转动，同时对未变形晶粒造成足够大的应力集中，使原来处于不利位向的晶粒开始滑移变形。多晶体的塑变总是一批一批晶粒逐步发生，从少量晶粒到大量晶粒，从不均匀变形到均匀变形。发生滑移的晶粒必然会受到周围的其他晶粒的约束与牵制，使滑移阻力增加，提高了塑性变形抗力。

晶界处原子排列紊乱，是杂质和各种缺陷集中的区域。滑移变形时，由于不同晶粒的滑移系位向不同，滑移方向也不同，故滑移不可能从一个晶粒直接延续到另一晶粒中，当位错移动到晶界附近时会受到严重的阻碍而停止前进，并使位错在晶界前堆积起来。只有外力大于一定程度，变形才能越过晶界推动邻近晶粒中的位错移动。因此晶界处具有较高的强度，难以变形，晶界的存在增加了塑性变形抗力，提高了金属的强度。

由此可见，多晶体的塑性变形抗力不仅与原子间结合力有关，而且还与晶粒大小有关。因为晶粒越细，在晶体的单位体积中的晶界越多，不同位向的晶粒也越多，因而塑性变形抗力也就越大。细晶粒的多晶体金属不但强度较高，而且塑性及韧性也较好。因为晶粒越细，在一定体积的晶体内晶粒数目越多，则在同样变形条件下，变形量被分散在更多的晶粒内进行，使各晶粒的变形也比较均匀而不致产生过大的应力集中。同时，晶粒越细，晶界就越多、越曲折，故越不利于裂纹的传播，从而使其在断裂前能承受较大的塑性变形，表现出具有较高的塑性和韧性。由于细晶粒金属具有较好的强度、塑性与韧性，故生产中，一般要使金属材料得到细小均匀的晶粒。

5.2 冷塑性变形对金属组织和性能的影响

金属材料在外力的作用下产生塑性变形时不但改变了金属材料的外部形状，而且也使金属内部组织结构与性能发生明显的变化。

5.2.1 冷塑性变形对金属组织的影响

5.2.1.1 形成纤维组织

金属在冷塑性变形时，随着外形的变化，金属的晶粒形状也发生相应的变化。即沿着变形方向延伸，晶粒逐渐由等轴的多边形伸长为纤维状，晶界变得模糊不清。变形量越大，晶粒伸长的程度也越大，这种纤维状的组织称为冷塑性变形纤维组织，如图 5-10 所示。

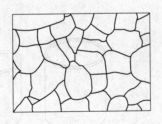

图 5-10　变形前后晶粒形状变化示意图

形成纤维状组织后，金属的性能会具有明显的方向性，其纵向（沿着纤维方向）的强度、塑性高于横向（垂直于纤维方向）。

5.2.1.2 亚结构细化

金属冷塑性变形量较大时，金属中的位错在切应力的作用下不断地运动与增殖。在晶粒外形变化的同时，由于位错的堆积、缠结，亚结构进一步细化，而且亚结构之间的位向差增加，形成变形亚结构，如图 5-11 所示。

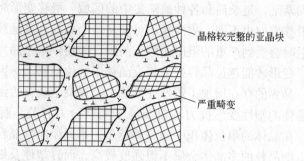

　　晶格较完整的亚晶块

　　严重畸变

图 5-11　变形亚结构示意图

　　亚结构的增多使亚晶界增加，金属中位错的密度增大，阻止了滑移面的进一步滑移，滑移阻力增加，因而提高了金属的强度、硬度，这是导致加工硬化的重要原因之一。

5.2.1.3　形成形变织构

　　在塑性变形过程中，随着变形程度的增加，各个晶粒的滑移系会逐渐沿外力方向转动，当变形量很大时，绝大部分晶粒的某一方位会大致与外力方向一致，形成所谓的择优取向。这种由于塑性变形所引起的择优取向称为形变织构。

　　形变织构的类型有两种，如图 5-12 所示。如果多数晶粒以某一晶向平行或近似平行排列，即形成丝织构，丝织构一般在金属拔丝生产中非常典型。如果多数晶粒以某一晶向及晶面平行或近似平行于特定方向，即形成板织构。板织构一般在金属冷轧板材生产中常见。

　　形变织构的产生使金属材料的性能出现各向异性，并对金属材料的使用和加工工艺产生很大的影响。例如，在冷变形时，它会导致塑性变形分布不均匀，从而造成冲压件的厚度不均、制耳、性能不一致等缺陷，使冲压件报废。因形变织构造成的制耳如图 5-13 所示。

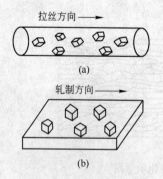

拉丝方向 →

(a)

轧制方向 →

(b)

图 5-12　形变织构示意图
（a）丝织构；（b）板织构

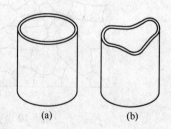

(a)　　　(b)

图 5-13　因形变织构造成的制耳
（a）无制耳；（b）有制耳

　　如果能够掌握形变织构的形成规律，并在生产中得以控制，形变织构也可在生产中加以利用。例如，变压器铁芯用的硅钢片，就是利用形变织构来改善磁阻、提高导磁性、减少铁损，从而可以减轻重量，提高设备效率，节约钢材。

5.2.2 冷塑性变形对金属性能的影响

冷塑性变形改变了金属的组织，使金属的性能也发生了相应的变化。图 5-14 表示纯铜、低碳钢冷塑性变形程度与力学性能的关系。从图中可以看到，金属材料经冷塑性变形加工后，强度、硬度显著提高，而塑性则很快下降；金属变形程度越大，性能变化越大。这种由于冷塑性变形程度的增加，金属强度、硬度增加，塑性、韧性下降的现象称为加工硬化。

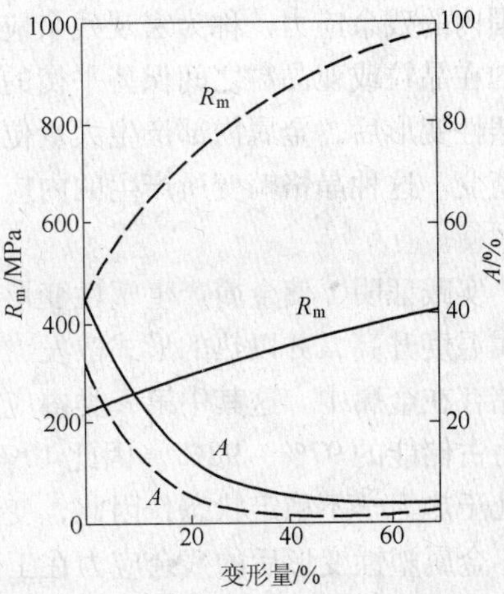

加工硬化的产生是由于塑性变形使金属晶粒破碎，亚结构细化亚晶界数量增加；金属中的位错密度大大增加，交互作用增强，且相互缠结，造成位错运动的阻力增加，塑性变形抗力增加。

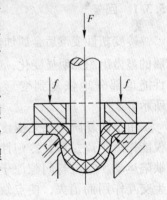

图 5-14　冷塑性变形对金属力学性能的影响
实线—冷轧的纯铜；虚线—冷轧的低碳钢

加工硬化在工业生产上具有重要的意义。

（1）加工硬化是强化金属材料的重要途径之一，特别是对一些不能用热处理强化的材料，如纯金属、某些铜合金、镍铬不锈钢、高锰钢等尤为重要。

（2）加工硬化还可以在一定程度上提高构件的安全性。构件在应用过程中，往往会由于局部的应力集中或其他情况造成过载，使构件产生塑性变形。由于金属有加工硬化现象，变形部分强度提高，变形不会继续发展，一定程度提高了构件的安全性。

（3）加工硬化也是工件能够用塑性变形方法成型的重要因素。例如，在金属冷冲压成型过程中，由于凹模 r 处金属塑性变形最大（见图 5-15），故该处产生加工硬化，随后的变形自然转移到其他部分，这样得到厚度均匀的冲压件。

加工硬化对工业生产也有不利的一面，它使金属的强度、硬度提高的同时，降低了塑性与韧性，为进一步的冷塑性变形带来困难，使压力加工的能耗及设备的磨损增加。为了使金属材料能继续冷塑性变形加工，必须进行中间热处理来消除加工硬化现象，这就增加了金属加工的成本，降低了生产效率。

图 5-15　加工硬化的应用

另外，除力学性能之外，塑性变形还使金属材料的某些物理化学性能发生了变化，如化学活性增加、耐腐蚀性降低、电极电位提高、磁性下降等。

5.2.3 残余应力

当引起金属塑性变形的外力去除后，仍残存在金属材料内部的应力称为残余应力。金属的残余应力可分为三类。第一类是由于金属材料各部分变形不均匀而造成的宏观范围内的残余应力，称为宏观残余应力。第二类由于是晶粒或亚晶粒间的变形不均匀而造成的在晶粒或亚晶粒之间保持平衡的内应力，称为微观残余应力或显微应力。第三类由于冷塑性变形后，金属内部产生大量位错和空位，原子在晶格中偏离其平衡位置，晶格发生了畸变。这种晶格畸变所产生的内应力作用范围更小，只在几百个、几千个原子范围内维持平衡。

实践证明，使金属产生塑性变形的能量，大部分在使金属变形的过程中变成了热，使金属温度升高，并以热的形式散发，只有约不到10%的能量转化为残余内应力，以位能形式储存在金属中。这其中第一类内应力仅占0.1%，第二类内应力占2%～3%，第三类内应力占储能的97%～98%。因此10%的储能表现为使大量原子偏离稳定的低能状态，使之处于热力学不稳定状态，因此，变形金属具有自发地向稳定状态变化的趋势。

金属塑性变形后的残余应力在工件内分布不均匀，往往有应力集中现象。若加工或使用时工件受力平衡状态被破坏，会使局部产生变形或开裂。因此，一般不希望工件中存在残余应力，往往要采用去应力退火以降低或消除残余应力的不良影响。但有些情况下，通过预置与工作应力方向反向的残余应力可提高工件的承载能力及使用寿命。例如，对齿轮表面进行喷丸处理，以产生压应力提高抗疲劳性。

5.3　冷塑性变形金属在加热时的变化

经过冷塑性变形的金属，不仅其组织结构与性能发生了变化，并且还产生了残余应力。这些变化，在许多情况下会对金属的加工和使用产生不利的影响。因此，在生产中如要求其组织结构与性能恢复到变形前的状态，并消除残余应力，必须进行相应的热处理。

冷塑性变形后的金属随加热温度升高，组织结构与性能的变化过程可分为回复、再结晶、晶粒长大三个阶段，如图5-16所示。

5.3.1　回复

冷变塑性变形后金属加热温度较低（在$0.1t_{熔}$～$0.3t_{熔}$范围），为回复阶段。此阶段金属的显微组织无明显变化，其力学性能也变化不大，但残余应力显著降低，其物理和化学性能也部分地恢复到变形前的情况，如图5-16所示。

由于回复阶段加热温度较低，晶格中的原子仅能作短距离扩散，冷塑性变形金属主要发生点缺陷运动。空位与间隙原子合并，空位与位错发生交互作用而消失，使点缺陷密度降低，晶格畸变减少，残余应力显著下降，导电性和耐蚀性提高。此阶段因为亚结构的尺寸未明显改变，位错密度未显著降低，即造成加工硬化的主要原因尚未消除，因而力学性能在回复阶段变化不大。

在工业生产中，通常采用加热回复（去应力退火）的方法，降低要求保持加工硬化状态工件的残余应力，以避免使用过程的变形、开裂，改

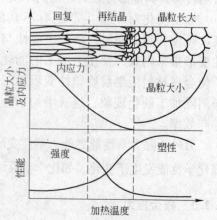

图5-16　冷塑性变形金属在不同加热温度时晶粒大小和性能的变化示意图

善耐蚀性。

5.3.2 再结晶

冷塑性变形后的金属加热到比回复阶段更高的温度时，由于原子扩散能力增大，金属的显微组织和性能将发生明显的变化。破碎的晶粒变为完整的晶粒，纤维状晶粒转变为均匀的等轴状晶粒，同时也使加工硬化与残余应力完全消除，这一过程称为再结晶。

5.3.2.1 再结晶过程

冷塑性变形金属的再结晶过程，也是通过形核与长大方式完成的。通常在金属变形剧烈、位错密集、晶格畸变严重、能量较高的区域优先形核。晶核形成后，通过原子扩散、亚晶粒合并长大和晶界迁移，逐渐向周围长大形成新的等轴晶粒，直到金属内部全部由新的等轴晶粒取代了变形晶粒之后，完成再结晶的过程，如图 5-16 所示。

由于再结晶后形成了新的、少晶格畸变的等轴晶粒，因而消除了纤维组织，且因晶体中位错密度已下降到变形前的程度，加工硬化现象消除。此时内应力全部消失，物理、化学性能基本上恢复到变形以前的状态，如图 5-16 所示。

5.3.2.2 再结晶温度

再结晶过程只是晶粒的形状改变，金属的晶格类型没有变化，不是一个相变的过程。再结晶过程不是一个恒温过程，而是在一定的温度范围进行。通常再结晶温度是指再结晶开始的温度（发生再结晶所需的最低温度）。它与金属的预先变形度有关，金属预先变形度越大，晶粒破碎越严重，晶体缺陷数量越多，再结晶的倾向也越大，再结晶开始温度越低。当预先变形度达到一定量后，再结晶温度将趋于某一个最低值，如图 5-17 所示。这一最低温度就是通常的再结晶温度。

工业生产中将再结晶温度定义为：经过大量塑性变形（变形度大于 70%）的金属，在一个小时保温时间内，能够完成再结晶所需的最低温度。

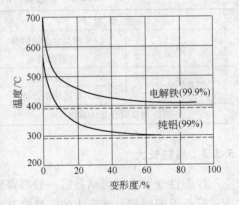

图 5-17 预先变形度对金属再结晶
温度的影响

大量实验证明，各种金属的再结晶温度（$t_{再}$）与其熔点（$t_{熔}$）间的关系，大致可用下式表示：

纯金属的最低再结晶温度 $\qquad t_{再} \approx (0.35 \sim 0.4) t_{熔}$

合金的最低再结晶温度 $\qquad t_{再} \approx (0.5 \sim 0.7) t_{熔}$

式中各温度值，应按绝对温度计算。

表 5-1 列出了一些常见纯金属的再结晶温度。

表 5-1　常见纯金属的再结晶温度

金属名称	$t_{再}/℃$	$t_{熔}/℃$	$t_{再}/t_{熔}$	实用再结晶温度/℃
铅	≈3	327	0.45	
锡	−7 ~ 25	232	0.54	
锌	7 ~ 25	419	0.4 ~ 0.5	50 ~ 100
镁	≈150	649	0.45	
铝	150 ~ 240	660	0.4 ~ 0.55	370 ~ 400
铜	≈230	1084	0.37	500 ~ 700
铁	≈450	1538	0.4	650 ~ 700
镍	530 ~ 660	1455	0.46 ~ 0.54	
钨	≈1200	3399	0.4	

　　金属的再结晶温度除受变形量的影响以外，还与金属的纯度、原始晶粒尺寸、加热速度及时间有关。金属中的杂质与合金元素，特别是高熔点元素，会阻碍原子扩散与晶界迁移，可显著提高金属的再结晶温度。

　　在实际生产中，为了消除加工硬化现象，以便进一步加工，通常把冷变形金属加热到再结晶温度以上，使其发生再结晶，这种热处理工艺称为再结晶退火（或中间热处理）。为了缩短退火周期，再结晶退火温度通常都比最低再结晶温度高 100 ~ 200℃。表 5-2 为常用金属材料的再结晶退火与去应力退火的加热温度。

表 5-2　金属材料的再结晶退火与去应力退火的温度

金 属 材 料		去应力退火温度/℃	再结晶退火温度/℃
钢	碳钢及合金结构钢	500 ~ 600	680 ~ 720
	碳素弹簧钢	280 ~ 300	
铝及铝合金	工业纯铝	≈100	350 ~ 420
	普通硬铝合金	≈100	350 ~ 370
铜及铜合金（黄铜）		270 ~ 300	600 ~ 700

5.3.3　晶粒长大

　　冷塑性变形金属再结晶后一般都得到细小均匀的等轴晶粒。如果再结晶后继续升高温度或延长保温时间，则形成的新晶粒又会逐渐长大粗化，使金属的力学性能下降。

　　晶粒长大是一个自发过程，它可以使晶界总面积减少，降低总的表面能量，使组织处于更为稳定的状态。其过程实质上是一个晶粒的边界向另一个晶粒中迁移，把另一个晶粒的位向逐步改变成为与这个晶粒相同的位向，使得另一个晶粒被吞并而合成一个大晶粒，如图 5-18 所示。

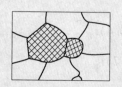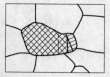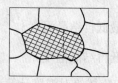

图 5-18　晶粒长大示意图

金属晶粒的长大是不可避免的。因此，进行再结晶退火时，必须严格控制，以防止晶粒过分粗大，降低材料的力学性能。影响再结晶后晶粒大小的主要因素有加热温度、保温时间和冷变形度等。

5.3.3.1 加热温度和保温时间的影响

在一定的预变形度的条件下，再结晶的加热温度越高，保温时间越长，则再结晶后的晶粒越粗大，其中加热温度的影响更明显。图 5-19 是表示加热温度对晶粒大小影响的示意图。

5.3.3.2 冷变形度的影响

在加热温度和保温时间一定的条件下，再结晶后晶粒大小与冷变形度之间的关系如图 5-20 所示。

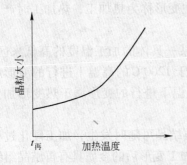

图 5-19　加热温度对再结晶后晶粒大小的影响　　图 5-20　冷变形度对再结晶后晶粒大小的影响

当变形度很小（小于 2%）时，由于晶体的亚结构未细化，位错密度增加不多，不能发生再结晶，因此晶粒保持原来大小。

当变形度达到某一值（一般金属为 2%～10%）时，再结晶后晶粒异常粗大，这种获得异常粗大晶粒的变形度，称为临界变形度。在临界变形度，金属变形度小而且不均匀，再结晶时形核数目少，因此晶粒粗大。

当变形度超过临界变形度后，随变形度的增加，晶粒破碎、亚结构细化，各晶粒变形趋于均匀，再结晶时形核率增大，再结晶后的晶粒也越细、越均匀。

有些金属在变形量相当大时出现形变织构，使各晶粒的取向趋于一致，有利于晶粒沿某一方向吞并小晶粒迅速长大，再结晶后晶粒度又出现重新粗化现象。

为使再结晶后获得细小的晶粒和良好的性能，冷变形时要尽量避开临界变形度和产生明显织构的变形度。

为了综合考虑加热温度与变形程度对再结晶晶粒大小的影响，常将三者的关系综合绘在一张图上，称为再结晶全图。图 5-21 所示即为

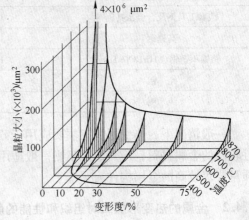

图 5-21　纯铁的再结晶全图

工业纯铁的再结晶全图。

5.4　金属的热变形加工

5.4.1　金属的热变形加工与冷变形加工的区别

　　根据生产产品的需要，金属材料的加工生产有热变形加工与冷变形加工。例如，锻造、热轧等加工过程属于热变形加工；而冷轧、冷拔等加工过程属于冷变形加工。通常金属在高温下的变形抗力下降、塑性提高，易于塑变成型，因此对大变形量加工或难于冷变形的金属材料，经常采用热加工。

　　从金属学的观点来看，冷变形加工与热变形加工的区别是以金属的再结晶温度为界限的。凡是金属的塑性变形是在再结晶温度以下进行的称为冷变形加工，在冷变形加工时产生加工硬化现象。反之在再结晶温度以上进行的塑性变形称为热加工，热加工时产生的加工硬化可随时被再结晶消除。

　　由此可见，冷变形加工与热变形加工并不是以某一具体的加工温度的高低来区分的。例如，钨的最低再结晶温度约为 1200℃，故钨在低于 1200℃ 的高温下进行的变形属于冷变形加工；锡的最低再结晶温度为 -7℃，故锡在室温下进行的变形属于热变形加工。此类再结晶温度在室温以下的金属为不硬化金属。

　　热加工时金属的变形抗力小，塑性大。金属的再结晶可随时发生，加工硬化过程可以被软化过程（回复、再结晶）所抵消，从而使得热加工变形后的金属具有再结晶组织而无加工硬化的痕迹，故可以顺利地进行大变形量的加工。

　　由于加工硬化现象是伴随着塑性变形过程同时发生的，而回复及再结晶过程除温度条件外，还需一定时间才能完成，因此，当金属热变形加工的变形速度较大、温度较低时，往往软化过程来不及消除加工硬化。所以在实际的热加工过程中，通常采用提高热加工温度的办法来加速软化过程。表 5-3 是常用金属的热加工（锻造）温度范围。

表 5-3　常用金属材料的热加工（锻造）温度范围

材　料	锻前最高加热温度/℃	终锻温度/℃
碳素结构钢及合金结构钢	1200 ~ 1280	750 ~ 800
碳素工具钢及合金工具钢	1150 ~ 1180	800 ~ 850
高速钢	1090 ~ 1150	930 ~ 950
铬镍不锈钢（1Cr18Ni9Ti）	1175 ~ 1200	870 ~ 925
纯　铝	450	350
纯　铜	860	650

　　一般情况下，热变形加工主要应用于截面尺寸较大、变形量较大、材料在室温下硬脆性较高的金属材料；冷变形加工则一般适用于塑性较好、截面尺寸较小、加工精度和表面质量要求较高的金属构件。

5.4.2　金属的热变形加工对组织和性能的影响

　　金属的热变形加工不会引起加工硬化，但同样会对金属的组织和性能产生影响。正确的热变形加工工艺可改善铸态金属组织缺陷，提高力学性能。

5.4.2.1 消除铸态金属的组织缺陷

通过热变形加工可使金属铸锭和铸坯的组织得到明显的改善。由于塑性变形量大，铸态金属中气泡、疏松和微裂纹等被压实、焊合，提高了铸坯的致密度。经过塑性变形和再结晶，可使粗大柱状晶、枝晶变为细小等轴晶粒。同时热加工可以改变枝晶偏析、夹杂物、碳化物的形态、大小和分布。

由此得出，热变形加工后钢的强度、塑性和抗冲击能均高于铸态。在工程上受力复杂、载荷较大的工件都要经过热变形加工后制造。表 5-4 所列为 $w(C) = 0.3\%$ 的碳钢在铸造与锻造后力学性能的比较。

表 5-4 $w(C) = 0.3\%$ 的碳钢在铸造和锻造后力学性能的比较

毛坯状态	R_m/MPa	R_{eL}/MPa	A/%	Z/%	A_{KU2}/J
铸造	500	280	15	27	28
锻造	530	310	20	45	56

5.4.2.2 形成热加工纤维组织

在热变形加工过程中，铸态毛坯中的粗大枝晶和各种夹杂物都要沿变形方向伸长，使枝晶间的杂质和夹杂物也沿变形方向分布（塑性夹杂物呈线段状、脆性夹杂物呈点链状沿变形方向延伸）。而这些夹杂物在变形金属再结晶时不会改变形状和分布，在宏观上可见沿变形方向呈一条条细线，这就是热加工纤维组织，也称为热加工流线。

热加工纤维组织的出现，将使金属材料的力学性能呈现异向性。即沿着纤维方向（纵向）具有较高的力学性能，而在垂直于纤维状的方向（横向）性能较差。表 5-5 是 45 钢的力学性能与纤维方向的关系。

表 5-5 45 钢力学性能与纤维方向的关系

取样方向	R_m/MPa	R_{eL}/MPa	A/%	Z/%	A_{KU2}/J
横 向	675	440	10	31	19.2
纵 向	715	470	17.5	62.8	39.7

热变形加工使金属材料的力学性能呈现异向性，因此采用热变形方法制造工件时，应保证流线有正确的分布。应使流线与工件工作时受到最大拉应力方向一致，与剪应力或冲击力方向垂直，如果流线沿工件外形轮廓连续分布是最理想的。如图 5-22 所示，锻造曲轴与经切削加工而成的曲轴的流线分布情况，比较可知，锻造曲轴热加工流线分布合理，其承载能力强。

当工件中有热加工流线时，通过热处理与切削加工的方法是不能消除与改变工件中流线分布的，只能通过适当的塑性变形才能改善流线分布。若不希望工件出现各向异性，可采用不同方向的变形，打乱流线的方向性。

5.4.2.3 形成带状组织

复相合金中的各相（或各组织）在热加工时沿着变形方向交替地呈带状分布，这种组

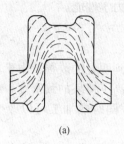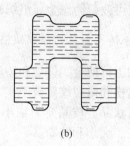

(a)　　　　　　　　　　　　　　(b)

图 5-22　热加工流线分布示意图
(a) 锻造曲轴；(b) 切削加工曲轴

织称为带状组织。例如，在经过热变形的亚共析钢的带状组织中，有时会出现铁素体与珠光体沿金属的加工变形方向呈平行交替分布的层状或带状组织，如图 5-23 所示。

　　带状组织的形成是由于铸态金属中存在的枝晶偏析或夹杂物，在加工过程中沿变形方向被压延而伸长呈带状。带状区的含碳量较低，热变形加工后的冷却过程中，先共析铁素体通常会依附它们析出，形成带状分布，铁素体两侧的富碳区随后转变成珠光体。

图 5-23　钢中带状组织

　　带状组织的出现使钢的力学性能出现各向异性，特别是使横向的塑性与韧性降低。带状组织有时可以通过正火热处理来消除。

小　结

　　本章重点介绍了金属塑性变形的主要方式与塑性变形的实质，金属冷、热塑性变形对金属组织与性能的影响，冷塑性变形金属加热后的变化。生产中金属材料通常采用塑性变形成型，而塑性变形改变金属材料的组织、性能，将影响到金属的加工与使用。因此，有必要了解塑性变形对金属的影响及消除影响的方法，以便更好地加工与使用金属。

　　学习本章应注意掌握以下要点：

　　(1) 金属滑移变形的实质、滑移系、滑移时晶面的转动、影响塑性的因素、孪生变形的基本原理。

　　(2) 塑性变形对金属组织与性能的影响，加工硬化的概念、产生的原因及在生产中的应用意义。

　　(3) 金属的回复与再结晶对塑性变形后金属的组织与性能的影响，上述影响对金属的加工与使用的意义。

　　(4) 金属冷、热加工的区别，热加工对金属组织性能产生的影响，此影响对金属的实际意义。

复习思考题

5-1 名词解释：弹性变形、塑性变形、滑移、孪生、加工硬化、形变织构、再结晶、冷变形加工、热变形加工、残余应力、临界变形度。

5-2 塑性变形的主要方式是什么？滑移变形的特点有哪些？

5-3 为什么室温下金属的晶粒细小强度高，塑性、韧性也好？

5-4 晶体的孪生变形与滑移变形有何区别？为什么在一般塑性变形条件下，锌中易出现孪晶，纯铁中易出现滑移带？

5-5 金属经冷变形后，其组织和性能有何变化？

5-6 形变织构产生的原因是什么？它对金属性能与冲压加工有什么影响？

5-7 加工硬化产生的原因是什么？

5-8 举例说明加工硬化对金属材料的加工和使用有什么实际意义，有什么危害。

5-9 冷变形金属在加热时会发生什么变化？这对其组织和性能又有何影响？

5-10 再结晶温度如何规定？再结晶温度影响因素主要有哪些？

5-11 影响再结晶后晶粒大小的因素主要有哪些？生产中如何控制再结晶晶粒大小？

5-12 金属铸件能否通过再结晶退火来细化晶粒，为什么？

5-13 冷轧薄板生产过程中需穿插几次退火工序，为什么？

5-14 用冷拉钢丝绳吊装一大型工件入炉，并随工件一起加热至1000℃，当出炉后再次吊装工件时，钢丝绳发生断裂，试分析其原因。

5-15 热变形加工与冷变形加工有何区别？为什么钢材经热变形加工后不出现加工硬化现象？

5-16 为什么锻件比铸件的性能好？热加工会造成哪些缺陷？

5-17 当把铅铸锭在室温下经多次轧制成薄铅板时，需不需要进行中间退火，为什么？

5-18 比较同种金属下列情况下的力学性能：

（1）粗大晶粒与细小晶粒。

（2）冷变形后与热变形后。

（3）再结晶前与再结晶后。

（4）平行于纤维状组织与垂直于纤维状组织。

（5）较小冷变形量后再结晶与较大冷变形量后再结晶。

6 钢的热处理

6.1 概述

热处理是通过加热、保温和冷却的方法来改变钢的内部组织结构，从而改善钢性能的一种工艺。热处理的目的是消除前面工序产生的缺陷，为后面工序的顺利进行创造条件；通过热处理还可赋予工件所需的最终使用性能，提高强度，充分发挥材料的潜力。因此，在金属材料的生产与使用中热处理占有重要的地位。

热处理工艺一般包括加热、保温、冷却三个过程，有时只有加热和冷却两个过程。这些过程互相衔接，不可间断。

温度和时间是影响热处理过程的主要因素，在温度-时间坐标图上，可用曲线概括地表示热处理工艺过程，如图6-1所示。

加热是热处理的重要工序之一。金属热处理的加热方法很多，最早是采用木炭和煤作为热源，进而应用液体和气体燃料。电的应用使加热易于控制，且无环境污染。利

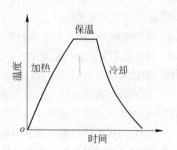

图 6-1　热处理工艺曲线示意图

用这些热源可以直接加热，也可以通过熔融的盐或金属以至浮动粒子进行间接加热。

金属加热时，工件暴露在空气中，常常发生氧化、脱碳（即钢铁零件表面碳含量降低），这对热处理后零件的表面性能有很不利的影响。因而金属通常应在可控气氛或保护气氛中、熔融盐中和真空中加热，也可用涂料或包装方法进行保护加热。

加热温度是热处理工艺的重要工艺参数之一。选择和控制加热温度，是保证热处理质量的主要问题。加热温度根据被处理的金属材料和热处理的目的不同而异，但一般都是加热到相变温度以上，以获得高温组织。另外转变需要一定的时间，因此当金属工件表面达到要求的加热温度时，还须在此温度保持一定时间，使工件内外温度一致，从而使显微组织转变完全，这段时间称为保温时间。

冷却也是热处理工艺过程中不可缺少的步骤。冷却方法因工艺不同而不同，但主要都是控制冷却速度。一般退火的冷却速度最慢，正火的冷却速度较快，淬火的冷却速度更快。

退火、正火、淬火、回火是整体热处理中的"四把火"，其中的淬火与回火关系密切，常常配合使用。

根据热处理目的、加热和冷却方法以及组织和性能变化的不同，钢的热处理可分为普通热处理（包括退火、正火、淬火、回火）和表面热处理（包括表面淬火、化学热处理）。

在生产工艺流程中，为随后的冷拔、冲压和切削加工或进一步热处理作好组织准备的热处理称为预备热处理（如退火、正火等）。经过切削加工等成型工艺而达到工件的形状

和尺寸后，再进行赋予工件所需要的使用性能的热处理称为最终热处理（如淬火、回火等）。

6.2　钢在加热时的组织转变

　　进行退火、正火和淬火等热处理工艺时，几乎都要先将钢加热到临界温度以上，以获得奥氏体。加热时形成的奥氏体，其组织形态对冷却转变过程以及冷却转变产物的组织和性能具有显著的影响，因此研究加热时奥氏体的形成过程具有重要的意义。

　　Fe-Fe$_3$C 相图对于研究钢的相变和制订热处理工艺有重要的参考价值，但是在热处理时还必须考虑相变进行的速度、转变的组织以及转变机理等，因此不仅温度，而且时间和进度也是考虑的重要因素。

　　图 6-2 为热处理、热加工常用的部分 Fe-Fe$_3$C 相图。由相图可知，将共析钢加热到 A$_1$（图 6-2 中实线 PS）以上，组织全部变为奥氏体；而亚共析钢和过共析钢必须加热至 A$_3$（图 6-2 中实线 GS）和 A$_{cm}$（图 6-2 中实线 SE）以上才能获得单相奥氏体。这些临界点都是在无限缓慢加热或冷却条件下测得的，为平衡转变临界温度。在实际生产中的加热或冷却条件下，钢进行热处理时，相变并不按照相图上所示的临界温度进行，大多有不同程度的滞后现象产生，即实际转变温度往往要偏离平衡的临界温度。随着加热和冷却速度增大，滞后

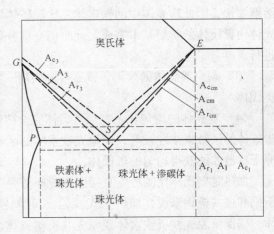

图 6-2　加热和冷却时临界点的变动示意图

现象将愈加严重。通常把加热时的临界温度标以字母"c"，如 A$_{c_1}$、A$_{c_3}$、A$_{c_{cm}}$ 等（图 6-2 中实线 PS、GS、SE 上方虚线）；把冷却时临界温度标以字母"r"，如 A$_{r_1}$、A$_{r_3}$、A$_{r_{cm}}$ 等（图 6-2 中实线 PS、GS、SE 下方虚线）。

6.2.1　奥氏体的形成过程

6.2.1.1　共析钢的奥氏体化过程

　　钢在加热时奥氏体的形成过程（也称奥氏体化）也是一个成核、长大和均匀化过程，遵循相变过程的普遍规律。以共析钢的奥氏体形成过程为例，假如共析钢的原始组织是珠光体，当加热至 A$_{c_1}$ 以上时钢中珠光体（P）就向奥氏体（A）转变。图 6-3 所示为共析碳钢奥氏体形成转变过程示意图，包括以下几个阶段：

　　（1）成核。将钢加热到 A$_{c_1}$ 以上某一温度时，珠光体处于不稳定状态，由于在铁素体和渗碳体相界面处碳浓度不均匀，原子排列也不规则，这就从浓度和结构上为奥氏体晶核的形成提供了有利条件，因此优先在相界面上形成新的奥氏体晶核。

　　（2）长大。奥氏体晶核形成后，便开始长大，它是依靠铁素体向奥氏体的继续转变和渗碳体不断溶入奥氏体而进行的。实验表明，铁素体向奥氏体转变的速度往往比渗碳体的

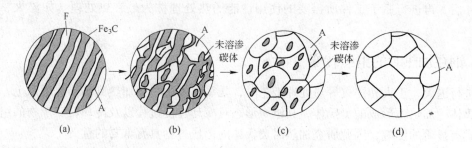

图 6-3　共析碳钢奥氏体转变过程示意图
（a）奥氏体成核；（b）奥氏体长大；（c）剩余渗碳体溶解；（d）奥氏体均匀化

溶解要快，因此珠光体中的铁素体总比渗碳体消失得早。铁素体一旦消失，就可以认为珠光体向奥氏体的转变基本完成，此时仍有部分剩余渗碳体未溶解，奥氏体化过程仍在继续进行。

（3）剩余渗碳体的溶解。铁素体消失后，随着保温时间的延长，剩余渗碳体不断溶入奥氏体。

（4）奥氏体的均匀化。剩余渗碳体完全溶解后，奥氏体中碳浓度仍是不均匀的，原先渗碳体的区域碳浓度较高，而原先铁素体的区域碳浓度较低。为此必须继续保温，通过碳原子扩散才能获得均匀的奥氏体。

加热时奥氏体化的程度直接影响冷却转变过程以及转变产物的组织和性能。对于亚共析钢和过共析钢来说，加热至 A_{c_1} 以上长时间停留，只使原始组织中的珠光体转变成奥氏体，仍保留原先共析铁素体或原先共析渗碳体。只有进一步加热至 A_{c_3} 或 $A_{c_{cm}}$ 以上保温足够时间，才能获得单相奥氏体。

6.2.1.2　影响奥氏体化的因素

（1）加热温度。珠光体向奥氏体转变时，并不是加热到 A_1 点以上温度就立即进行，而是经过一段时间才开始转变，这段时间称为"孕育期"，孕育期以后才开始"奥氏体化"的过程。在转变过程中，加热温度越高，孕育期越短，转变时间短，奥氏体化速度快。

（2）加热速度。加热速度越快，奥氏体转变的开始温度和终了温度越高，转变的孕育期和转变所需时间越短，奥氏体化的速度越快。

（3）原始组织。前面介绍了，奥氏体的晶核是在铁素体与渗碳体的相界面处形成的，因此成分相同的钢，珠光体组织的层片状越细，那么相界面的面积也就越大，形成奥氏体晶核的机会也越高，奥氏体化的速度也越快。

6.2.2　奥氏体晶粒的长大

6.2.2.1　奥氏体的晶粒度

晶粒度是表示晶粒大小的尺度。如图 6-4 所示，一般认为 4 级以下为粗晶粒，5~8 级为细晶粒。

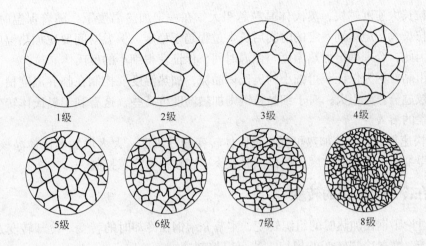

图6-4 钢的晶粒度分级

起始晶粒度是指钢在加热转变时，珠光体刚转变为奥氏体的晶粒大小，此时奥氏体晶粒是细小均匀的。奥氏体形成后，如果继续升温或保温，奥氏体晶粒会不断长大。加热温度越高保温时间越长，奥氏体晶粒也就越粗大。

实际晶粒度是钢在某一具体加热条件下获得的奥氏体晶粒大小。它的大小对钢热处理性能影响很大。由于实际晶粒度是钢加热到临界点以上的一定温度且保温一定时间获得的奥氏体晶粒，因此总比起始晶粒度大。

6.2.2.2 奥氏体晶粒长大倾向

不同成分的钢，在相同的加热条件下，随温度的升高奥氏体晶粒长大倾向是不相同的。有些钢加热到临界温度以上，随着温度的升高，奥氏体晶粒不断长大粗化；而有些钢随着温度的升高不易长大，只有加热到更高的温度才迅速长大。图6-5为两种奥氏体晶粒长大倾向示意图，图中1奥氏体晶粒容易长大，称为粗晶粒钢；图中2只有加热到900～950℃以上才迅速长大，而在此温度以下，奥氏体晶粒长大缓慢，称为细晶粒钢。

了解奥氏体长大倾向，有利于控制热处理加热转变温度及奥氏体形成过程，获得需要的奥氏体。

6.2.2.3 奥氏体晶粒度的控制

奥氏体晶粒越细小，热处理后钢的力学性能越好，特别是冲击韧性高。因此，热处理时希望能够获得细小而均匀的奥氏体晶粒。

为了在热处理加热时获得细小的奥氏体晶粒，要了解影响奥氏体大小的因素，合理制定热处理加热工艺。

（1）控制加热温度与保温时间。加热温度是影响奥氏体晶粒大小的主要因素。加热温度

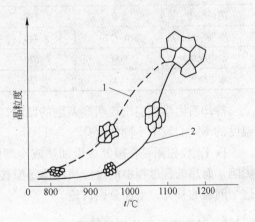

图6-5 加热时钢的晶粒长大倾向示意图
1—粗晶粒钢；2—细晶粒钢

越高，晶粒长大速度越快，奥氏体晶粒越粗大。在一定加热温度下，随着保温时间延长，奥氏体晶粒长大，但达到一定的时间后长大过程趋于稳定，保温时间要比加热温度的影响小得多。因此，合理确定加热温度与保温时间，保证获得细小的奥氏体晶粒。

对于粗晶粒钢为保证获得细小的奥氏体晶粒，加热温度要控制在临界温度稍上，防止奥氏体晶粒过分长大粗大；对于细晶粒钢则加热温度可高些，这有利于奥氏体转变的进行及合金元素的溶入。

（2）快速加热。快速加热可提高奥氏体转变的过热度，大大增加奥氏体晶核的数量，有利于获得细小的起始晶粒度，但保温时长大速度较快要注意控制。

6.3　钢在冷却时组织的转变

前面讨论了钢在加热时的组织转变，本节介绍钢在冷却时的转变。冷却转变是热处理的关键操作，掌握冷却转变的规律，便可以控制冷却过程，获得所需要的组织与性能。

钢冷却转变的方式有连续冷却、等温冷却两种，如图 6-6 所示。

（1）连续冷却是把加热到奥氏体状态的钢，以不同的冷却速度（空冷、随炉冷、油冷、水冷）连续冷却到室温，使奥氏体在连续冷却过程中发生转变。

（2）等温冷却是把加热到奥氏体状态的钢，快速冷却到低于 A_{r_1} 以下某一温度，等温一段时间，使奥氏体发生转变，然后再冷却到室温。

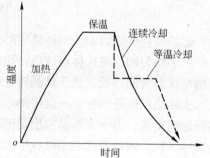

图 6-6　奥氏体不同冷却方式示意图

连续冷却、等温冷却转变时，冷却速度不同、等温温度不同，冷却后钢的力学性能也不同。表 6-1 列出了 45 钢经 840℃ 加热后，以不同冷却速度冷却后获得的力学性能。

表 6-1　45 钢经 840℃ 加热，不同条件冷却后获得的力学性能

冷却方法	R_m/MPa	R_{eL}/MPa	A/%	Z/%	HRC
随炉冷却	530	280	32.5	49.3	15～18
空气冷却	670～720	340	15～18	45～50	18～24
油中冷却	900	620	18～20	48	45～60
水中冷却	1100	720	7～8	12～14	52～60

冷却后力学性能出现明显差别的原因，是由于钢的内部组织随冷却速度的不同、等温温度的不同而发生不同的变化。

Fe-Fe$_3$C 相图是在极其缓慢加热或冷却的条件下建立的，没有考虑冷却条件对相变的影响。而热处理过程中的过冷奥氏体等温转变曲线和过冷奥氏体连续冷却转变曲线正是对这个问题的补充，下面分别讨论。

6.3.1　过冷奥氏体的等温转变

加热到奥氏体状态的钢快速冷却到 A_1 线以下后，奥氏体处于不稳定状态，但过冷到

A_1 点以下的奥氏体并不是立即发生转变，而是经过一个孕育期后才开始转变。这个暂时处在孕育期、处于不稳定状态的奥氏体，称作"过冷奥氏体"。

6.3.1.1　过冷奥氏体等温转变曲线及分析

过冷奥氏体等温转变曲线是表示过冷奥氏体等温转变温度、转变时间和转变产物之间关系的曲线。曲线一般由实验得出，可以采用膨胀法、磁性法、金相硬度法等实验方法。下面以共析钢为例，介绍用金相硬度法建立等温转变曲线与曲线的分析。

A　共析碳钢过冷奥氏体等温曲线的建立

(1) 首先将共析碳钢制成许多薄片试样（$\phi 10mm \times 1.5mm$），并把它们分成若干组。

(2) 先取一组放到炉内加热到 A_{c_1} 以上某一温度保温，使它转变成为均匀细小的奥氏体晶粒。

(3) 将该组试样全部取出迅速放入 A_{c_1} 以下温度（选 650℃）盐炉中，使过冷奥氏体进行等温转变。

(4) 每隔一定时间取一试样投入水中，使在盐炉等温转变过程中的奥氏体在水冷时转变为马氏体。

(5) 观察各试样的显微组织，找出该温度奥氏体转变的开始时间和终了时间。

(6) 用相同的方法，将各组试样加热到奥氏体，然后迅速投入不同温度（600℃、550℃、500℃等）的盐炉中，冷却后分别找出各温度下奥氏体的转变开始时间和终了时间。

(7) 将各温度下奥氏体转变开始点与转变终了点画在温度-时间坐标图上，并将所有的转变开始点连成一条线，所有的转变终了点连成一条线，所绘出的曲线即是过冷奥氏体等温转变曲线。如果将加热奥氏体化的共析碳钢，迅速冷却到 230℃时，即 M_s 线，过冷奥氏体会发生马氏体转变。这样我们就可以得到图 6-7 共析碳钢的等温转变曲线，由于等

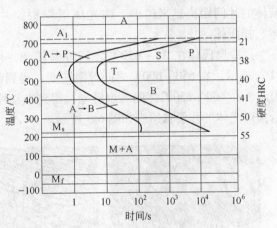

图 6-7　共析碳钢等温曲线

温转变曲线的形状与英文字母"C"相似，故又称为"C"曲线。

B　过冷奥氏体等温转变曲线的分析

在等温转变曲线（见图 6-7）中，最上面一条水平虚线表示钢的临界点 A_1，即奥氏体与珠光体的平衡温度。在曲线下部有两条水平线，M_s 是马氏体转变开始线，M_f 是马氏体转变终了线。A_1 与 M_s 线之间有两条曲线，左边的一条曲线为过冷奥氏体等温转变开始线，右边的一条曲线为等温转变终了线。

在 A_1 温度以上，奥氏体处于稳定状态，在转变开始线的左方是过冷奥氏体区，转变终了线的右方是转变产物区，两条曲线和 $M_s \sim M_f$ 之间是转变区，既有过冷奥氏体又有转变产物。

过冷到 A_1 线以下的奥氏体在等温转变时，都经过一段孕育期，转变开始线与纵坐标

之间的距离即表示孕育期。孕育期长，过冷奥氏体稳定，反之稳定性差。

观察 C 曲线我们可以发现，在各温度下过冷奥氏体的稳定性不相同。在 C 曲线的鼻尖处，约 550℃地方，它的孕育期最短，表示过冷奥氏体最不稳定。由于它的转变速度最快，距离纵坐标最近，所以称为"鼻尖"。而在靠近 A_1 点和 M_s 点处的孕育期较长，过冷奥氏体较稳定，转变速度也较慢。

共析碳钢的过冷奥氏体在三个不同温度区间等温时，会发生三种不同的转变。A_1 到 C 曲线顶点温度发生高温珠光体型转变；C 曲线顶点至 M_s 温度发生中温贝氏体型转变；M_s 以下发生低温马氏体型转变。

6.3.1.2　过冷奥氏体等温转变产物的组织与性能

A　珠光体型转变（高温转变）

奥氏体过冷到 A_1 线以下后，向珠光体转变。首先在奥氏体晶界处形成渗碳体晶核，然后渗碳体片不断分枝，并且向奥氏体晶粒内部平行长大。渗碳体的含碳量较高（6.69%），而共析钢奥氏体含碳量为 0.77%。形成的渗碳片向奥氏体中长大，必然使与它相邻的奥氏体的含碳量不断降低，而后又促使这部分低碳奥氏体转变为铁素体，这样也就形成了由层片状渗碳体与铁素体组成的珠光体。过冷奥氏体的冷却速度、转变温度对珠光体型的转变影响很大，随过冷度的增加，转变温度降低，珠光体中铁素体和渗碳体的片间距离越来越小。珠光体组织根据片间距的不同可分为三种：珠光体、索氏体、托氏体。

过冷奥氏体在 A_1 ~ 650℃之间等温转变，得到粗片状珠光体，称为珠光体，用符号"P"表示。在 650 ~ 600℃之间等温转变，得到细片状珠光体，称为索氏体，用符号"S"表示。在 600 ~ 550℃之间等温转变，得到极细片状珠光体，称为托氏体，用符号"T"表示。珠光体的片层状组织如图 6-8 所示。

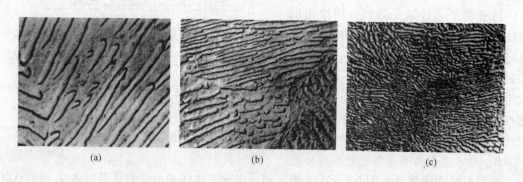

図 6-8　珠光体转变的显微组织
（a）珠光体，3800 倍；（b）索氏体，8000 倍；（c）托氏体，8000 倍

珠光体的性能取决于片层间的距离，片层间距离越小，塑性变形抗力越大，强度、硬度越高。

B　贝氏体型转变（中温转变）

贝氏体是由含碳过饱和的铁素体与渗碳体或 ε 碳化物组成的两相混合物，用符号

"B"表示。贝氏体的形成也是形核长大的过程，贝氏体的转变温度比珠光体还低，在低温下铁原子只能做很小的位移，而不发生扩散。因此，贝氏体转变过程只有碳原子扩散进行组织转变。根据贝氏体的组织形态和转变温度不同，贝氏体一般可分为上贝氏体和下贝氏体两种。

上贝氏体大约是在 C 曲线鼻尖到 350℃ 温度范围内形成的。它首先是在奥氏体低碳区或晶界上形成铁素体晶核，然后向奥氏体晶粒内长大，形成密集而又相互平行排列的铁素体。由于温度低碳原子的扩散能力弱，铁素体形成时只有部分碳原子迁移到相邻的奥氏体中，来不及迁出的碳原子固溶于铁素体内，成为含碳过饱和的铁素体。随着铁素体片的增长和加宽，排列在它们之间的奥氏体含碳量迅速增加，含碳量足够高，便在铁素体片间析出渗碳体，形成上贝氏体。上贝氏体在光学显微镜下呈羽毛状，如图 6-9 所示。

下贝氏体大约是在 350℃ 至 M_s 点温度范围内形成。它首先在奥氏体的贫碳区形成针状铁素体，然后向四周长大。由于转变温度更低，碳原子的扩散能力更弱，它只能在铁素体内做短距离移动，因此在含碳过饱和的针形铁素体内析出与长轴成 55°~60°的碳化物小片，这种组织称下贝氏体。下贝氏体在光学显微镜下呈黑色针片状形态，如图 6-10 所示。

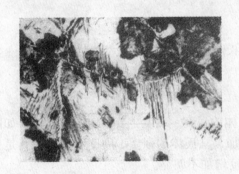

图 6-9 上贝氏体组织

图 6-10 下贝氏体组织

上贝氏体和下贝氏体的力学性能如图 6-11 所示。上贝氏体硬度较高（共析钢上贝氏体硬度为 40~45HRC），但强度低，塑韧性差；下贝氏体不仅具有较高的硬度和耐磨性，而且韧性和塑性均高于上贝氏体，因此生产中一些模具、工具常采用等温淬火获取下贝氏体组织。

C 马氏体转变（低温转变）

当奥氏体快速过冷到 M_s 点以下时将发生马氏体转变，获得马氏体组织。由于奥氏体转变温度低，过冷度很大，奥氏体向马氏体转变时铁、碳原子难以进行扩散，为无扩散型转变，转变过程只发生 γ-

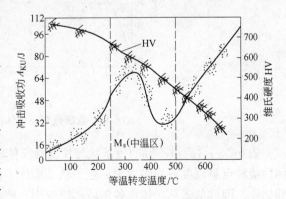

图 6-11 共析钢的力学性能与等温转变温度的关系

Fe 向α-Fe的晶格改组。因此，溶解在奥氏体中的碳全部保留在α-Fe 晶格中，使α-Fe 的含碳量大大超过饱和。这种碳在α-Fe 中的过饱和固溶体称为马氏体，以符号"M"表示。

　　a　马氏体的组织形态

　　马氏体的组织形态主要有两种，一种是片状马氏体，另一种是板条状马氏体。决定马氏体形态的主要因素是马氏体的含碳量与形成温度。对碳钢而言，含碳量小于 0.2%的钢淬火时几乎全部得到板条状马氏体组织，而含碳量高于 1.0%的钢得到片状马氏体组织，含碳量介于 0.2%～1.0%的钢则是两种马氏体的混合组织。钢中含碳量越高，淬火组织中片状马氏体就越多，板条状马氏体就越少。马氏体的组织如图 6-12 所示。

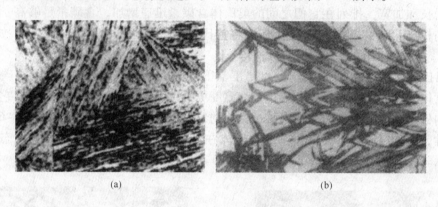

(a)　　　　　　　　　　　　　(b)

图 6-12　马氏体
(a) 板条状马氏体；(b) 片状马氏体

　　b　马氏体的性能

　　马氏体的性能特点为高强度、高硬度，马氏体的强度、硬度主要决定于含碳量，如图 6-13 所示。当含碳量小于 0.6%时，随含碳量增加，马氏体的强度、硬度增加，尤其是在低碳范围变化明显。当含碳量大于 0.6%时，硬度增加不明显。

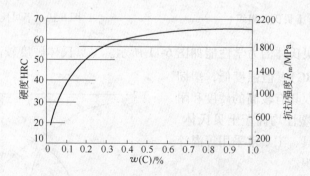

图 6-13　含碳量对马氏体强度与硬度的影响

　　表 6-2 为含碳量不同的板条状与片状马氏体的性能比较。从表中比较可见，片状马氏体性能特点是硬度高而脆性大；板条状马氏体不仅强度、硬度较高，而且还有良好的塑性和韧性，因此低碳马氏体在各领域广泛应用。使用具有良好力学性能的低碳马氏体，对节约钢材、减轻设备重量、延长使用寿命都有重要意义。

表 6-2 板条状马氏体与片状马氏体的性能比较

马氏体形态	含碳量/%	R_m/MPa	R_{eL}/MPa	HRC	A/%	Z/%	A_{KU}/J
板条状	0.1 ~ 0.25	1020 ~ 530	820 ~ 1330	30 ~ 50	9 ~ 17	40 ~ 65	48 ~ 144
片 状	0.77	2350	2040	66	约1	30	8

钢的组织不同，比容也不同。马氏体比容最大，奥氏体比容最小，珠光体居中，且马氏体的比容随含碳量增高而增高。因此，钢在淬火后由奥氏体转变为马氏体，钢件体积必然增大，从而产生淬火应力，导致淬火工件变形与开裂。

马氏体转变时总有少量奥氏体被保留下来，这部分奥氏体称为残余奥氏体。产生残余奥氏体的原因，一方面是马氏体转变为膨胀转变，先转变的马氏体对尚未转变的奥氏体产生压力，抑制了奥氏体转变；另一方面 M_f 很低，一般冷却很难冷却到 M_f 以下，所以马氏体转变未进行完全。淬火钢含碳量越高，M_s 和 M_f 的温度越低，残余奥氏体的数量越多。

残余奥氏体不仅降低淬火钢的硬度和耐磨性，而且在工件的使用过程中，残余奥氏体会继续转变，使工件的尺寸、性能发生变化。这就要求高精度的工件，如精密丝杠、精密量具、精密轴承等，淬火时要冷却到 -78℃或 -183℃，以最大限度减少残余奥氏体，增加工件硬度、耐磨性与尺寸稳定性，来保证使用期间的精度。这种处理称为"冷处理"。

6.3.2 过冷奥氏体的连续冷却转变

在实际生产中，许多热处理工艺是在连续冷却过程中完成的，如炉冷退火、空冷正火、水冷淬火等。在连续冷却过程中，过冷奥氏体同样能进行珠光体转变、贝氏体转变和马氏体转变。但连续冷却过程要先后通过各个转变温度区间，因此可能先后发生几种转变。而且，冷却速度不同，可能发生的转变也不同，各种转变组织的相对量也不同，因而得到的组织和性能也不同。若要认识连续冷却转变冷却速度与冷却产物之间的关系，更好地控制冷却组织转变过程，需掌握过冷奥氏体的连续冷却转变曲线。

6.3.2.1 过冷奥氏体连续冷却转变曲线及分析

过冷奥氏体的连续冷却转变曲线采用实验方法测定，常用的实验方法有金相法、膨胀法和磁性法等，下面以金相法为例介绍共析钢曲线的建立。

取若干组共析钢的试样，经同样的条件奥氏体化以后，每组试样各以一个恒定速度连续冷却，每隔一段时间取出一个试样淬入水中，然后用金相法测定，找出每种冷却速度奥氏体转变的开始温度、开始时间和不同时间的转变量。将各个冷却速度下的测出的数据绘在"温度-时间对数"的坐标中，便得到共析钢的连续冷却曲线。图 6-14 所示为共析钢的连续冷却转变曲线。

共析钢的连续冷却转变曲线中 P_s 线为过冷奥

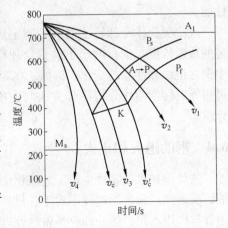

图 6-14 共析钢的连续冷却转变曲线

氏体向珠光体转变的开始线，P_f 线为过冷奥氏体向珠光体转变的终了线，K 线为过冷奥氏体向珠光体转变的中止线。连续冷却时，冷却曲线与 K 线接触，过冷奥氏体向珠光体转变停止，继续冷却剩余奥氏体将向马氏体转变。图 6-14 中 M_s 线是马氏体转变开始线。

在连续冷却转变中，有两个临界冷却速度。v_c 表示连续冷却时过冷奥氏体不向珠光体组织转变，全部过冷到 M_s 以下，形成马氏体的最小冷却速度，称为上临界冷却速度，也称淬火临界冷却速度。v'_c 是过冷奥氏体冷却时全部转变成珠光体组织的最大冷却速度，称为下临界冷却速度。

过冷奥氏体连续冷却转变是在一个温度区间内进行的，即在冷却速度曲线与转变开始线和转变终了线的交点对应的温度范围内进行。所以冷却转变获得的组织是不均匀的，对珠光体转变而言，先转变的组织较粗，后转变的组织较细。

共析钢在连续冷却时过冷奥氏体向珠光体转变中途停止后，剩余奥氏体直接冷却到 M_s 以下形成马氏体，故无贝氏体转变。但有些钢，例如某些亚共析钢、合金钢在连续冷却时会发生贝氏体转变，得到贝氏体组织。

6.3.2.2　过冷奥氏体等温转变曲线在连续冷却中的应用

过冷奥氏体的连续冷却曲线反映了钢在连续冷却条件下的组织转变，是制定和分析热处理工艺的依据。但是，由于过冷奥氏体的连续冷却曲线测定比较困难，而过冷奥氏体等温转变曲线比较容易得到，故在精度要求不高的情况下常用过冷奥氏体等温转变曲线近似分析过冷奥氏体的连续冷却转变。

利用过冷奥氏体等温转变曲线定性地分析钢在连续冷却时组织转变的情况时，一般是将这种冷却速度曲线画到该材料的等温转变曲线上，如图 6-15 所示，按其与曲线交点位置，即在该交点等温转变的情况，估计其所得组织和性能。

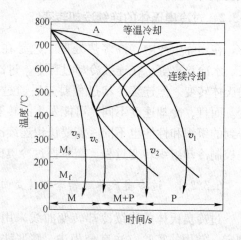

图 6-15　用 C 曲线近似分析连续冷却转变过程

过冷奥氏体冷却转变曲线是制定热处理工艺的重要依据，也有助于了解热处理冷却过程中钢材组织和性能的变化。例如，在等温退火、等温淬火、分级淬火以及变形热处理工艺可用等温转变曲线分析冷却方法与速度，可估计钢的临界淬火冷却速度，合理选择冷却介质。

6.4　钢的退火和正火

热处理在机器零件生产工艺流程中有着重要的作用，它通常用来改变零件的组织和性能，满足加工和使用过程中对零件材料力学性能的不同需求。根据在机械零件加工过程的位置与作用不同，热处理有预备热处理与最终热处理两种。钢的正火与退火处理多用于预备热处理，对于性能要求不高的工件，退火和正火也可以作为最终热处理。

6.4.1 退火

退火多为将钢加热到某一温度，经保温后缓慢冷却下来（一般为随炉冷却），以获得接近平衡状态组织的热处理工艺。根据钢的成分和退火的目的、要求不同，退火又可分为完全退火、等温退火、球化退火、再结晶退火、去应力退火等。

退火的目的主要是：

（1）降低钢件硬度，利于切削加工。

（2）消除残余应力，稳定钢件尺寸并防止变形和开裂。

（3）细化晶粒，改善组织，提高钢的力学性能。

（4）为最终热处理（淬火、回火）做组织上的准备。

6.4.1.1 完全退火

完全退火是将亚共析钢加热到 A_{c_3} 以上 20~60℃，保温一定时间后，随炉缓慢冷却到 600℃ 以下，然后出炉在空气中冷却。

这种退火主要用于亚共析成分的碳钢和合金钢的铸件、锻件及热轧型材。其目的是细化晶粒，消除内应力与组织缺陷，降低硬度，提高塑性，为随后的切削加工和淬火做好准备。

6.4.1.2 等温退火

等温退火是将钢件或毛坯加热至 A_{c_3}（或 A_{c_1}）以上 20~30℃，保温一定时间后，较快地冷却至过冷奥氏体等温转变曲线"鼻尖"温度附近并保温，使奥氏体转变为珠光体后，再缓慢冷却下来。

等温退火的目的与完全退火相同，但是等温退火时的转变容易控制，能获得均匀的预期组织，对于大型制件及合金钢制件较适宜，可大大缩短退火周期。

6.4.1.3 扩散退火（均匀化退火）

扩散退火是将工件加热略低于固相线温度（A_{c_3} 或 $A_{c_{cm}}$ 以上 150~250℃），保温 10~15h，然后随炉冷却。

扩散退火主要用于合金钢铸锭和铸件，其目的是消除铸造过程产生的枝晶偏析，使合金钢工件成分均匀。

钢中合金元素含量越高，扩散退火的加热温度也越高，而高温长时间加热又是造成组织过热的原因，因此扩散退火后需要进行一次完全退火或正火来消除过热。

6.4.1.4 球化退火

球化退火是将钢件或毛坯加热到略高于 A_{c_1} 温度，经长时间保温，使钢中渗碳体、碳化物转变为颗粒状（或称球状）渗碳体，然后以缓慢的速度冷却到室温的工艺方法。

当加热温度超过 A_{c_1} 线后，渗碳体开始溶解，但又未完全溶解，此时片状渗碳体逐渐断开为许多细小的链状或点状渗碳体，弥散分布在奥氏体基体上，同时由于低温短时加热，奥氏体成分也极不均匀，因此在以后缓冷或等温冷却的过程中，以原有的细小渗碳体质点为核心，或在奥氏体中碳富集的地方产生新核心，均匀形成颗粒状渗碳体。

球化退火主要用于碳素工具钢、合金弹簧钢、滚动轴承钢和合金工具钢等共析钢和过共析钢，如生产中常用的刀具、模具、量具等。其目的是使钢中的网状渗碳体、片状渗碳体与碳化物球状化，形成球状珠光体组织，以降低共析或过共析钢的硬度，改善切削加工性，并为以后的淬火热处理做好组织准备。

为便于球化过程的进行，对网状渗碳体严重的过共析钢，应在球化退火前进行一次正火，以消除网状渗碳体。

6.4.1.5　去应力退火与再结晶退火

去应力退火又称低温退火。它是将钢加热到 $400 \sim 500 \, ^\circ \! C$（$A_{c_1}$ 温度以下），保温一段时间，然后缓慢冷却到室温的工艺方法。

去应力退火的目的是为了消除铸件、锻件和焊接件以及冷变形加工等造成的内应力。这些应力若残留在工件中，在随后的加工或使用过程中，会由于应力集中或残余应力与外加载荷叠加，造成工件的变形、开裂。

再结晶退火是将冷塑性变形的工件加热到再结晶温度以上（一般在 $600 \sim 700 \, ^\circ \! C$），保温一定的时间，使冷塑变金属发生再结晶的退火工艺。再结晶退火多属于冷塑性变形加工的中间热处理。

再结晶退火主要用于消除冷变形加工（如冷轧、冷拉、冷冲）产生的畸变组织，消除加工硬化及残余应力，恢复钢的塑性和韧性，使塑性变形加工能继续进行。

6.4.2　正火

正火是将钢件加热到临界点（A_{c_3} 或 $A_{c_{cm}}$）以上，进行完全奥氏体化，然后在空气中冷却的热处理工艺。

6.4.2.1　正火后的组织与性能

正火实际上是退火的一种特殊情况。二者不同之处主要在于正火的冷却速度较退火快，因此得到以索氏体为主的组织，其组织较退火细小，而且有伪共析组织。正火的强度和硬度也稍高一些。从图 6-16 和表 6-3 可以看出同一钢种退火和正火后组织与性能的差异。

表 6-3　含碳量为 0.45% 钢退火和正火状态的力学性能

状　态	R_m / MPa	$A / \%$	A_{KU} / J	HBW
退　火	$650 \sim 700$	$15 \sim 20$	$32 \sim 48$	≈ 180
正　火	$700 \sim 800$	$15 \sim 20$	$40 \sim 64$	≈ 220

从图 6-16 可见，正火组织中珠光体量增多，且珠光体层片变小。通过表 6-3 可以看到正火后钢的强度、硬度、韧性都比退火后的高，塑性也不降低。

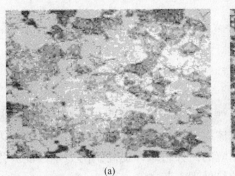
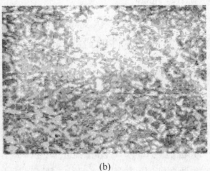

(a)　　　　　　　　　　　　　　(b)

图 6-16　40 钢的退火和正火
（a）40 钢的退火组织；（b）40 钢的正火组织

6.4.2.2　正火工艺

正火的加热温度与钢的化学成分关系很大。低碳钢加热温度为 A_{c_3} 以上 $100 \sim 150℃$；中碳钢加热温度为 A_{c_3} 以上 $50 \sim 100℃$；高碳钢加热温度为 A_{c_3} 以上 $30 \sim 50℃$。

保温时间与工件厚度和加热炉的形式有关。冷却既可采用空冷，也可采用吹风冷却，但注意工件冷却时不能堆放在一起，应散开放置。

6.4.2.3　正火的特点与应用

正火与退火相比较，有以下特点：正火钢的力学性能高，操作简便，生产周期短，能量耗费少。因此在正火与退火都可以满足性能要求的情况下，尽可能选用正火。

正火有以下几方面的应用：

（1）作为普通结构件的最终热处理。正火可以消除铸造或锻造生产中的过热缺陷，细化组织，提高力学性能。

（2）改善低碳钢和低碳合金钢的切削加工性。硬度在 $160 \sim 230HBW$ 的金属，切削加工性能好。如果金属硬度高，不但难以加工，而且刀具易磨损，能量耗费也大；硬度过低，加工又易粘刀，使刀具发热和磨损，且加工零件表面光洁度也差。碳钢退火和正火后的大致硬度值如图 6-17 所示，阴影部分表示切削加工性能较好。

（3）作为中碳结构钢的预备热处理。正火常用作较重要零件的预先热处理。例如，对中碳结构钢正火，可使一些不正常的组织变为正常组织，消除热加工所造成的组织缺陷，并且对减小工件淬火变形与开裂，对提高淬火质量有积极作用。

（4）消除过共析钢中的网状二次渗碳体，为

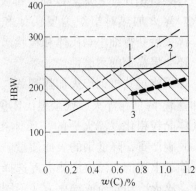

图 6-17　碳钢退火和正火后的大致硬度值
1—正火（片状珠光体组织）；
2—退火（片状珠光体组织）；
3—球化退火（球状珠光体）

球化退火做组织准备。

（5）对一些大型或形状复杂的零件，淬火可能有开裂的危险，正火也往往代替淬火、回火处理，作为这些零件的最终热处理。

6.5 钢的淬火

淬火是将工件加热到 A_{c_1} 或 A_{c_3} 以上某一温度，保温一定时间，使其奥氏体化后以大于淬火临界冷却速度进行快速冷却，获得马氏体组织的热处理工艺。淬火的目的是为了获得马氏体，并通过与回火工艺相配合，获得相应的回火组织，提高钢的力学性能。淬火、回火是钢最重要的强化方法，也是应用最广的热处理工艺之一。

6.5.1 淬火工艺

6.5.1.1 淬火加热温度的选择

淬火温度的高低与钢的化学成分有关，如图 6-18 所示。

亚共析钢加热温度为 $A_{c_3} + (30 \sim 50)℃$；共析钢、过共析钢加热温度为 $A_{c_1} + (30 \sim 70)℃$。

亚共析钢若加热温度选在 $A_{c_1} \sim A_{c_3}$ 之间，组织中有一部分铁素体存在，在随后的淬火冷却中，由于铁素体不发生变化而保留下来。它的存在使钢的淬火组织中存在软点，降低淬火钢的硬度，同时还会影响钢的均匀性，影响力学性能。如果加热温度在 A_{c_3} 以上，则一方面由于加热温度高，钢的氧化、脱碳严重，另一方面奥氏体晶粒粗大，淬火后马氏体粗大，钢的性能变坏。

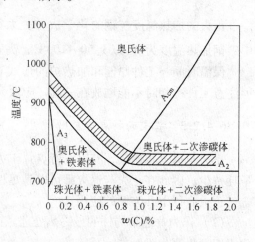

图 6-18　碳钢的淬火加热温度范围

过共析钢在淬火加热以前，都要经过球化退火。淬火加热时组织为奥氏体和粒状渗碳体，淬火后获得细小马氏体和粒状渗碳体混合组织。粒状渗碳体不仅不会降低淬火钢的硬度，还会提高钢的耐磨性。

如果将过共析钢淬火加热到 $A_{c_{cm}}$ 以上，则渗碳体完全溶入奥氏体，使奥氏体中含碳量增加，M_s 降低，淬火后残余奥氏体量增加，反而降低了钢的硬度与耐磨性。加热温度高，奥氏体晶粒粗化，淬火后的马氏体粗大，钢的脆性大为增加；钢加热温度高也使钢的氧化、脱碳严重，降低钢的表面质量。

除了上述钢的淬火加热温度选择原则之外，对同一化学成分的钢，由于工件的形状和尺寸、淬火冷却介质或淬火方法不同，对淬火加热温度的选择也有所不同。因此，淬火加热温度要综合考虑各种因素的影响，结合具体情况制定。

6.5.1.2 加热时间的选择

加热时间指的是升温与保温所需的时间。加热时间的长短与很多因素有关，如钢的成分、原始组织、工件形状和尺寸、加热介质、装炉方式、炉温等。确切计算加热时间很困难，一般采用经验公式：

$$t = a \times D$$

式中　t——加热时间；

　　　a——加热系数，见表6-4；

　　·D——工件有效厚度，见表6-5。

表6-4　常用钢的加热系数

钢的种类	工件直径/mm	<600℃，箱式炉中预热	750~850℃，盐浴炉中加热或预热	800~900℃，箱式炉或井式炉中加热
碳　钢	≤50		0.3~0.4	1.0~1.2
	<50		0.4~0.5	1.2~1.5
合金钢	≤50		0.45~0.5	1.2~1.5
	>50		0.5~0.55	1.5~1.8
高合金钢		0.35~0.40	0.3~0.35	

表6-5　工件有效厚度的确定

工件形态				
有效厚度	D	h	h	$\dfrac{D-h}{2}$	D

6.5.1.3　淬火冷却介质

常用的淬火冷却介质是水和油。

水是经济的且冷却能力较强的淬火介质。水的缺点是在550~650℃范围内的冷却能力不够强，而在200~300℃范围内冷却能力又太大，因此生产上主要用于形状简单、截面较大的碳钢件的淬火。

油在低温区冷却能力较理想，但在高温区冷却能力低，因此主要用于合金钢和小尺寸的碳钢件的淬火。大尺寸碳钢件油淬时，由于冷却不足，会出现珠光体型组织。

熔融的碱和盐也常用作淬火介质，称为盐浴或碱浴。这类介质只适用于形状复杂及变形要求严格的小型件的分级淬火和等温淬火。

各类淬火冷却介质的冷却特性如表6-6所示。

表 6-6　常用淬火冷却介质及其冷却特性

淬火冷却介质	最大冷却速度时		平均冷却速度/℃ · s⁻¹	
	所在温度/℃	冷却速度/℃ · s⁻¹	500 ~ 650℃	200 ~ 300℃
静止自来水，20℃	340	775	135	450
静止自来水，60℃	220	275	80	185
10% NaCl 水溶液，20℃	580	2000	1900	1000
15% NaOH 水溶液，20℃	560	2830	2750	775
10 号机油，20℃	433	230	60	65
10 号机油，80℃	430	230	70	55

6.5.2　淬火方法

淬火冷却是淬火工艺的关键工序，冷却既要保证淬火工件获得马氏体，又要尽可能降低淬火内应力，减小淬火变形与开裂。

目前在实际淬火操作中，应用的冷却介质没有一种能满足理想冷却速度的要求。因此为弥补淬火介质的不足，降低淬火内应力，应结合各种淬火冷却介质的特点，采用不同的淬火冷却方法来降低淬火内应力。各类淬火法如图 6-19 所示。

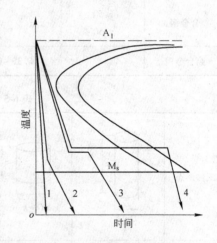

图 6-19　各种淬火方法示意图
1—单液质淬火；2—双液淬火；3—分级淬火；
4—贝氏体等温淬火

（1）单液淬火法。单液淬火法是把加热工件投入到单一淬火介质中，连续冷却至室温的淬火方法，如图 6-19 中的冷却曲线 1。这是一种常用的淬火方法，特点是操作简便，易实现机械化与自动化。其不足是容易产生淬火缺陷，如水淬冷速快，淬火应力较大，容易产生变形开裂；油中淬火容易产生硬度不足或硬度不均等现象。

（2）预冷淬火法。预冷淬火法是将加热的工件从加热炉中取出后，先在空气中预冷至一定的温度，然后再投入到淬火冷却介质中冷却。这种方法可在不降低淬火工件的硬度与淬硬层深度的条件下，使热应力大大减小。因此，它对防止变形和开裂有积极意义。

（3）双液淬火法。双液淬火法是把加热的工件先投入到冷却能力较强的介质中冷却到稍高于 M_s 点温度，然后立即转入另一冷却能力较弱的介质中，进行马氏体转变的淬火，如图 6-19 中的冷却曲线 2 所示。

双液淬火的关键是要控制好从第一冷却介质到第二冷却介质的温度。温度太高（C 曲线顶点以上）取出，再投入到冷却能力较弱的介质中冷却，会发生珠光体型转变；太低又已经发生马氏体转变，失去了双液的意义，达不到双液淬火的目的。

（4）分级淬火法。分级淬火法是把加热的工件先投入到温度在 M_s 点附近的盐浴或碱浴槽中，停留 2 ~ 3min，然后取出空冷，以获得马氏体组织的淬火，如图 6-19 中的冷却曲线 3 所示。分级淬火是通过在 M_s 点附近的保温，消除工件内外温差，使淬火热应力减到最小，而在随后空冷时，可在工件截面上几乎同时形成马氏体组织，所以可减小组织应力的产生，减小变形与开裂的倾向。

盐浴或碱浴的冷却能力较小，容易使奥氏体稳定性较小的钢在分级淬火过程中形成珠光体，故只应用于截面尺寸不大、形状较复杂的碳钢及合金钢件。一般直径小于 10 ~ 15mm 的碳钢工件以及直径小于 20 ~ 30mm 的低碳合金钢工具应用分级淬火。过去分级淬火温度一般都高于 M_s 点，而现在较多的在略低于 M_s 点温度。这是因为选在 M_s 点以下，能提高工件在盐浴中的冷却速度，可以获得更深的淬硬性。但要注意分级淬火温度不能在 M_s 点以下太多，否则就成了单液淬火法了。

（5）等温淬火法。如图 6-19 中的冷却曲线 4 所示，等温淬火法是把加热的工件投入温度稍高于 M_s 点的盐浴或碱浴槽中，保温足够的时间（一般为半小时以上）发生下贝氏体转变后取出空冷。钢等温淬火后的组织是贝氏体，故又称为贝氏体淬火。

等温淬火内应力很小，工件不易变形和开裂，而且所获得的下贝氏体组织强度、硬度和韧性也都较高，因此多用来处理形状复杂，尺寸精度较高，且硬度、韧性也都很高的工件，如各种冷冲模、热冲模、成型工具和弹簧等。另外由于低碳贝氏体性能不如低碳马氏体好，因此低碳钢不进行等温淬火，等温淬火适用于中碳以上的钢。

6.5.3 钢的淬透性

6.5.3.1 淬透性的概念

钢淬火时工件截面各处的冷却速度不同，表面冷却速度大，内部冷却速度慢，而且越到心部冷却速度越小。若淬火时工件表面和心部冷却速度都大于淬火临界冷却速度，则工件整个截面都能获得马氏体组织，工件完全淬透。但若工件尺寸较大，淬火时心部的冷却速度往往低于淬火临界冷却速度，淬火后的心部是硬度较低的非马氏体与马氏体的混合组织或非马氏体组织，这种情况工件未淬透。

钢的淬透性是指钢淬火时获得一定淬透层深度的能力。淬透层的深度规定为由工件表面至半马氏体区的深度。这样规定是因为半马氏体区的硬度变化显著，同时组织变化明显，很容易测试。

用不同成分的钢制成形状和尺寸相同的工件，在相同的淬火条件下，淬透性好的钢获得的淬硬层较深，淬透性差的钢淬硬层较浅。应当注意，钢的淬透性与淬硬性是两个不同的概念，淬透性表示的是钢在淬火时所能得到的淬硬层深度，淬硬性是指钢淬火后形成的马氏体组织所能达到的硬度，它主要取决于马氏体中的含碳量。

6.5.3.2 淬透性的影响因素

钢的淬透性好坏不取决于淬火的外部条件，只取决于钢的本性。钢的淬透性主要取决于钢的淬火临界冷却速度的大小，实质是取决于过冷奥氏体稳定性的高低。凡是能够增加过冷奥氏体稳定性的因素，或者说凡是使 C 曲线位置右移、减小淬火临界冷却速度的因素，都能提高钢的淬透性。

影响淬透性的主要因素有：

（1）钢的化学成分。在亚共析成分范围内，随含碳量增加，C 曲线右移，因此钢的淬火临界冷却速度减小，钢的淬透性提高；过共析钢随含碳量增加，C 曲线左移，钢的淬火临界冷却速度增大，淬透性降低。

（2）合金元素的影响。除钴和铝（＞2.5％）以外的合金元素加热时溶入奥氏体，会使过冷奥氏体的稳定性增加，C 曲线右移，淬火临界冷却速度降低，使钢的淬透性提高。

（3）奥氏体化条件。奥氏体化温度越高，成分越均匀，奥氏体越稳定，淬火临界冷却速度越小，淬透性越高。

6.5.3.3　淬透性与力学性能的关系

淬透性对钢件热处理后的力学性能有很大的影响。图 6-20 所示是用淬透性不同的两种钢材制成的直径相同的轴，经过调质处理。比较后可见，淬透性好的钢淬火后工件完全淬透，经高温回火后，整个截面都是回火索氏体，力学性能沿截面均匀一致，强度高，韧性好；而淬透性差的钢，淬火后仅表层为马氏体，心部为珠光体组织，回火后表层为回火索氏体，心部为片状索氏体 + 铁素体，虽然截面上硬度基本一致，但未淬透部分强度、韧性低于表层，力学性能沿截面不一致。

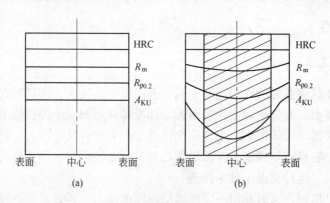

图 6-20　淬透性对调质后钢的力学性能影响
(a) 已淬透；(b) 未淬透

钢淬透性的好坏在实际生产中有重要的意义。工件在整体淬火条件下，从表面至中心是否淬透，对其力学性能有重要的影响。在拉伸、压缩、弯曲或剪切应力的作用下，工件尺寸较大的零件，如齿轮类、轴类零件，希望整个截面都能被淬透，从而保证零件在整个截面上的力学性能均匀一致，此时应选用淬透性较高的钢种制造。如果钢的淬透性低，工件整个截面不能被全部淬透，则从表面到心部的组织不一样，力学性能也不相同。

另外，对于形状复杂、要求淬火变形小的工件（如精密模具、量具等），选用淬透性较高的钢，则可以在较缓和的介质中淬火，减小淬火应力，工件淬火变形小。

但是并非任何工件都要求选用淬透性高的钢，在某些情况下反而希望钢的淬透性低些。例如承受弯曲或扭转载荷的轴类零件，其外层承受应力最大，轴心部分应力较小，因此选用淬透性较小的钢，淬透工件半径的 1/3～1/2 即可。

6.5.4　淬火缺陷及防止方法

热处理生产中，由于淬火工艺处理不当，常会给工件带来缺陷，如氧化、脱碳、过热、过烧、硬度不足、变形与开裂等。

6.5.4.1　氧化与脱碳

钢在有氧化性的气体中加热时，会发生氧化而在表面形成一层氧化皮，在高温下，甚至晶界也会发生氧化。钢在某些介质中加热时，这些介质会使钢表面的含碳量下降，这种现象称为"脱碳"。减少或防止钢在淬火中氧化与脱碳的方法有：

（1）采用脱氧良好的盐浴炉加热。

（2）在可控保护气氛炉中加热。

（3）在真空炉中加热。

（4）预留足够的加工余量。

6.5.4.2　变形和开裂

淬火冷却是淬火工艺的关键工序，由于淬火冷却速度快，不可避免地在工件中产生淬火内应力，造成工件淬火变形与开裂。

根据形成原因的不同，淬火产生的内应力可分为热应力与组织应力两种。

热应力是淬火时由于冷却速度快，工件表层温度下降快，内部温度下降慢，造成工件内外有较大的温差，工件表面体积收缩大，内部体积收缩小，因而表层的体积收缩会受到内部的阻碍，使工件表层受到张应力，内部受到压应力。由热应力引起的工件变形的特点是，使平面边为凸面，直角变钝角，长的方向变短，短的方向增长，一句话，使工件趋于球形，如图6-21（a）所示。

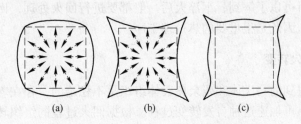

（a）　　　　　　　　　（b）　　　　　　　　　（c）

图 6-21　不同应力作用下零件变形示意图
（a）热应力；（b）组织应力；（c）热应力＋组织应力

组织应力是由于淬火时冷却速度快，相变在整个截面上不同步进行，而马氏体、奥氏体的比体积不同，马氏体比体积大，奥氏体比体积小，引起体积变化不均匀而产生的内应力。组织应力引起的工件变形与热应力相反，使平面变为凹面，直角变为锐角，长的方向变长，短的方向缩短，一句话，使尖角趋向于突出，如图6-21（b）所示。

淬火变形与开裂是淬火时形成的热应力与组织应力综合作用的结果，如图6-21（c）所示。热应力与组织应力方向恰好相反，如果热处理适当，它们可部分相互抵消，使残余应力减小，但是当残余应力超过钢的屈服强度，就使工件就发生变形，残余应力超过钢的抗拉强度时，工件就产生开裂。

为减小淬火变形或开裂，除了正确选择钢材和合理设计工件的结构外，在工艺上可采取下列措施：

（1）采用合理的锻造与预先热处理。

（2）采用合理的热处理工艺。

（3）采用正确的操作方法。

（4）对于淬火易开裂的部分，如键槽、孔眼等用石棉堵塞。

6.6 钢的回火

回火是将淬火钢重新加热到 A_1 以下某一温度，保温一定时间，然后冷却到室温的热处理工艺。回火是紧接在淬火之后的热处理工序。

6.6.1 回火的目的

回火的目的主要有以下几点：

（1）获得工件所需的组织。钢淬火组织为马氏体和少量残余奥氏体，其性能特点是强度、硬度很高，但塑性与韧性比较低。为了调整和改善钢的性能，满足各种工件不同的性能要求，需配合适当的回火来改变淬火组织。

（2）稳定尺寸。淬火后的马氏体和残余奥氏体是不稳定的组织，它们具有自发向稳定组织转变的趋势，而组织的转变将引起工件尺寸的改变。采用回火可使淬火组织转变为稳定组织，从而保证工件在使用过程中不再发生形状和尺寸的改变。

（3）消除淬火内应力。钢淬火后有很大的淬火应力，如不及时消除会引起工件的进一步变形与开裂。通过回火可以降低或消除淬火内应力，降低内应力也有利于提高淬火钢的韧性。

由以上三点分析可以了解到，钢淬火后一般都要进行回火处理，回火决定了钢在使用状态的组织和性能，因此是很重要的热处理工序。

6.6.2 淬火钢的回火转变

钢在淬火后，得到的马氏体和残余奥氏体组织是不稳定的，存在着自发向稳定组织转变的倾向，回火加热可加速这种自发转变过程。根据回火过程的组织转变，回火可分为四个阶段。

（1）回火第一阶段（≤200℃）马氏体分解。当回火温度达100℃以上时，马氏体便开始分解，马氏体中过饱和的碳原子以 ε 碳化物形式析出，碳化物的析出降低了马氏体中碳的过饱和度，它的正方度 c/a 也随之减小。这一阶段回火温度较低，马氏体中仅析出一部分过饱和的碳原子，它仍是碳在 α-Fe 中的过饱和固溶体。这种含碳量降低的马氏体和 ε 碳化物的回火组织，称为回火马氏体。

在回火的第一阶段中钢的硬度并不降低，但由于 ε 碳化物的析出，晶格畸变降低，淬火内应力有所减小。

（2）回火第二阶段（200～300℃）残余奥氏体的转变。残余奥氏体于200℃分解，至300℃基本结束，残余奥氏体分解成下贝氏体。一般认为，钢中残余奥氏体在 M_s 以上各温度分解时，分解的产物与从高温直接过冷的奥氏体在同一温度下的分解产物相似。残余奥氏体的转变产物与材质及回火加热速度、保温时间有关。快速加热，有利于残余奥氏体在较高的温度转变。

在回火第二阶段中，残余奥氏体转变为下贝氏体的同时，马氏体还在继续分解。马氏体的继续分解会使钢的硬度降低，但由于强度较低的残余奥氏体转变成强度、硬度高的下贝氏体，因此钢的硬度并没有明显降低，但淬火内应力进一步减小。

（3）回火第三阶段（300～400℃）碳化物的转变。在回火第三阶段，碳原子从过饱和 α 固溶体中继续析出，同时 ε 碳化物也逐渐变为与 α 固溶体不再有晶格联系的渗碳体（Fe_3C），α 固溶体中含碳量几乎已达到平衡含碳量。此阶段回火组织为保持原马氏体形态的铁素体和极细小渗碳体的混合组织，称为回火托氏体。此时钢的硬度降低，淬火应力到此基本消除。

（4）回火第四阶段（>400℃）渗碳体聚集长大与 α 相的再结晶。经过回火第三阶段后，钢的组织虽然已是铁素体和颗粒状渗碳体所组成，但 α 相（铁素体）仍保留原来马氏体的板条状或片状。高于400℃后，细小的渗碳体颗粒不断聚集长大，形成颗粒状。温度升高到600℃时铁素体发生再结晶，由细小马氏体形态的铁素体晶粒转变、长大，形成较大的等轴状铁素体晶粒。

铁素体发生回复与再结晶后，形成等轴状铁素体与粒状渗碳体的混合组织，称为回火索氏体。此阶段回火钢的强度、硬度不断降低，塑性、韧性明显改善。

钢在不同温度下回火后硬度随回火温度的变化，以及钢的力学性能与回火温度的关系如图6-22 和图6-23 所示。

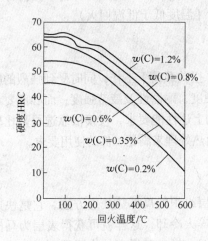 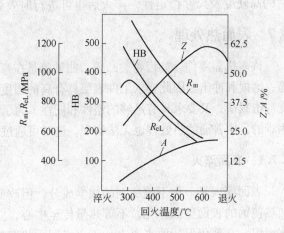

图 6-22　钢的硬度随回火温度的变化　　　图 6-23　40 钢力学性能与回火温度的关系图

6.6.3　回火的种类及应用

决定工件回火后组织和性能的最重要因素是回火温度。生产中根据工件所要求的力学性能、所用回火温度的高低，将回火分为低温回火、中温回火和高温回火。

（1）低温回火（150～250℃）。低温回火后的组织为回火马氏体，其是在保持淬火钢高硬度、强度和耐磨性的情况下，降低了淬火内应力和脆性，适当提高了淬火钢的韧性。

它主要用于高碳的切削刀具、量具、冷冲模具、滚动轴承。低温回火后硬度一般为 58~64HRC。

（2）中温回火（350~500℃）。中温回火后的组织为回火托氏体。中温回火后工件的内应力基本消除，具有高的弹性极限和屈服极限、较高的强度和硬度（35~45HRC）、好的塑性和韧性。中温回火主要用于各种弹簧零件及热锻模具。

（3）高温回火（500~650℃）。高温回火后的组织为回火索氏体。高温回火后钢具有强度、塑性和韧性都较好的综合力学性能，硬度为 25~35HRC。高温回火广泛应用于中碳结构钢和低合金结构钢制造的各种受力比较复杂的重要结构零件，如发动机曲轴、连杆、连杆螺栓、汽车半轴、机床齿轮及主轴等，也可作为某些精密工件如量具、模具等的预先热处理。

通常将淬火和高温回火相结合的热处理称为调质处理。钢经正火和调质处理后的硬度接近，但经调质处理后的组织中铁素体、渗碳体呈粒状，而正火后的组织中铁素体和渗碳体呈片状，因此调质处理后钢的强度、塑性、韧性都超过正火状态。表 6-7 列出了 45 钢经正火和调质处理后的性能差别。

表 6-7　45 钢在正火与调质后的力学性能

热处理状态	R_m/MPa	A/%	A_{KU}/J	HBW	组织
正　火	700~800	15~20	40~64	160~220	细珠光体 + 铁素体
调　质	750~850	20~25	64~96	210~250	回火索氏体

调质处理一般作为最终热处理，但也可以作为表面淬火的预先热处理。为了保持淬火后的高硬度及尺寸稳定性，淬火后也可进行时效处理（温度低于低温回火）。

6.7　表面热处理

许多机器零件，如齿轮、凸轮、曲轴等是在弯曲、扭转载荷下工作，同时受到强烈的摩擦、磨损和冲击。因此要求工件表层具有高的强度、硬度、耐磨性及疲劳强度；而心部要承受冲击载荷，又要求具有足够的塑性和韧性。为了达到上述性能要求，仅仅依靠选材是比较困难的，用普通的热处理也无法实现，这时可通过表面热处理来满足工件的使用要求。

6.7.1　表面淬火

表面淬火是一种不改变钢的化学成分，但改变表层组织的局部热处理方法。它是快速加热使钢的表面奥氏体化，不等热量传至中心，立即淬火冷却，这样就可获得表层为马氏体组织，心部仍保持原来退火、正火或调质状态的组织。经处理后工件表层得到强化，具有较高的强度、硬度、耐磨性及疲劳极限，而心部仍保持足够的塑性与韧性，能承受冲击载荷的作用。

表面淬火方法较多，常用的有感应加热表面淬火和火焰加热表面淬火。

6.7.1.1　感应加热表面淬火

A　感应加热的基本原理

图 6-24 是感应加热表面淬火的示意图。加热过程是将工件放入由空心铜管绕成的感

应器（线圈）内，当线圈通入交变电流后，即产生交变磁场，那么在工件中就会产生频率相同、方向相反的感应电流。感应电流在工件内形成回路称"涡流"。感应电流密度在工件中分布是不均匀的，表面密度大，中心密度小，这种现象称为"集肤效应"。由于工件本身具有电阻，根据电热效应 $Q = 0.24I^2Rt$，工件表层很快被加热到临界温度以上，由于工件心部电流强度很低，温度接近室温，此时喷水（或其他介质）即可达到表面淬火的目的。

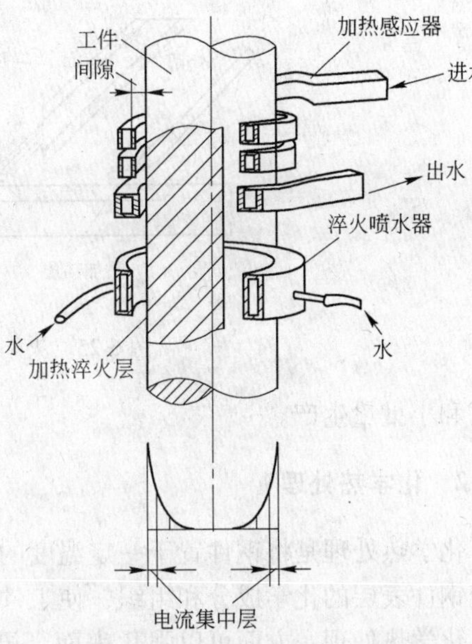

通入感应器中的电流频率越高，集肤效应越显著，涡流越向表层集中，淬硬层深度越薄。因此，通过改变通入感应器中交流电的频率，可以得到不同厚度的淬硬层。

图 6-24 感应加热表面淬火的示意图

B 感应加热频率的选用

（1）高频感应加热：频率为 200～300kHz，淬硬层深度为 0.5～2mm，主要用于淬硬层较薄的中、小型零件，如小模数齿轮、中小型轴的表面淬火。

（2）中频感应加热：频率为 500～10000Hz，淬硬层深度 2～8mm，主要用于处理淬硬层要求较深的零件，如直径较大的轴类和模数较大的齿轮等。

（3）工频感应加热：频率为 50Hz，淬硬层深度可达 10～15mm，主要用于要求淬硬层较深的大直径零件，如轧辊、火车车轮。

（4）超频感应加热：频率 20～40Hz，主要用于中小模数的齿轮、花键轴、链轮。

C 感应加热表面淬火的特点

感应加热速度极快，过热度增大，使钢的临界点升高，故感应加热淬火工件表面温度高于一般淬火温度。

感应加热速度快，奥氏体晶粒不易长大，淬火后获得非常细小的隐晶马氏体组织，使工件表层硬度比普通淬火高 2～3HRC，耐磨性也有较大提高。

感应加热速度快、时间短，故淬火后无氧化、脱碳现象，且工件变形也很小，易于实现机械化与自动化。

由于以上优点，感应加热表面淬火在热处理生产中得到了广泛的应用。其缺点是设备造价高，形状复杂的零件处理比较困难。

6.7.1.2 火焰加热表面淬火

火焰加热表面淬火是利用火焰将工件快速加热到淬火温度，随后喷水冷却，获得所需的表层硬度，如图 6-25 所示。常用火焰为乙炔-氧混合气体燃烧，最高温度 3200℃；另外还有煤气-氧火焰，最高温度 2000℃。

火焰加热表面淬火的优点是设备简单、成本低、工件大小不受限制。其缺点是淬火硬度和淬透层深度不易控制，常取决于操作工人的技术水平和熟练程度；生产效率低，适合

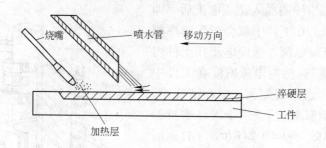

图 6-25　火焰加热表面淬火的示意图

单件和小批量生产。

6.7.2　化学热处理

化学热处理是将钢件置于一定温度的活性介质中保温，使某些介质渗入钢件表层，以改变钢件表层的化学成分和组织，使工件获得所需性能的热处理工艺。

化学热处理一方面可以强化表面，提高零件的某些力学性能，如表面硬度、耐磨性、疲劳强度等；另一方面可以改善工件表面的物理、化学性能，如提高工件的热硬性、抗氧化性、耐腐蚀性等。

表面化学成分改变是通过以下三个基本过程实现的。

（1）分解。高温下从化学介质中首先分解出具有活性的原子，如渗碳时 $CH_4 \rightarrow 2H_2 + [C]$，渗氮时 $2NH_3 \rightarrow 3H_2 + 2[N]$。

（2）吸收。工件表面吸收活性原子形成固溶体或化合物。

（3）扩散。被工件吸收的活性原子，从表面向内扩散形成一定厚度的扩散层。

按表面渗入的元素不同，化学热处理可分为渗碳、渗氮、碳氮共渗、渗硼、渗铝等。目前生产上应用最广的化学热处理是渗碳、渗氮和碳氮共渗。

6.7.2.1　钢的渗碳

渗碳是把钢放在渗碳介质中，加热到单相奥氏体区，保温一定时间，使碳原子渗入钢表层的过程。

A　渗碳的目的及用途

有许多零件在工作时，受力复杂，如汽车和拖拉机的变速齿轮、活塞销、摩擦片及轴类。对这些零件的性能要求是表面硬而耐磨，心部强度、韧性要好，且疲劳强度要高。这些性能，用高碳钢淬火、低碳钢淬火、感应加热表面淬火都不理想，因此提出渗碳。

B　渗碳方法

渗碳方法有气体渗碳、固体渗碳和液体渗碳。目前，广泛应用的是气体渗碳法。

（1）固体渗碳。固体渗碳是将工件埋在固体渗碳剂中封闭起来（见图 6-26），加热到 900 ~ 950℃，

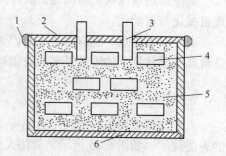

图 6-26　固体渗碳装置箱示意图

1—泥封；2—盖；3—试棒；4—零件；

5—渗碳剂；6—渗碳箱

保温一定时间进行渗碳的工艺。

(2) 气体渗碳。气体渗碳是将工件置于密封的渗碳炉中（见图 6-27），加热至完全奥氏体化温度，通常是 900～950℃，并通入渗碳介质使工件渗碳。

渗碳介质可分为两大类：一是液体介质（含有碳氢化合物的有机液体），如煤油、苯、醇类和丙酮等，使用时直接滴入高温炉罐内，经裂解后产生活性碳原子；二是气体介质，如天然气、丙烷气及煤气等，使用时直接通入高温炉罐内，经裂解后用于渗碳。

C 渗碳后的组织

渗碳用钢一般为低碳钢或低碳合金钢（含碳量为 0.1%～0.25%），如 15、20Cr 等。渗碳处理后零件表层含碳量最好控制在 0.85%～1.05% 之间。若含碳量过高，会出现较多的网状或块状碳化物，则渗碳层变脆，容易脱落；含碳量过低，则硬度不足，耐磨性差。所以渗碳后缓冷组织自表面至心部依次为：过共析组织（珠光体＋碳化物）、共析组织（珠光体）、亚共析组织（珠光体＋铁素体）、原始组织，如图 6-28 所示。

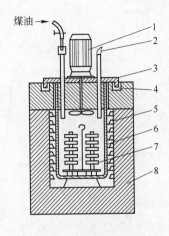

图 6-27 气体渗碳装置示意图
1—风扇电动机；2—废气火焰；3—炉盖；
4—砂封；5—电阻丝；6—耐热罐；
7—工件；8—炉体

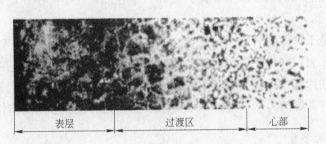

图 6-28 低碳钢渗碳缓冷后的显微组织

一般规定，从表面到过渡层（50%P＋50%F）一半处的厚度为渗碳层的厚度，渗碳层的厚度应根据工件的工作条件与工件的尺寸确定。在一定的渗碳层厚度范围内，随着渗碳层深度的增加，渗碳件的疲劳极限、抗弯强度和耐磨性增加。但是渗碳层厚度超过一定范围，疲劳极限随着渗碳层深度的增加反而降低，而且渗碳层过厚也会大大降低零件的冲击韧度。一般小截面及薄壁零件的渗碳层厚度不应超过零件截面尺寸的20%，大零件也多在 2～3mm 以内。

D 渗碳后的热处理

渗碳后的工件还要进行淬火和低温回火处理才能有效发挥渗层的作用。回火温度一般为 160～180℃，淬火与回火后，渗碳层的组织由高碳回火马氏体、碳化物和少量残余奥氏体组成，其硬度可达到 58～64HRC，具有高的耐磨性。

常用的淬火方法有以下三种：直接淬火、一次淬火和两次淬火，如图 6-29 所示。

直接淬火是将工件渗碳后随炉或出炉预冷到稍高于心部成分的 A_{r_3} 温度，然后淬火。

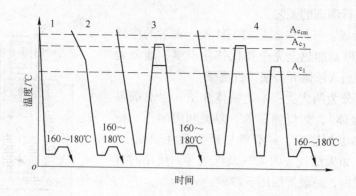

图 6-29　渗碳件常用的热处理方法
1，2—直接淬火；3——次淬火；4—两次淬火

预冷的目的主要是减少零件与淬火介质的温差，以减小淬火应力和零件的变形。直接淬火法工艺简单、生产效率高、成本低、氧化脱碳倾向小。但因工件在渗碳温度下长时间保温，奥氏体晶粒粗大，淬火后形成粗大马氏体，性能下降，所以只适用于过热倾向小的质细晶粒钢。

　　一次淬火是将工件渗碳后出炉缓冷，然后重新加热，进行淬火和低温回火。这种方法通过空冷细化晶粒消除网状二次渗碳体，提高力学性能，在生产中广泛用于组织和性能要求较高的零件。

　　两次淬火法是工件渗碳后，第一次淬火将工件加热到心部成分的 A_{c_3} 以上，目的是细化心部组织和消除表层网状二次渗碳体；第二次淬火将工件加热到 $A_{c_1} \sim A_{c_3}$ 之间，目的是为了使表层获得细片状马氏体和粒状渗碳体组织。两次淬火可细化表层和心部组织，处理后表层和心部都有良好的力学性能，用于要求表面高耐磨性和心部高韧性的重要零件。

6.7.2.2　钢的渗氮

　　渗氮是向钢表面渗入氮元素以提高表层氮浓度的热处理工艺过程，也称氮化。氮化的目的是为了提高工件表面的硬度、疲劳强度、耐磨性及耐蚀性。

　　氮化用钢通常为含有 Cr、Mo、Al、Ti、V 等合金元素的中碳钢，如 38CrMoAl。氮化温度较低，一般为 500～570℃。氮化层厚度随工件的不同而有所区别，一般不会超过 0.6～0.7mm。工件在氮化前需进行调质处理，以保证氮化件心部具有较高的强度和韧性。

　　氮化的优点如下：

　　（1）氮化件表面硬度高（1000～2000HV），耐磨性好，还具有高的热硬性。

　　（2）氮化件疲劳强度高，这是由于氮化后表层体积增大，产生压应力。

　　（3）氮化件变形小，这是由于氮化温度低，而且氮化后不需再进行热处理。

　　（4）氮化件耐蚀性好，这是由于氮化后表面形成一层致密的化学稳定性相。

　　氮化的缺点是工艺复杂，成本高，氮化层薄，因而主要用于耐磨性及精度均要求很高的零件，或要求耐热、耐磨及耐蚀的零件，如精密机床的丝杠、镗床主轴、发动机气缸及热作模具等。

渗氮根据方法不同，有气体渗氮、离子渗氮等；根据目的不同，有抗磨渗氮、抗蚀渗氮。

（1）气体渗氮。气体渗氮在专用设备或井式渗氮炉（见图6-30）中进行。渗氮时将工件放于炉中，通入氨气，并加热至500~570℃，使氨气分解出活性氮原子，活性氮原子被钢表面吸收，形成固溶体和与钢中 Al、Cr、Mo 元素形成氮化物，并向内部扩散形成一定的渗氮层。气体渗氮生产周期长，如 0.5mm 左右的氮化层，需 40~60h。

（2）离子渗氮。离子渗氮在真空热处理炉中进行，加热时以真空容器为阳极，工件为阴极，通入 400~700V 直流电使介质电离后，氮离子高速轰击工件升温到 450~650℃。表面的氮离子在阴极上捕获电子形成氮原子渗入工件表面，并向内部扩散形成氮化层。

离子氮化速度快，氮化层质量高，工件变形小，对材料适应性强。

（3）抗蚀渗氮。抗蚀渗氮是在表面形成薄而致密的白色氮化物层。氮化物层对湿气、蒸汽及弱碱溶液等有一定的抗蚀能力，但不耐酸液腐蚀。抗蚀渗氮适用于各类钢及铸铁，尤以低碳钢渗氮效果好。

抗蚀渗氮加热温度为 550~700℃，保温时间 1~3h，渗层厚度为 0.015~0.06mm。

图 6-30 井式气体渗氮炉

小 结

本章重点介绍了钢的热处理原理与热处理工艺。热处理是钢材在机械加工与使用过程中的重要工艺，通过热处理可以方便地改变钢材的性能。热处理不仅能提高钢材的强度，充分发挥钢材潜能，延长使用寿命，节约材料，也可以消除毛坯组织缺陷，改善加工工艺性能，提高加工的质量与效率。因此，热处理在钢材的生产、加工与使用过程有重要的地位。

学习本章应注意掌握以下要点：

（1）钢加热时奥氏体的形成过程及影响因素，以控制奥氏体形成过程的方法，以获得需要的奥氏体晶粒。

（2）过冷奥氏体转变的各种产物及性能，各种产物的形成条件，分析影响 C 曲线及奥氏体转变的因素，由此认识钢在热处理过程中组织、性能变化的规律。

（3）常用热处理工艺（退火、正火、淬火、回火、表面淬火和化学热处理）的目的、工艺过程；各种处理对工件组织与性能的影响，应用范围。

复习思考题

6-1 什么是热处理？热处理的基本类型有哪些？

6-2 说明 A_1、A_3、A_{cm}，A_{c_1}、A_{c_3}、$A_{c_{cm}}$、A_{r_1}、A_{r_3}、$A_{r_{cm}}$ 各临界点的含义。

6-3 说明共析钢加热形成奥氏体的过程；指出影响奥氏体晶粒大小的主要因素；简述奥氏体长大倾向的意义。

6-4　分析共析钢在不同温度区间等温转变的产物与性能；分析冷却速度与冷却产物之间的关系。

6-5　什么是上临界冷却速度？影响上临界冷却速度的主要因素有哪些？

6-6　什么是马氏体？马氏体的性能特点是什么？马氏体转变的特点是什么？

6-7　退火与正火的目的是什么？简述退火的种类及应用。为保证工件有良好的切削加工性能，怎样正确选择退火与正火工艺？

6-8　什么是淬火？淬火的目的是什么？淬火的方法有几种？比较几种淬火方法的优缺点。

6-9　试述亚共析钢和过共析钢淬火加热温度的选择原则。为什么过共析钢淬火加热温度不超过 $A_{c_{cm}}$？

6-10　为何淬火钢要经过回火后使用？钢淬火后回火的种类有哪些？各种回火后工件的组织与性能特点如何？分别适用于什么零件的热处理？

6-11　何谓钢的淬透性、淬硬性？影响钢的淬透性、淬硬性及淬硬层深度的因素是什么？如何根据钢材的淬透性为机械零件合理选材？

6-12　说明 45 钢经不同的热处理后的组织与硬度高低：

（1）45 钢加热到 700℃后，投入到水中快冷。

（2）45 钢加热到 750℃后，投入到水中快冷。

（3）45 钢加热到 840℃后，投入到水中快冷。

6-13　将含碳量 1.0% 与 1.2% 的碳钢同时加热到 780℃进行淬火，问：

（1）淬火后的组织是什么？

（2）淬火马氏体的含碳量及硬度是否相同？

（3）哪种钢淬火后耐磨性更好？解释原因。

6-14　为何冷轧薄板生产过程中要进行中间热处理？

6-15　为什么不能用正火替代调质处理生产轴类零件？

6-16　为什么刀具等工件要在淬火 + 低温回火条件下使用？

6-17　什么是表面热处理？表面淬火的目的是什么？表面淬火适用于什么含碳量的钢？表面淬火前后需要进行什么热处理？

6-18　感应加热表面淬火的加热原理是什么？感应加热表面淬火的特点是什么？

6-19　渗碳的目的是什么？简述气体渗碳的基本工艺过程。渗碳适用于什么含碳量的钢？渗碳后还需要进行什么热处理？简述表面淬火工件与渗碳工件耐磨性的差别。

6-20　氮化处理的方法有哪些？氮化的特点是什么？

7 合 金 钢

为改善钢的某些性能，在碳素钢基础上加入合金元素而形成的以铁为基的合金称为合金钢。合金钢具有许多碳钢所不具备的优良性能与特殊性能，是国民经济建设中大量使用的重要金属材料。本章主要介绍合金元素在钢中的作用及常用合金钢的成分、组织、性能、热处理方法及应用。

7.1 合金元素在钢中的作用

合金钢中常加的合金元素有锰（＞0.8%）、硅（＞0.4%）、铬、镍、钨、钼、钛、钒、硼、铌和稀土等。由于合金元素与钢中的铁、碳两个基本组元的作用以及合金元素之间的相互作用，能使钢的晶体结构和显微组织发生变化，因而能提高和改善钢的性能。下面分别介绍合金元素在钢中的存在形式及合金元素对 Fe-Fe₃C 相图和钢热处理的影响。

7.1.1 合金元素在钢中的存在形式

（1）形成合金铁素体。大多数合金元素能溶于铁素体，形成合金铁素体。合金元素的溶入会引起铁素体的晶格畸变，产生固溶强化，使铁素体的强度、硬度提高，而塑性、韧性下降。合金元素含量对铁素体硬度和韧性的影响如图 7-1 和图 7-2 所示。在退火、正火和调质状态下使用的钢中，铁素体是基本相，加入合金元素可有助于提高钢的强度。

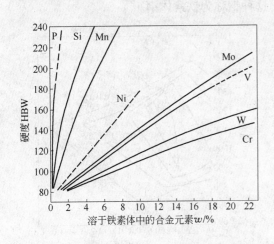

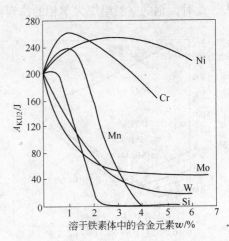

图 7-1 合金元素含量对铁素体硬度的影响　　图 7-2 合金元素含量对铁素体韧性的影响

（2）形成合金碳化物。钢中形成的合金碳化物主要有合金渗碳体和特殊碳化物。合金渗碳体的稳定性、硬度略高于渗碳体，是一般低合金钢中碳化物的主要存在形式。特殊碳化物往往比合金渗碳体有更高的熔点、硬度和耐磨性，并且更稳定，不易分解。特殊碳化物在钢中弥散分布，可显著提高钢的强度、硬度与耐磨性，是合金钢的主要强化相。

合金元素与碳亲和力的强弱会影响其在钢中的存在形式。亲和力小的合金元素（如 Si、Ni、Co 等）称为非碳化物形成元素，它们不形成碳化物，而是溶于铁素体或奥氏体中，形成固溶体。铁和锰与碳的亲和力稍大，称为弱碳化物形成元素，通常形成合金渗碳体（Fe,Mn）$_3$C；钨、铬、钼等常称中强碳化物形成元素，倾向于形成合金渗碳体，如（Fe,Cr）$_3$C、（Fe,Mo）$_3$C 等，这类元素质量分数较高（>5%）时，才倾向于形成特殊碳化物；钒、铌、锆、钛等是强碳化物形成元素，倾向于形成特殊碳化物。

7.1.2　合金元素对铁碳相图的影响

钢中加入合金元素，使 Fe-Fe$_3$C 相图的临界点、临界线发生变化，会改变铁碳合金的相变温度和某些组织转变的碳含量。所以，在根据 Fe-Fe$_3$C 相图制定合金钢的热处理和热加工工艺时要考虑合金元素的影响，同时还要注意由此引起的合金钢的组织和性能的变化。

7.1.2.1　合金元素对奥氏体相区的影响

能使奥氏体相区改变的合金元素有两类：扩大奥氏体区元素和缩小奥氏体区元素。

扩大奥氏体区元素，如 Ni、Mn 等，可使 A$_1$、A$_3$ 温度下降，GS 线向左下方移动，从而使奥氏体相区扩大。这类元素含量高时，奥氏体区会扩展到室温，室温组织中会存在稳定的单相奥氏体，形成奥氏体钢。如图 7-3 所示，随 Mn 含量的增大，A$_3$、A$_1$ 线向左下方移动，奥氏体区向室温方向扩展。

缩小奥氏体区的元素，如 Cr、W、Mo 等，可使 A$_3$、A$_1$ 温度升高，GS 线向左上方移动，如图 7-4 所示。随 Cr 含量的增大，奥氏体区缩小。Cr 含量超过 19% 时，奥氏体区会消失，此时，钢的室温组织为单相的铁素体，这种钢称为铁素体钢。

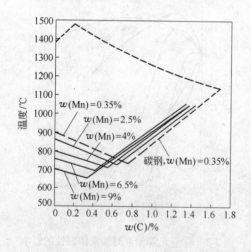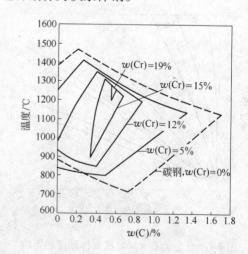

图 7-3　Mn 对奥氏体区的影响（扩大奥氏体区）　　　图 7-4　Cr 对奥氏体区的影响（缩小奥氏体区）

7.1.2.2　合金元素对 S 点、E 点位置的影响

合金元素可改变 E、S 点位置，进而影响钢的平衡组织及钢中各组成相的比例和分布

状态，对合金的性能产生相应的影响。

合金元素一般使共析点 S 和奥氏体最大溶碳量点 E 左移，即降低了共析点的含碳量及形成莱氏体组织的含碳量。S 点左移会使含碳量相同的碳钢与合金钢具有不同的组织。例如，40 钢是亚共析钢，而加入 13% Cr 后的合金钢为过共析钢。E 点左移会导致钢中出现莱氏体。例如，高速钢含碳量小于 0.8%，但由于大量合金元素使 E 点左移至 0.8% 以下，所以铸态组织中会出现莱氏体，形成莱氏体钢。合金元素对共析点含碳量和共析点温度的影响如图 7-5 和图 7-6 所示。

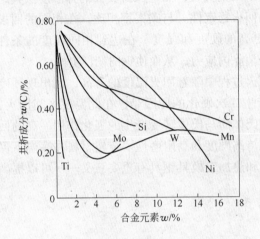 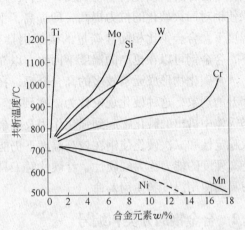

图 7-5　合金元素对共析点含碳量的影响　　　图 7-6　合金元素对共析温度的影响

7.1.3　合金元素对热处理的影响

7.1.3.1　合金元素对加热转变的影响

（1）减慢奥氏体的形成速度。大多数合金元素（除 Co、Ni 外）会减慢奥氏体的形成速度。因为碳化物溶解和均匀化以及形成含有足够合金元素的奥氏体的过程需要更高的加热温度和更长的保温时间。

（2）阻碍奥氏体晶粒的长大。几乎所有的合金元素都对加热时奥氏体晶粒长大有抑制作用。强碳化物形成元素铌、钒、钛等形成的碳化物细小质点，阻碍奥氏体晶粒长大作用更为显著。这使合金钢（除锰钢外）在淬火加热时不容易过热，有利于获得细马氏体，还有利于提高加热温度，使奥氏体中溶入更多的合金元素，以改善钢的淬透性和力学性能。

7.1.3.2　合金元素对钢冷却转变的影响

（1）对过冷奥氏体冷却转变的影响。合金元素（除 Co 以外）溶入奥氏体后，能降低原子的扩散速度，增加过冷奥氏体的稳定性，从而使 C 曲线位置右移，降低淬火临界冷却速度，提高钢的淬透性。合金钢的淬透性好的优越性在于：合金钢淬火时可以采用冷却能力较弱的淬火介质，这样可以减少形状复杂的零件在淬火时的变形和开裂；合金钢可获得较深的淬硬层，能使大截面的零件获得均匀一致的组织，从而得到较高的力学性能。

（2）对马氏体转变的影响。合金元素（除 Co 和 Al 外）溶入奥氏体后，会不同程度地降低马氏体转变开始温度 M_s 和马氏体转变终了温度 M_f，使淬火后钢中的残余奥氏体增加。因此，合金钢淬火后，残余奥氏体量较碳钢多，通常要在后续的回火处理中尽量减少残余奥氏体含量。

7.1.3.3　合金元素对回火转变的影响

合金钢淬火后，由于合金元素溶入马氏体，原子扩散速度减慢。因此，回火过程中马氏体不易分解，碳化物不易析出，且析出后不易聚集长大，而是保持较大的弥散度。其结果使钢对回火软化的抗力提高，即提高了钢的回火稳定性。与碳素钢相比，在相同的回火温度下，合金钢比相同含碳量的碳素钢具有更高的硬度和强度。在达到相同强度的条件下，合金钢可以在更高的温度下回火，以充分消除内应力，从而使钢的韧性更好。

含碳化物形成元素较多的高合金钢，在回火过程中随着回火温度的升高，还出现硬度回升的现象，这种硬化现象称为二次硬化。产生二次硬化的原因是，在此温度区间回火，马氏体中析出的碳化物起到强化作用及残余奥氏体向马氏体转变产生的强化作用。高的回火稳定性和二次硬化使钢在较高温度下仍能保持高硬度和高耐磨性。金属材料在高温下保持高硬度的能力称为红硬性，红硬性对工具钢和热加工模具钢具有重要意义——可以提高刃具的使用温度和使用寿命。

7.2　合金钢的分类和编号

7.2.1　合金钢的分类

合金钢种类繁多，性能各异。为便于使用、管理和研究，从不同角度将合金钢分成不同类别。这里介绍几种常用的分类方法。

（1）按用途分类。按用途分，合金钢可分为合金结构钢、合金工具钢、特殊性能钢和合金专用钢。

（2）按化学成分分类。按所含合金元素的种类分，合金钢可分为锰钢、铬钢、硅钢、硅锰钢和铬锰钛钢等。

按合金元素总的质量分数分，合金钢可分为低合金钢（合金元素总的质量分数小于5%）、中合金钢（合金元素总的质量分数为5%～10%）和高合金钢（合金元素总的质量分数大于10%）。

（3）按金相组织分类。按退火组织分，合金钢可分为亚共析钢（组织为先共析铁素体和珠光体）、共析钢（组织为珠光体）、过共析钢（组织为珠光体和二次渗碳体）和莱氏体钢（铸态组织中有莱氏体）。

按正火组织分类时，是将一定截面的试样（直径 $d = 25\text{mm}$），加热到奥氏体状态后，在静止空气中冷却，按所得的组织分为珠光体钢、贝氏体钢、马氏体钢和奥氏体钢等。

7.2.2　合金钢牌号的表示方法

7.2.2.1　低合金高强度结构钢牌号的表示方法

低合金高强度结构钢的牌号由代表屈服点"屈"字的汉语拼音字头 Q、屈服点数值、质量等级符号等三个部分按顺序组成。其中，屈服点等级有 345MPa、390MPa、420MPa、460MPa、500MPa、550MPa、620MPa、690MPa 等八个等级，质量等级有 A、B、C、D、E 等五个等级。例如，Q390A 表示屈服点为 390MPa、质量等级为 A 的低合金高强度结构钢。

7.2.2.2 合金结构钢的牌号表示方法

合金结构钢牌号用"两位数字 + 元素符号 + 数字"表示。前两位数字表示钢中平均碳的质量分数的万倍。元素符号表示钢中所含的合金元素。元素符号后面的数字表示合金元素质量分数 w 的百倍，$w < 1.50\%$ 时，只标元素符号，不标数字；$w \geq 1.50\%$、$w \geq 2.50\%$、$w \geq 3.50\%$ …… 时，则在元素符号后面相应标出 2、3、4……

例如，20Cr 表示平均碳质量分数为 0.2%、平均铬质量分数小于 1.50% 的合金结构钢；60Si2Mn 表示平均碳质量分数为 0.6%、平均硅质量分数为 2%、平均锰质量分数小于 1.50% 的合金结构钢。

硫磷质量分数低的高级优质钢、特级优质钢分别在牌号后面加"A"、"E"表示，如 20Cr2Ni4A、50CrVA、30CrMnSiE。

7.2.2.3 合金工具钢牌号的表示方法

合金工具钢的牌号用"一位数字 + 元素符号 + 数字"表示。元素符号前面的一位数字表示钢中平均碳的质量分数的千倍，若平均碳的质量分数不小于 1.0%，则不标出。元素符号后的数字表示合金元素质量分数的百倍，其表示方法与合金结构钢的相同。

例如，9SiCr 表示平均碳质量分数为 0.9%，合金元素硅、铬的平均质量分数都小于 1.5% 的合金工具钢；Cr12 表示平均碳质量分数大于 1.0%、铬的平均质量分数为 12% 的合金工具钢。由于合金工具钢都是高级优质钢，故不标出"A"。

合金工具钢中的高速钢的标注不同，平均碳的质量分数小于 1.0% 一般也不标出。例如牌号为 W18Cr4V 的高速钢，平均碳的质量分数为 0.7% ~ 0.8%。

另外，对含 Cr 量较低的合金工具钢，其平均铬的质量分数以千分之几表示，并在数字前加"0"以区分。例如，Cr06 表示平均碳的质量分数大于 1.0%、平均铬的质量分数为 0.6% 的低铬合金工具钢。

7.2.2.4 不锈钢和耐热钢牌号表示方法

不锈钢和耐热钢用两位或三位阿拉伯数字表示含碳量最佳控制值（以万分之几或十万分之几计）。

只规定含碳量上限者，当含碳量上限不大于 0.10% 时，以其上限的 3/4 表示含碳量；当含碳量上限大于 0.10% 时，以其上限的 4/5 表示含碳量。例如：含碳量上限为 0.08%，碳含量以 06 表示；含碳量上限为 0.20%，碳含量以 16 表示；含碳量上限为 0.15%，碳含量以 12 表示。对超低碳不锈钢（即含碳量不大于 0.03%），用三位阿拉伯数字表示含碳量最佳控制值（以十万分之几计）。例如：含碳量上限为 0.030% 时，其牌号中的含碳量以 022 表示；含碳量上限为 0.020% 时，其牌号中的含碳量以 015 表示。

规定含碳量上、下限者以平均含碳量 ×100 表示。例如，含碳量为 0.16% ~ 0.25% 时，其牌号中的含碳量以 20 表示。

合金元素以化学元素符号及阿拉伯数字表示，表示方法同合金结构钢。但在钢中能起重要作用的微量元素如铌、钛、锆、氮等，虽然含量很低，也要在牌号中标出。

例如：含碳量不大于 0.08%，铬含量为 18.00% ~ 20.00%，镍含量为 8.00% ~ 11.00% 的不锈钢，牌号为 06Cr19Ni10；含碳量不大于 0.030%，铬含量为 16.00% ~ 19.00%，钛含量为 0.10% ~ 1.00% 的不锈钢，牌号为 022Cr18Ti；含碳量为 0.15% ~ 0.25%，铬含量为 14.00% ~ 16.00%，锰含量为 14.00% ~ 16.00%，镍含量为 1.50% ~ 3.00%，氮含量为 0.15% ~ 0.30% 的不锈钢，牌号为 20Cr15Mn15Ni2N；含碳量不大于 0.25%，铬含量为 24.00% ~ 26.00%，镍含量为 19.00% ~ 22.00% 的耐热钢，牌号为 20Cr25Ni20。

7.3　合金结构钢

在工业上，凡是用于制造各种机械零件以及用于建筑工程结构的钢统称为结构钢。尽管碳素钢在结构钢的产量中占有很大比重，但在形状复杂、截面较大、力学性能要求较高的场合，还是必须采用合金结构钢。合金结构钢除了具有较高的强度和韧性外，更重要的是它具有较高的淬透性。因此，选用合金结构钢来制造各类机械零件，就可能使零件的整个截面获得均匀而良好的综合力学性能，即具有高强度的同时又有足够的韧性，从而保证零件的安全使用。

合金结构钢按用途可分为低合金高强度结构钢和机械结构用合金结构钢（包括合金渗碳钢、调质钢、弹簧钢、滚动轴承钢、易切削钢等）。下面分别介绍它们的基本性能、合金元素作用、热处理特点及主要用途。

7.3.1　低合金高强度结构钢

低合金高强度结构钢是根据我国富产的资源而研制发展起来的低合金钢。低合金高强度结构钢的含碳量不高，一般在 0.10% ~ 0.25% 之间；其合金元素总含量较少，一般低于 3%。相比碳素结构钢，低合金高强度结构钢的强度明显提高，并具有足够的塑性、韧性和良好的耐磨性、耐蚀性、较低的冷脆临界温度，加工和焊接工艺性能也较好。

加入某些合金元素可以明显提高低合金高强度钢的综合性能。例如，加入锰（为主加入元素）、硅、铬、镍等元素能对铁素体起到强化的作用，提高钢的强度；加入钒、钛、铌、铝等细化晶粒，提高钢的韧性；加入适量的铜、磷可以提高钢的耐蚀能力，其耐腐蚀能力约比普通碳钢提高 2 ~ 3 倍；加入稀土有利于脱氧、脱硫，净化钢中的其他杂质，改善钢的性能。

低合金高强度结构钢一般不经过热处理，在热轧退火或正火状态下交货使用。

低合金高强度结构钢的生产成本与碳素结构钢相近，用它来代替碳钢，能大大减轻结构自重，保证使用可靠、持久。例如，用低合金高强度结构钢 Q345 代替碳素结构钢 Q235，一般能节省 20% ~ 30% 的钢材，广泛用于一般结构和工程用钢，如用于制造桥梁、船舶、车辆、高压容器、输油输气管道、大型钢结构等。

低合金高强度结构钢按屈服极限可分为 345、390、420、460、500、550、620、690MPa 八个强度等级，其牌号、化学成分、力学性能及应用举例见表 7-1、表 7-2。

表7-1　低合金高强度结构钢牌号、化学成分（摘自 GB/T 1591—2008）

牌号	质量等级	化学成分 w/%														
		C (≤)	Mn (≤)	Si (≤)	P (≤)	S (≤)	Nb (≤)	V (≤)	Ti (≤)	Cr (≤)	Ni (≤)	Cu (≤)	N (≤)	Mo (≤)	B (≤)	Als (≥)
Q345	A	0.20	1.70	0.50	0.035	0.035	0.07	0.15	0.20	0.30	0.50	0.30	0.012	0.10	—	—
	B				0.035	0.035										
	C				0.030	0.030										
	D	0.18				0.025										0.015
	E				0.025	0.020										
Q390	A	0.20	1.70	0.50	0.035	0.035	0.07	0.20	0.20	0.30	0.50	0.30	0.015	0.10	—	—
	B				0.035	0.035										
	C				0.030	0.030										
	D					0.025										0.015
	E				0.025	0.020										
Q420	A	0.20	1.70	0.50	0.035	0.035	0.07	0.20	0.20	0.30	0.80	0.30	0.015	0.20	—	—
	B				0.035	0.035										
	C				0.030	0.030										
	D					0.025										0.015
	E				0.025	0.020										
Q460	C	0.20	1.80	0.60	0.030	0.030	0.11	0.20	0.20	0.30	0.80	0.55	0.015	0.20	0.004	0.015
	D					0.025										
	E				0.025	0.020										
Q500	C	0.18	1.80	0.60	0.030	0.030	0.11	0.12	0.20	0.60	0.80	0.55	0.015	0.20	0.004	0.015
	D					0.025										
	E				0.025	0.020										
Q550	C	0.18	2.00	0.60	0.030	0.030	0.11	0.12	0.20	0.80	0.80	0.80	0.015	0.30	0.004	0.015
	D					0.025										
	E				0.025	0.020										
Q620	C	0.18	2.00	0.60	0.030	0.030	0.11	0.12	0.20	1.00	0.80	0.80	0.015	0.30	0.004	0.015
	D					0.025										
	E				0.025	0.020										
Q690	C	0.18	2.00	0.60	0.030	0.030	0.11	0.12	0.20	1.00	0.80	0.80	0.015	0.30	0.004	0.015
	D					0.025										
	E				0.025	0.020										

表7-2　低合金高强度结构钢力学性能（摘自 GB/T 1591—2008）和用途

牌号	质量等级	力学性能			性能特点和用途举例
		屈服强度 R_{eL}/MPa（公称厚度不大于16mm）	抗拉强度 R_m/MPa（公称厚度不大于40mm）	断后伸长率 A/%（公称厚度不大于40mm）	
Q345	A	345	470～630	20	具有良好的综合力学性能，良好的塑性、冲击韧性和焊接性能；一般在热轧或正火状态下使用；用于建筑结构、桥梁、车辆、压力容器、管道、锅炉、油罐及电站设备等
	B	345	470～630	20	
	C	345	470～630	21	
	D	345	470～630	21	
	E	345	470～630	21	
Q390	A	390	490～650	20	具有良好的综合力学性能，冲击韧性和焊接性能良好；一般在热轧状态下使用；适于制造石化容器、桥梁、船舶、起重机、连接构件等
	B	390	490～650	20	
	C	390	490～650	20	
	D	390	490～650	20	
	E	390	490～650	20	
Q420	A	420	520～680	19	具有良好的综合力学性能和优良的低温韧性，良好的焊接性能和冷热加工性能；一般在热轧或正火状态下使用；用来制造大型桥梁、船舶、高压容器、车辆、锅炉的零件以及一些大型焊接结构件
	B	420	520～680	19	
	C	420	520～680	19	
	D	420	520～680	19	
	E	420	520～680	19	
Q460	C	460	550～720	17	可淬火、回火，用于大型挖掘机、起重运输机、钻井平台等
	D	460	550～720	17	
	E	460	550～720	17	
Q550	C	550	670～830	16	主要用于高焊接性能的液压支架、重型车辆、工程机械、港口机械制造
	D	550	670～830	16	
	E	550	670～830	16	
Q620	C	620	710～880	15	用于厂房、一般建筑及各类工程机械，如矿山和各类工程施工用的钻机、电动轮翻斗车、矿用汽车、挖掘机、装载机、推土机、各类起重机、煤矿液压支架等机械设备及其他结构件
	D	620	710～880	15	
	E	620	710～880	15	

7.3.2　合金渗碳钢

合金渗碳钢通常是指经渗碳淬火、低温回火后使用的低碳合金结构钢。

渗碳钢的特点是用改变钢表面层化学成分的方法来获得特定性能，以满足使用的要求。例如，汽车、拖拉机、机床中使用的变速齿轮、传动轴，内燃机上的凸轮轴、活塞销等零件，在工作时，表面受到强烈摩擦、磨损，同时又承受较大的交变载荷，特别是冲击载荷的作用，这就要求零件不仅有硬而耐磨的表面层，而且还要求有强而韧的心部。表面渗碳是满足这种要求的一个最主要的技术措施。

合金渗碳钢含碳量在0.15%~0.25%范围内,同时还含有适量的合金元素以保证钢具有一定的淬透性,其合金元素总含量一般小于3%。渗碳钢中常使用合金元素有铬、镍、锰、硼、钼、钛等,其中铬、镍、锰、硼可提高材料淬透性,也可强化铁素体;而碳化物形成元素钼、钛、钨、钒通过形成细小弥散的稳定碳化物,可细化晶粒,提高钢的强度和韧性。例如含碳量基本相同的20、20Cr、20CrMnTi钢,其淬透性依次提高,力学性能也有很大提高。

根据资源特点不同,各国渗碳钢的成分有很大差别。常用的合金系主要有Cr-Mn、Cr-Mo和Cr-Ni-Mo系等,它们的价格和质量也依次提高。

渗碳钢热处理工艺为:经过900~950℃渗碳后,进行淬火并低温回火。

热处理后,表面渗碳层的组织由合金渗碳体与回火马氏体及少量残余奥氏体组成,因而具有很高的硬度和耐磨性。心部组织与钢的淬透性和零件截面尺寸有关,完全淬透时心部组织为低碳回火马氏体,而多数情况下未完全淬透是屈氏体、回火马氏体和少量铁素体,使心部具有良好的强度与韧性。

渗碳钢通常也可应用于碳、氮共渗场合,碳、氮共渗一般在温度为860~880℃时进行。

另外,渗碳层的碳含量和深度对零件的疲劳强度、接触疲劳强度与耐磨寿命有明显的影响。对于一般零件,渗碳层的碳含量限制在0.8%~1.1%之间,渗碳层的深度控制在0.6~2.0mm之内。

低淬透性渗碳钢有20Cr、20MnV、20CrMnTi等,这类渗碳钢淬透性较低,常用来制造中小型机械零件。中淬透性渗碳钢,其合金元素总含量为5%~7%,淬透性较高,具有较高的强度和韧性,常用于制造承受中等载荷的耐磨零件。高淬透性渗碳钢有12Cr2Ni4、20Cr2Ni4、18Cr2Ni4WA等。这类钢的合金元素总量在7%以上,淬透性很高,经淬火、低温回火后心部强度很高,强度与韧性配合很好,可用于制造承受重载与强烈磨损的重要的大型零件。

表7-3所列为常用渗碳钢的牌号、热处理、性能及用途。

表7-3 常用渗碳钢的牌号、热处理、性能（摘自GB/T 699—1999和GB/T 3077—1999）**及用途**

类别	牌号	试样尺寸/mm	渗碳/℃	第1次淬火:温度/℃,介质	第2次淬火:温度/℃,介质	回火:温度/℃,介质	R_m/MPa	R_{eL}/MPa	A/%	A_{KU2}/J	用途举例
低淬透性	15Cr	15	930	880,水、油	780~720,水、油	200,水、空	735	490	11	55	截面不大、心部韧性较高的受磨损零件,如齿轮、活塞、活塞环、小轴、联轴节等
	20Cr	15	930	880,水、油	780~720,水、油	200,水、空	835	540	10	47	心部要求强度较高的小截面受磨损零件,如机床齿轮、蜗杆、活塞环、凸轮轴等
	20MnV	15	930	880,水、油		200,水、空	785	590	10	55	凸轮、活塞销等

类别	牌号	试样尺寸/mm	热处理				力学性能(不小于)				用途举例
			渗碳/℃	第1次淬火：温度/℃，介质	第2次淬火：温度/℃，介质	回火：温度/℃，介质	R_m/MPa	R_{eL}/MPa	A/%	A_{KU2}/J	
中淬透性	20Mn2	15	930	850，水、油		200，水、空	785	590	11	47	代替 20Cr（以节约铬元素），作小齿轮、小轴、活塞销、气门顶杆等
	20CrNi3	25	930	830，水、油		480，水、空	930	735	10	78	承受重载荷的齿轮、凸轮、机床主轴、传动轴等
	20CrMnTi	15	930	880，水、油	870，油	200，水、空	1080	850	10	55	截面 30mm² 以下，高速、承受中或重载荷、冲击及摩擦的重要零件，如汽车齿轮、齿轮轴、十字头、凸轮等
	20CrMnMo	15	930	850，水、油		200，水、空	1180	885	10	55	要求表面高硬度和耐磨的重要渗碳件，如大型拖拉机主齿轮、活塞销、球头销，钻机的牙轮、钻头等
	20MnVB	15	930	860，水、油		200，水、空	1080	885	10	55	代替 20CrMnTi，作汽车齿轮、重型机床上的轴、齿轮等
高淬透性	20Cr2Ni4	15	930	880，水、油	780，油	200，水、空	1180	1080	10	63	大截面重要渗碳件，如大齿轮、轴、飞机发动机齿轮等
	18Cr2Ni4WA	15	930	950，水、油	850，空	200，水、空	1180	835	10	78	大截面、高强度、高韧性的重要渗碳件，如大齿轮、传动轴、曲轴等

7.3.3　合金调质钢

　　合金调质钢是指经过调质处理后使用的钢。调质处理后，得到回火索氏体组织，具有良好的综合力学性能。合金调质钢具有高的强度、硬度和良好的塑性、韧性以及良好的淬透性，主要用于制造承受很大循环载荷与冲击载荷或各种复合应力、综合性能要求严格的重要机械零件，尤其是一些截面大的零件，如汽车底盘半轴、发动机曲轴、机床主轴、高强度螺栓等。

　　合金调质钢碳质量分数在 0.25% ~ 0.5% 范围，以获得良好的综合力学性能。碳含量过低，强度、硬度不足；碳含量过高，塑性、韧性不够，使用时容易产生脆断现象。

　　合金调质钢的合金元素总量不大，一般为 3% ~ 7%（质量分数）。合金调质钢的合金元素种类比较多，常加入的合金元素有铬、镍、锰、硅、钨、钼、钒、钛、铌、硼及稀土，一般加入 1 ~ 3 种合金元素。铬、镍、硅、锰是合金调质钢的主加元素，其主要作用是提高淬透性，强化铁素体，使钢的具有较理想的韧性。钨、钒、钼、钛等能细化晶粒，提高钢的回火稳定性。钼、钨可防止第二类回火脆性。

调质件最终热处理为淬火加高温回火，即调质处理。淬火加热温度在850℃左右。回火温度的选择取决于调质件的硬度要求，一般在500～650℃之间。合金调质钢的淬透性较高，一般都可在油中淬火；回火后采用快冷（水冷或油冷），以防止第二类回火脆性发生。最终热处理后得到的组织为回火索氏体。

当调质件不仅要求较高的综合力学性能，还要求高耐磨性和高耐疲劳性能时，可在调质后进行表面淬火或氮化处理。

合金调质钢的淬透性是影响调质处理后综合力学性能的重要因素，选材时应考虑合金调质钢的临界淬透性、零件截面尺寸的协调问题。

合金调质钢按淬透性能高低，可以分为低淬透性合金调质钢、中淬透性合金调质钢和高淬透性合金调质钢三类。

（1）低淬透性合金调质钢：广泛用于制造一般尺寸的重要零件，如齿轮、轴、螺栓等。其油淬临界直径小于30～40mm，如35Mn2、42SiMn、38CrSi等。其中，35SiMn、40MnB、40MnVB是为节约铬而发展的代用钢种。

（2）中淬透性合金调质钢：含有较多的合金元素，用于制造截面较大、承受较重载荷的零件，如曲轴、变速箱主动轴、连杆等。其油淬临界直径在40～60mm范围内，如40CrMn、30CrMnSi等。

（3）高淬透性合金调质钢：多为铬镍钢。铬、镍的适当配合，可大大提高钢的淬透性，使其有更佳的力学性能。高淬透性合金调质钢可用于制造大截面、承受重负荷的重要零件，如航空发动机曲轴、汽轮机主轴、压力机曲轴等。其油淬临界直径大于60～100mm，有些钢号可以达到200mm，如30Mn2MoW等。

常用调质钢的牌号、热处理、性能和用途，见表7-4。

表7-4 常用调质钢的牌号、热处理、性能（摘自 GB/T 699—1999 和 GB/T 3077—1999）**和用途**

| 类别 | 钢号 | 热处理 | | 力学性能（≥） | | | | | 退火硬度 HBW | 毛坯尺寸 /mm | 应用举例 |
		淬火：温度/℃，介质	回火 /℃	R_m /MPa	R_{eL} /MPa	A /%	Z /%	A_{KU2} /J			
低淬透性	45	840，水	600	600	355	16	40	39	≤197	25	小截面、中载荷的调质件，如齿轮、主轴、曲轴、链轮等
	40Cr	850，油	520	980	785	9	45	47	≤207	25	重要调质件，如轴类、连杆螺栓、机床齿轮、蜗杆、销子等
	45Mn2	840，油	550	885	735	10	45	47	≤217	25	代替40Cr用作直径小于50mm的重要调质件，如机床齿轮、钻床主轴、凸轮、蜗杆等
	45MnB	840，油	500	1030	835	9	40	39	≤217	25	
	35SiMn	900，水	570	885	735	15	45	47	≤229	25	除低温韧性稍差外，可全面代替40Cr和部分代替40CrNi

类别	钢号	热处理		力学性能（≥）					退火硬度HBW	毛坯尺寸/mm	应用举例
		淬火：温度/℃，介质	回火/℃	R_m/MPa	R_{eL}/MPa	A/%	Z/%	A_{KU2}/J			
中淬透性	40CrNi	820，油	500	980	785	10	45	55	≤241	25	作较大截面的重要件，如曲轴、主轴、齿轮、连杆等
	40CrMn	840，油	550	980	835	9	45	47	≤229	25	代替 40CrNi 作受冲击载荷不大的零件，如齿轮轴、离合器等
	35CrMo	850，油	550	980	835	12	45	63	≤229	25	代替 40CrNi 作大截面齿轮和高负荷传动轴、发电机转子等
	30CrMnSi	880，油	520	1080	885	10	45	39	≤229	25	用于飞机调质件，如起落架、螺栓、天窗盖、冷气瓶等
	38CrMoAl	940，水、油	640	980	835	14	50	71	≤229	30	高级氮化钢，作重要丝杆、镗杆、主轴、高压阀门等
高淬透性	37CrNi3	820，油	500	1130	980	10	50	47	≤269	25	高强韧性的大型重要零件，如汽轮机叶轮、转子轴等
	25Cr2Ni4WA	850，油	550	1080	930	11	45	71	≤269	25	大截面高负荷的重要调质件，如汽轮机主轴、叶轮等
	40CrMnMo	850，油	600	980	785	10	45	63	≤217	25	部分代替 40CrNiMoA，如作卡车后桥半轴、齿轮轴等

7.3.4　合金弹簧钢

　　弹簧是非常重要的机械零件，各种设备、机器都离不开它。弹簧钢是用来制造各类弹簧（如折叠弹簧、螺旋弹簧、盘簧、碟形弹簧、钟表发条簧等）以及各种弹性零件（如扭力杆、弹簧垫圈、弹簧挡圈等）的钢种。目前，弹簧钢是用量最大、用途最广、综合性能最好、价格最便宜的弹簧材料。

　　弹簧钢应具有高的弹性极限，这样可使弹簧具有足够的弹性变形能力，可在承受较大的载荷时不产生塑性变形。弹簧钢还应具有高的疲劳极限，因为弹簧在工作时通常承受循环或交变载荷，往往因疲劳而破坏。为了减轻弹簧钢对缺口的敏感性，弹簧钢还要有一定的塑性和韧性和良好的表面加工质量。

　　碳素弹簧钢淬透性较差，截面超过 12mm 在油中就不能淬透，用水虽可以淬透，但因淬火冷速过大容易产生裂纹，故只能用来制造截面较小，受力不大的弹性零件。

　　合金弹簧钢含碳量为 0.45% ~ 0.75%，常用于制造承受载荷大、截面尺寸较大的弹簧。加入的合金元素有锰、硅、铬、钼、钨、钒和微量的硼。其中硅和锰是主加元素，它们的主要作用是提高淬透性、强化铁素体，硅还能明显提高弹簧钢的屈强比。

　　合金弹簧钢根据合金元素的不同主要分为两大类。

　　（1）Si、Mn 弹簧钢：这类钢价格较低，性能高于碳素弹簧钢，主要用于制造较大截面的弹簧，如汽车和拖拉机的板簧、螺旋弹簧等。常用钢种有 65Mn、60Si2Mn 等。

（2）Cr、V、W、Mo 弹簧钢：铬、钒、钨、钼是碳化物形成元素，能细化晶粒、提高钢的淬透性，常用于大截面、重载荷、耐热的弹簧，如阀门弹簧、柴油机气门弹簧等。典型钢种有 50CrV、60Si2CrVA 等。

弹簧钢的热处理方法与其截面尺寸和成型方法有关。

厚度大于 10～15mm 的板状弹簧和大直径弹簧钢丝，通常在热态下成型，一般可在淬火加热时成型，然后在成型后仍具有的高温状态下立即淬火。淬火后，可根据使用要求进行 350～500℃ 的中温回火。回火组织为回火托氏体，具有高的弹性极限和疲劳强度，硬度为 38～50HRC。热处理后还可采用喷丸处理提高表面质量和使用寿命。

直径小于 8～10mm 的弹簧通常采用冷拔成型工艺。先将需冷拔的钢丝原料加热到完全奥氏体化状态，然后在温度为 500～550℃ 的铅浴槽中等温处理。通过铅浴处理，可获得强度高、塑性好且最适于冷拔的索氏体组织。铅浴处理后再进行多次拉拔至所需直径，就可以得到性能优异的弹簧钢丝，且不需再进行淬火、回火，只需进行一次 200～300℃ 去应力退火。

常用弹簧钢的热处理、力学性能及主要用途见表 7-5。

表 7-5　弹簧钢的热处理、力学性能（摘自 GB/T 1222—2007）及主要用途

| 牌 号 | 热处理制度 | | 力学性能，不小于 | | | | 用 途 |
	淬火：温度/℃，介质	回火/℃	抗拉强度 R_m/Pa	屈服强度 R_{eL}/Pa	断后伸长率 A/%	$A_{11.3}$/%	断面收缩率 Z/%	
65	840，油	500	980	780	—	9	35	应用广泛，主要用于工作温度不高的弹簧，如调压调速弹簧、柱塞弹簧、一般机械上弹簧等
70	830，油	480	1030	835	—	8	30	
85	820，油	480	1030	980	—	6	30	机车车辆、汽车、拖拉机的板簧及螺旋弹簧等
65Mn	830，油	540	980	785	—	8	30	小汽车离合器弹簧、制动弹簧，气门弹簧，发条等
55SiMnVB	860，油	460	1375	1225	—	5	30	用于板簧、螺旋弹簧等
60Si2Mn	870，油	480	1270	1180	—	5	25	用于机车、汽车、拖拉机上的板簧、螺旋弹簧、汽缸安全阀弹簧、止回阀弹簧及其他高应力下工作的重要弹簧
60Si2MnA	870，油	440	1570	1375	—	5	20	
60Si2CrA	870	420	1765	1570	6	—	20	用于承受重载荷及 300～350℃ 以下工作的弹簧，如调节弹簧、汽轮机汽封弹簧等
60Si2CrVA	850	410	1860	1665	6	—	20	
55CrMnA	830～860	460～510	1225	1080	9	—	20	用于载重汽车、拖拉机、小轿车上的板簧，50mm 直径的螺旋弹簧
60CrMnA	830～860	460～520	1225	1080	9	—	20	

续表 7-5

牌　号	热处理制度		力学性能，不小于					用　途
	淬火：温度/℃，介质	回火/℃	抗拉强度 R_m/Pa	屈服强度 R_{eL}/Pa	断后伸长率		断面收缩率 Z/%	
					A /%	$A_{11.3}$ /%		
50CrVA	850	500	1275	1130	10		40	用于大截面、高负荷、工作振幅高、疲劳性能要求严格的弹簧，及300℃以下工作的阀门弹簧等
60CrMnBA	830～860	460～520	1225	1080	9	—	20	用作大型土木建筑、重型车辆、特大型弹簧等
30W4Cr2VA	1050～1100	600	1470	1325	7	—	40	工作温度低于500℃的耐热弹簧，如锅炉安全阀弹簧等

7.3.5　滚动轴承钢

　　滚动轴承钢是专用结构钢，主要用来制造滚动轴承滚动体（滚珠、滚柱、滚针）、内外套圈等，也可用于制造精密量具、冷冲模、机床丝杠等耐磨件。

　　滚动轴承钢在工作时承受很大的交变接触压应力，还会产生强烈的摩擦，并受到冲击载荷作用及润滑介质和大气的腐蚀作用。所以，对滚动轴承钢性能要求为：具有高的硬度、耐磨性，高的弹性极限和接触疲劳强度，足够的韧性、淬透性和一定的耐腐蚀能力。

　　滚动轴承钢的成分特点是含碳量高（0.95%～1.15%）和含铬量较低。高含碳量的作用是保证滚动轴承钢高的硬度和耐磨性。

　　滚动轴承钢含有合金元素铬、硅、锰、钒等。铬含量约为0.40%～1.65%，铬的加入提高了钢的淬透性，使碳化物分布均匀，提高钢的强度、硬度、耐磨性和接触疲劳强度。但含铬量高于1.65%时，会增大残余奥氏体量，使钢的硬度和疲劳强度下降，也会影响钢的尺寸稳定性。硅能提高钢的强度、硬度、弹性极限，提高钢的淬透性和回火稳定性。锰在高碳轴承钢中是良好的脱氧剂、脱硫剂，能改善钢的热加工性能。

　　滚动轴承钢都是高级优质钢。它对杂质的含量要求很严格，非金属夹杂对轴承钢接触疲劳性能影响大，一般规定含硫量 $w(S) < 0.02\%$，含磷量 $w(P) < 0.027\%$。

　　滚动轴承钢的预先热处理通常为球化退火，最终热处理是淬火和低温回火。球化退火的目的是获得粒状珠光体组织，降低钢的硬度，以利于切削加工，并为淬火作好组织上准备。淬火时，对淬火温度要求十分严格，控制在（840±10）℃的范围内。淬火后立即回火，回火温度一般为150～160℃，保温2～4h。轴承钢淬火、回火后的组织为极细回火马氏体和分布均匀的细小碳化物以及少量的残余奥氏体，回火后硬度为61～65HRC。

　　常用滚动轴承钢的牌号、成分、热处理、性能及用途见表7-6。

表 7-6 常用滚动轴承钢的牌号、成分、热处理、性能及用途

钢号	化学成分 w/%				热处理		回火硬度 HRC	用途举例
	C	Cr	Si	Mn	淬火:温度/℃,介质	回火/℃		
GCr6	1.05 ~ 1.15	0.40 ~ 0.70	0.15 ~ 0.35	0.20 ~ 0.40	800 ~ 820,水、油	150 ~ 170	62 ~ 64	直径小于 10mm 的滚珠、滚柱及滚针
GCr9	1.00 ~ 1.10	0.90 ~ 1.20	0.15 ~ 0.35	0.20 ~ 0.40	810 ~ 830,水、油	150 ~ 170	62 ~ 64	直径小于 20mm 的滚珠、滚柱及滚针
GCr9SiMn	1.00 ~ 1.10	0.90 ~ 1.20	0.40 ~ 0.70	0.90 ~ 1.20	810 ~ 830,水、油	150 ~ 160	62 ~ 64	壁厚小于 12mm、外径小于 250mm 的套圈,直径为 25 ~ 50mm 的钢球,直径小于 22mm 的滚子
GCr15	0.95 ~ 1.05	1.30 ~ 1.65	0.15 ~ 0.35	0.20 ~ 0.40	820 ~ 840,油	150 ~ 160	62 ~ 64	壁厚小于 12mm、外径小于 250mm 的套圈,直径为 25 ~ 50mm 的钢球,直径小于 22mm 的滚子
GCr15SiMn	0.95 ~ 1.05	1.30 ~ 1.65	0.40 ~ 0.65	0.90 ~ 1.20	820 ~ 840,油	150 ~ 170	62 ~ 64	壁厚不小于 12mm、外径大于 250mm 的套圈,直径大于 50mm 的钢球,直径大于 22mm 的滚子

7.3.6 易切钢

易切钢是可在较高速度和较深吃刀量条件下切削加工的钢种。易切钢在被切削加工时,切削抗力小,可以采用较高的切削速度,提高生产效率,降低生产成本。其切屑易断并容易排除,可减小刀具磨损并可获得较好的表面质量。

能改善切削性的添加元素主要有硫、铅、磷和微量的钙等。它们通过两个途径提高钢的切削性能:

(1)加入一种或几种易切削元素(如 S、P、Pb 等),在钢中形成有利断屑的夹杂物,从而提高切削性能。

(2)加入能溶入固溶体的元素(如 N、P),使固溶体脆化,达到改善切削性能的目的。

通常易切钢可进行最终热处理,但不采用预备热处理,以免损害其易切削性。易切钢的成本高,只有大批量生产时才能获得较好的经济效益。常用的易切钢的牌号、性能及主

要用途见表 7-7。

表 7-7　常用易切钢牌号、性能特点（摘自 GB/T 8731—2008）及主要用途

牌号	抗拉强度 R_m/MPa	断后伸长率 A/%，不小于	断面收缩率 Z/%，不小于	主　要　用　途
Y12	360~570	25	40	Y12 的强度接近 15Mn 钢，焊接性能较好，用于自动机床加工标准件，切削速度可达 60m/min，常用于制作对力学性能要求不高的零件
Y15	390~540	22	36	用于自动机床加工标准件和紧固件，如螺栓、螺杆、螺母、销钉、管接头等
Y20	450~600	20	30	切削加工性能比 20 钢提高 30% 左右，用于小型机器上不易加工的复杂断面零件，如内燃机凸轮轴
Y30	510~655	14	22	用于制作要求抗拉强度高的零件

7.4　合金工具钢

合金工具钢是用来制造各种刃具、模具、量具的钢。工具钢通常用作对各种材料进行切削加工或塑性成型时使用的工具。对工具钢性能的要求是通过热处理后，具有高硬度和高耐磨性并在高速高温切削加工时仍能保持高硬度、高耐磨性，还要具有高的淬透性和足够的强度和韧性。

7.4.1　合金刃具钢

合金刃具钢主要是指制作车刀、铣刀、钻头、丝锥等金属切削刀具的钢。合金刃具钢分为低合金刃具钢和高速钢两类。低合金刃具钢主要用于低速切削，高速钢可用于高速切削。

对合金刃具钢的性能要求有：高硬度、高耐磨性、足够的韧性和高红硬性。高硬度保证刃具的硬度高于被切材料的硬度，合金刃具钢的硬度一般在 60HRC 以上。耐磨性是影响刀具使用寿命的主要因素之一。足够的韧性使刃具在冲击、震动载荷下工作时可以减少崩刃或脆断的发生。红硬性是钢在高温下保持高硬度的能力，是衡量刃具钢的重要指标之一。

7.4.1.1　低合金刃具钢

低合金刃具钢是在碳素工具钢的基础上加入少量合金元素形成的。它的淬透性、回火稳定性、红硬性等性能较碳素工具钢明显提高，可用于制造截面尺寸较大、形状较复杂、红硬性要求较高的刃具。常用低合金刃具钢的牌号、成分、热处理及用途见表 7-8。

表 7-8　常用低合金刃具钢的牌号、成分、热处理（摘自 GB/T 1299—2000）及用途

牌号	化学成分%						热 处 理					应用举例
							淬 火			回 火		
	C	Mn	Si	Cr	W	V	淬火温度/℃	冷却介质	硬度HRC	回火温度/℃	硬度HRC	
9Mn2V	0.85 ~ 0.95	1.70 ~ 2.00	≤0.35	—	—	0.10 ~ 0.25	780 ~ 810	油	≥62	150 ~ 200	60 ~ 62	小冲模、冷压模、雕刻模、各种变形小的量规、丝锥、板牙、铰刀等
9SiCr	0.85 ~ 0.95	0.30 ~ 0.60	1.20 ~ 1.60	0.95 ~ 1.25			860 ~ 880	油	≥62	180 ~ 200	60 ~ 62	板牙、丝锥、钻头、铰刀、齿轮铣刀、冷冲模、冷轧辊等
CrW5	1.25 ~ 1.50	≤0.30	≤0.30	0.40 ~ 0.70	4.50 ~ 5.50		800 ~ 820	油	≥65	150 ~ 160	64 ~ 65	慢速切削硬金属用的刀具如铣刀、车刀、刨刀等；高压力工作用的刻刀等
CrMn	1.30 ~ 1.50	0.45 ~ 0.75	≤0.35	1.30 ~ 1.60	—		840 ~ 860	油	≥62	130 ~ 140	62 ~ 65	各种量规与块规等
CrWMn	0.90 ~ 1.05	0.80 ~ 1.10	0.15 ~ 0.35	0.90 ~ 1.20	1.20 ~ 1.60	—	820 ~ 840	油	≥62	140 ~ 160	62 ~ 65	板牙、拉刀、量规、形状复杂高精度的冲模等

　　低合金刃具钢中碳的质量分数一般为 0.8% ~ 1.5%，高含碳量可保证钢淬火后具有高硬度并提高耐磨性。加入的合金元素有硅、铬、锰、钨、钒等。硅、铬、锰的主要作用是提高淬透性；钨、钒形成细小弥散的碳化物，能阻止奥氏体晶粒粗化，提高钢的耐磨性。硅、铬、钨、钒还可以提高钢的回火稳定性，改善刃具的红硬性。

　　低合金刃具钢的热处理与碳素工具钢类似，锻压后毛坯的预先热处理采用球化退火，机加工后的最终热处理采用淬火 + 低温回火。由于低合金钢的淬透性较好，可以采用较缓和的冷却介质，减少淬火变形。热处理后的组织为细小回火马氏体、粒状合金碳化物及少量残余奥氏体，一般硬度可达 60 ~ 65HRC。

　　低合金刃具钢的工作温度一般不超过 300℃，常用于制造截面尺寸较大、几何形状较复杂、加工精度要求较高、切削速度不太高的刃具，如板牙、丝锥、铰刀、搓丝板等。对于性能要求更高的工具，低合金工具钢的红硬性、耐磨性和淬透性仍不能满足要求。

7.4.1.2　高速钢

　　高速钢是含钨、钼等多种合金元素的高合金钢。与低合金刃具钢比较，高速钢的主要特点是，具有更高的热硬性和耐磨性，可在更高的速度下进行切削加工，故称为高速钢。当切削温度高达 600℃ 以上时，高速钢的硬度仍无明显下降。高速钢在切削过程中，能长期保持刃口锋利，故又称为"锋钢"。高速钢的优良性能是它们的成分特点决定的。

A　高速钢的成分特点

（1）碳含量高：通常在 0.70% 以上，有的高达 1.5%。碳与合金元素形成足量碳化物，以细化晶粒，增大耐磨性；高含碳量还可保证高温奥氏体中有足量的碳溶入，以使淬火后获得高碳马氏体，保证具有高硬度、高耐磨性和良好的红硬性。但含碳量过高，会发生严重的碳化物偏析，降低钢的塑性、韧性。

（2）钨、钼、铬、钒等元素含量高：钨、钼与碳形成的特殊碳化物，不仅能提高钢的耐磨性，而且在淬火加热时有相当部分溶入奥氏体中，在淬火时存在于马氏体中，在回火时析出产生二次硬化，使钢的回火稳定性得以提高，从而保证高速钢具有较高的红硬性。在高温奥氏体化时，部分未溶的碳化物能阻碍奥氏体晶粒长大，降低钢的过热倾向。铬能提高钢的淬透性，并使钢具有一定的抗大气腐蚀能力。钒与碳在钢中形成的稳定碳化物 VC，具有细化晶粒及降低钢的过热倾向的作用，还能提高红硬性和耐磨性。

B　高速钢的铸态组织与锻造

高速钢铸态组织中存在粗大且分布不均的共晶碳化物。这是因为，高速钢中的大量合金元素使碳在奥氏体中的最大溶解度下降，E 点左移，导致高速钢的铸态组织中出现莱氏体，莱氏体组织中存在的粗大且分布不均的共晶碳化物呈鱼骨状，如图 7-7 所示。

高速钢的铸态组织中的碳化物不能通过热处理消除，只能用锻造的方法使其细化并分布均匀。为得到细小均匀的碳化物，高速钢需经反复多次墩拔。高速钢的锻造具有成型和改善碳化物组织的双重作用，是非常重要的加工过程。高速钢的锻造温度在 900 ~ 1180℃ 范围内，锻造后应立即退火，以消除内应力、降低硬度。退火后组织为索氏体和均匀分布的粒状碳化物（见图 7-8），硬度为 207 ~ 255HBW，具有良好的切削加工性能。

图 7-7　W18Cr4V 钢的铸态组织　　　　图 7-8　W18Cr4V 钢的退火组织

C　高速钢的淬火和回火

高速钢的最终热处理为淬火 + 回火。高速钢中含大量合金元素，导热性差，在加热过程中，容易产生变形或开裂，因此高速钢淬火加热时要经过 600 ~ 650℃ 和 800 ~ 850℃ 两次分级预热。为了让钨、钼、铬、钒等元素尽可能多地溶入奥氏体，提高钢的红硬性，高速钢的淬火温度较高，一般为 1200 ~ 1300℃。高速钢淬火常采用油冷或空冷，淬火后正常组织由隐针马氏体、粒状碳化物和20%～25%的残余奥氏体组成。W18Cr4V钢的淬火组织如图7-9所示。

为保证高速钢得到高的硬度和红硬性，通常在550～570℃对高速钢进行三次回火。其主要目的是减少残余奥氏体，稳定组织，并产生二次硬化。高速钢中残余奥氏体量多，经第一次回火后仍有10%残余奥氏体未转变，只有经过三次回火后（每次保温1h）残余奥氏体才基本转变完。高速钢回火后的组织为回火马氏体、颗粒状碳化物和少量残余奥氏体。W18Cr4V钢淬火、回火后的组织如图7-10所示，图7-11为W18Cr4V钢的淬火回火工艺示意图。

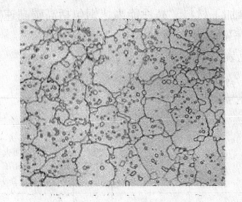

图7-9　W18Cr4V钢的淬火组织

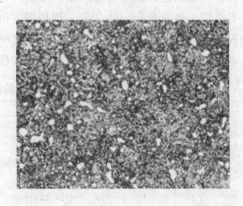

图7-10　W18Cr4V钢淬火、回火后的组织

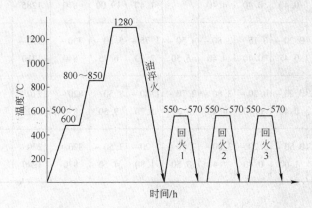

图7-11　W18Cr4V钢淬火回火工艺示意图

高速钢经过热处理后，可获得优异的性能：硬度可达63～70HRC；红硬性好，在500～600℃的温度下，还能保持60HRC以上的硬度；耐磨性好并具有良好的韧性。

D　常用高速钢

常用高速钢分为通用型高速钢和高性能高速钢两类。

（1）通用型高速钢。通用型高速钢的含碳量为0.7%～0.9%。这类高速钢具有较高的硬度和耐磨性、高的强度、良好磨削性，因此广泛用于制造各种形状复杂的刃具。根据其主要成分，通用型高速钢又可分为钨系高速钢和钼系高速钢两种。

钨系高速钢典型的牌号是W18Cr4V，它具有良好的综合性能，在我国应用较为广泛。

这种钢常用于制造各种精加工刃具，如螺纹车刀、宽刃精刨刀、精车刀、成型车刀等。钨的价格较贵，因此钨高速钢的使用量已逐渐减少。

钼系高速钢是用钼代替一部分钨，其典型牌号是 W6Mo5Cr4V2。它的碳化物比钨系高速钢更均匀细小，因此钢在 950～1100℃ 仍有良好的热塑性，便于压力加工，热处理后韧性也高。这种钢适于制造要求耐磨性和韧性较好配合的刃具，如铣刀、插齿刀、锥齿轮刨刀等。

（2）高性能高速钢。高性能高速钢是在通用型高速钢成分中再提高一些含碳量、含钒量，有时添加钴、铝等合金元素，以提高耐磨性和红硬性的新钢种。这类钢适合加工奥氏体不锈钢、高温合金、钛合金、超高强度钢等难加工材料。高性能高速钢包括高碳高速钢（9W18Cr4V）、钴高速钢（W6Mo5Cr4V2Co8）、铝高速钢（W6Mo5Cr4V2Al）等。

常用高速钢的牌号、成分、热处理和性能见表7-9。

表 7-9　常用高速钢的牌号、成分、热处理和性能

| 牌 号 | 化学成分 w/% | | | | | | | 热 处 理 | | | | |
	C	Si	Mn	Cr	Mo	V	W	预热温度/℃	淬火温度/℃	淬火介质	回火温度/℃	淬火+回火 HRC（≥）
W18Cr4V	0.70～0.80	0.20～0.40	0.10～0.40	3.80～4.40	≤0.30	1.00～1.40	17.50～19.00	820～870	1270～1285	油	550～570	63
CW6Mo5Cr4V2	0.80～0.90	0.20～0.45	0.15～0.40	3.80～4.40	4.50～5.50	1.75～2.20	5.50～6.75	730～840	1190～1210	油	540～560	65
W9Mo3Cr4V	0.77～0.87	0.20～0.40	0.20～0.40	3.80～4.40	2.70～3.30	1.30～1.70	8.50～9.50	820～870	1210～1230	油	540～560	64
W4Mo3Cr4VSi	0.88～0.98	0.50～1.00	0.20～0.40	3.80～4.40	2.50～3.50	1.20～1.80	3.50～4.50	820～870	1230～1240	油	540～560	65

7.4.2　合金量具钢

合金量具钢主要用于制造各种测量工具，如游标卡尺、千分尺、块规、塞规、样板等。由于量具在工作时与工件接触，易受到摩擦、磨损或碰撞，因而要求量具工作部分必须具有高硬度（62～65HRC）、高耐磨性、足够的韧性、高尺寸精度与稳定性。同时，合金量具钢还应具有良好的耐蚀性以及良好的磨削加工性能。

由于量具的用途和要求的精度不同，选材和热处理也不相同。合金量具钢的最终热处理一般为淬火+低温回火，以获得高硬度和高耐磨性。为了保证合金量具钢有良好的组织稳定性、获得良好的尺寸稳定性，通常在淬火后立即进行 -70～-80℃ 的冷处理，使残余奥氏体尽可能地转变为马氏体，然后再进行低温回火。精度要求高的量具，在淬火、冷处理和低温回火后，还需进行时效处理，时效温度为 120～130℃，以稳定组织和消除应力。

常用量具钢的选材，见表7-10。

表7-10 量具用钢的选用举例

量具类型	选用钢及其牌号举例	
	钢的类别	牌号
尺寸小、形状简单、精度较低的量具，如量规、塞规、样板等	碳素工具钢	T10A、T11A、T12A
精度不高、耐冲击的卡板、板样、直尺等	渗碳钢	15、20、15Cr
高精度的量具、块规、塞规、螺纹塞规、环规、样柱等	低合金工具钢	CrMn、9CrWMn、CrWMn
	滚动轴承钢	GCr15
各种精度要求的量具	冷作模具钢	9Mn2V、Cr2Mn2SiWMoV
耐腐蚀的量具	不锈钢	4Cr13、9Cr18

7.4.3 合金模具钢

模具钢是用来制造冷冲压模、热锻压模、挤压模、压铸模等模具的钢种，可分为冷作模具钢和热作模具钢两类。

7.4.3.1 冷作模具钢

冷作模具钢是指在常温下使金属变形的模具用钢。它通常用来制造各种冷冲模、冷镦模、冷挤压模和拉丝模等，工作温度不超过200～300℃。冷模具工作时承受很大的压力、弯曲力、冲击载荷和摩擦。其主要失效形式是磨损，也常出现崩刃、断裂和变形等失效现象。因此，冷模具钢应具有高硬度，高耐磨性，足够的强度、韧性和疲劳抗力。此外，截面尺寸较大的模具应具有较高的淬透性，高精度模具要求热处理变形小。

冷作模具钢含碳量高，碳的质量分数多在1.0%以上（其至高达2.0%），属于过共析钢。高含碳量可以保证高硬度和高耐磨性。

冷作模具钢常加入Cr、Mo、W、V等合金元素。铬是冷作模具钢主要的合金元素之一，它与碳形成碳化物，能极大提高钢的耐磨性。铬还能显著提高钢的淬透性和强度。典型钢种Cr12型钢，铬的含量高达12%。钨、钼、钒等与碳能形成碳化物，提高钢的淬透性、耐磨性、强度和韧性，也能细化晶粒，提高钢的回火稳定性。

通常可根据冷作模的尺寸、形状及承载的大小和类型选择不同的钢种。尺寸小、形状比较简单、工作负荷不太大的冷作模具，可选用T10A、9SiCr、9Mn2V、CrWMn等刃具钢。尺寸大、形状复杂、负荷高、变形要求严的冷作模具，须采用中合金或高合金模具钢，如Cr12、Cr12MoV等，这类钢淬透性高，耐磨性高，属于微变形钢。

冷作模具钢热处理采用球化退火作为预备热处理，淬火和低温回火作为最终热处理，硬度为62～64HRC。常用冷作模具钢的牌号、成分、性能及用途见表7-11。

表 7-11　常用冷作模具钢的牌号、成分及性能（摘自 GB/T 1299—2000）及用途

| 牌号 | 化学成分 w/% | | | | | | 交货状态（退火）HBW | 热处理 | | 用途举例 |
	C	Si	Mn	Cr	Mo	V		淬火温度/℃，介质	HRC（≥）	
Cr12	2.00 ~ 2.30	≤0.40	≤0.40	11.5 ~ 13.00			217 ~ 269	950 ~ 1000，油	60	用作耐磨性高、尺寸较大的模具，如冷冲模、拉丝模，也可作量具
Cr12MoV	1.45 ~ 1.70	≤0.40	≤0.40	11.00 ~ 12.50	0.40 ~ 0.60	0.15 ~ 0.30	207 ~ 255	950 ~ 1000，油	58	用于制作截面较大、形状复杂、工作条件繁重的各种冷作模具，如冲孔模、切边模、拉丝模，也可以用作量具等

7.4.3.2　热作模具钢

热作模具钢主要用于制造将加热到再结晶温度以上的金属或液态金属压制成工件的模具，如热锻模、热挤压模、热镦模、压铸模、高速锻模等。

热作模具钢在工作时，需要接触高温金属，型腔表面温度高（温度可达 400 ~ 600℃），承受冲击载荷；在冷却和加热的交替作用下，模具工作面易出现热疲劳"龟裂纹"。所以，要求热作模具用钢应具有好的综合力学性能，既要有较高的强度、硬度、韧性、耐磨性、抗热疲劳能力等，又要有较高的导热性、淬透性、尺寸稳定性、化学稳定性，还要有较好的工艺性能，以便于制造模具。在实际选材时，根据加工金属的成分和加工工艺不同，选用不同特性的模具钢。

热作模具钢中碳的质量分数一般在 0.3% ~ 0.7% 之间。合金元素铬、镍、锰、硅等能提高钢的淬透性；铬能提高回火稳定性；镍与铬能提高综合力学性能；锰能提高钢强度，但降低钢的韧性；钼、钒、钨等能产生二次硬化，细化晶粒，提高钢的红硬性、回火稳定性、抗热疲劳等性能，钼和钨还能降低第二类回火脆性。

热作模具钢的最终热处理一般为"淬火＋高温（或中温）回火"，热处理的目的主要是提高红硬性、抗热疲劳性和综合力学性能。常用热作模具钢的牌号、化学成分、热处理、性能及用途见表 7-12。

表 7-12　常用热作模具钢的牌号、化学成分、热处理、性能（摘自 GB/T 1299—2000）及用途

| 牌号 | 化学成分 w/% | | | | | | | 交货状态（退火）HBW | 淬火温度/℃，介质 | 用途举例 |
	C	Si	Mn	Cr	W	Mo	其他			
5CrMnMo	0.50 ~ 0.60	0.25 ~ 0.60	1.20 ~ 1.60	0.60 ~ 0.90	—	0.15 ~ 0.30		197 ~ 241	820 ~ 850，油或空冷	用作中小型热锻模
4Cr5W2VSi	0.32 ~ 0.42	0.8 ~ 1.2	≤0.40	4.50 ~ 5.50	1.60 ~ 2.4		V 0.60 ~ 1.00	≤229	1030 ~ 1050，油或空冷	用作高速锤用模具及冲头、热挤压模具及芯棒、有色金属压铸模等

牌号	化学成分 w/%							交货状态（退火）HBW	淬火温度/℃，介质	用 途 举 例
	C	Si	Mn	Cr	W	Mo	其他			
4Cr5MoSiV	0.33 ~ 0.43	0.8 ~ 1.2	0.20 ~ 0.50	4.75 ~ 5.50	—	0.10 ~ 1.60		≤229	1030 ~ 1050，油或空冷	用作高速锤用模具及冲头、热挤压模具及芯棒、有色金属压铸模等
5CrNiMo	0.50 ~ 0.60	≤0.40	0.50 ~ 0.80	0.50 ~ 0.80		0.15 ~ 0.30	Ni 1.40 ~ 1.80	197 ~ 241	830 ~ 860，油或空冷	用作大中型热锻模
3Cr2W8V	0.30 ~ 0.40	≤0.40	≤0.40	2.20 ~ 2.70	7.50 ~ 9.00		V 0.20 ~ 0.50	207 ~ 255	1075 ~ 1125，油或空冷	用作压铸模、热挤压模

7.5 特殊性能钢

特殊性能钢是具有某些特殊物理、化学性能并可在特殊环境下使用的钢，包括不锈钢、耐热钢、耐磨钢及低温用钢等。本节主要介绍工程中常用的不锈钢、耐热钢和耐磨钢。

7.5.1 不锈钢

在化工、冶金、石油等工业中，许多设备和零部件与腐蚀性气体或酸、碱、盐等强腐蚀性介质直接接触。在这些场合下使用的钢，除应具备一定的力学性能和工艺性能外，还必须具有良好的耐腐蚀性能。

不锈钢是铬、镍含量较高的合金钢。通常把耐大气腐蚀的合金钢称为不锈钢，把在酸中及其他强腐蚀性介质中耐腐蚀的合金钢称为耐酸钢。一般把上述不锈钢与耐酸钢统称为不锈耐酸钢或简称为不锈钢。为了了解不锈钢如何通过合金化及热处理来获得良好耐腐蚀性能，首先应了解金属的腐蚀过程及防腐途径。

7.5.1.1 金属的腐蚀与防护

A 金属腐蚀的形式

腐蚀是金属表面受到外部介质的作用而逐渐被破坏的现象。金属腐蚀有化学腐蚀和电化学腐蚀两种形式。

化学腐蚀是金属直接与周围介质发生纯化学作用而产生的腐蚀。例如，钢在高温气体中的氧化脱碳，以及零件在润滑油和汽油等非电解质溶液中的腐蚀等，都属于化学腐蚀。

电化学腐蚀是金属在电解质溶液中由于原电池的作用而引起的腐蚀。金属在大气、海水、酸、碱、盐等溶液中产生的腐蚀都属于电化学腐蚀。电化学腐蚀是金属腐蚀破坏的主要形式，危害很大，因此有必要进一步分析其发生的过程及防护措施。

当两种电极电位不同的金属相互接触，并有电解质溶液存在的条件下，将形成原电池。其中电极电位较低的金属为阳极，在阳极，金属会失去电子发生氧化反应，使金属原子变成离子进入溶液而不断被腐蚀，并在阳极区留下价电子。电极电位较高的金属为阴极，当阴极与阳极连接成通路时，电解质溶液中的氢离子接受阳极流来的电子发生还原反应 $2H^+ + 2e \rightarrow H_2\uparrow$，阴极金属本身不被腐蚀。

显然，产生电化学腐蚀必须具备三个条件：

（1）有两个电位不同的电极；

（2）有电解质溶液；

（3）两电极构成通路。

一般原电池中需要有两个电极电位不同的金属极板，而实际上，在同一块金属材料中也会发生电化学腐蚀，这称为微电池现象。这是因为：在同一材料中如存在成分、组织或应力分布不均等，就会导致材料内部形成电位不同的区域，即相互连接的微电极；潮湿的空气或水雾等附着在金属表面都可以起到电解质溶液的作用；而彼此相邻的微电极已直接构成通路并会不断产生微电流，形成电化学腐蚀。

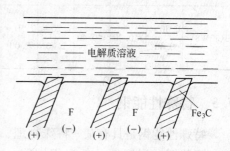

图 7-12　片状珠光体电化学腐蚀示意图

如图 7-12 所示，钢中的珠光体是由铁素体和渗碳体两相组成的非均匀组织，铁素体的电极电位较渗碳体低，当有电解质溶液存在时就会形成微电池，铁素体作为阳极会被腐蚀。

应力分布不均也会引起电化学腐蚀。例如，钢材经过弯曲变形的区域会比未变形的区域容易生锈，原因是塑性变形产生的金属内部应力分布不均，形成电极电位不均的相邻区域，从而引起电化学腐蚀。

晶界处的结构和成分不均匀也常会引起电化学腐蚀，如多晶体材料都不同程度存在沿晶界腐蚀的现象。

B　金属腐蚀的防护

根据电化学腐蚀原理，常采取以下措施提高不锈钢耐腐蚀性能：

（1）提高电极电位。金属材料中，一般第二相的电极电位都比较高，这往往会使基体成为阳极受到腐蚀。加入某些元素能提高基体金属的电极电位，减少微电池数目，可有效地提高钢的耐蚀性。如图 7-13 所示，在钢中加入质量分数大于 13% 的 Cr，铁素体的电极电位会由 $-0.56V$ 提高到 $0.2V$，钢的抗蚀性大大增加。

（2）形成单相组织。加入合金元素使钢在室温下获得单相固溶体组织，能阻止微电池的形成，从而有效提高钢的耐蚀性。

（3）形成致密保护膜。在钢中加入合金元素使钢的表面形成结构致密而牢固的保护膜，使钢与周围介质隔绝，能显著提高钢的耐蚀性。金属表面形成致密的氧化膜，使电极电位升高的现象称为钝化。钝化效应能妨碍电荷移动，阻止微电池作用。在铁中加入

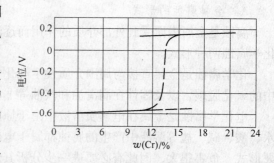

图 7-13　铁铬合金电极电位与铬的质量分数的关系

Cr、Si、Al 有效地提高铁的钝化能力，从而提高钢的耐蚀性。

（4）尽量减少含碳量。如钢中的碳完全进入固溶体，则对耐蚀性无明显影响。当不锈钢中的含碳量增加时，将会以铬的碳化物的形式析出，一方面增加钢中微电池数量，另一方面也减少基体内的含铬量，降低基体电极电位，从而降低钢的耐蚀性。如果铬碳化物沿晶界析出，将使晶界附近基体中的含铬量减少，电极电位降低，导致晶间腐蚀。因此不锈钢含碳量一般较低，大多数不锈钢的 $w(C) = 0.1\% \sim 0.2\%$，不超过 0.4%。只有要求高硬度、高耐磨性的不锈钢，含碳量才增加到 $w(C) = 0.85\% \sim 0.95\%$（如 9Cr18 钢），但必须相应提高钢中的含铬量，以保证足够的耐蚀性。

（5）减少或消除钢中各种不均匀现象。减少不均匀是减少微电池数目，提高钢的耐蚀性的重要途径。主要措施有：

1）改进冶炼工艺，提高钢的纯度，减少夹杂物数量。

2）加入合金元素，提高钢的淬透性。

3）通过适当的热加工和热处理来消除应力、组织及化学成分的不均匀性。

7.5.1.2 常用不锈钢

常用的不锈钢按其组织状态，主要分为马氏体不锈钢、铁素体不锈钢和奥氏体不锈钢等。表 7-13 列出了常用不锈钢的牌号、成分、热处理和力学性能。

表 7-13 常用不锈钢的牌号、热处理、力学性能（摘自 GB/T 1220—2007）及用途

| 类别 | 新钢号 | 旧钢号 | 热处理 | 力学性能 | | | | 应用举例 |
				屈服强度 $R_{p0.2}$/MPa	抗拉强度 R_m/MPa	断后伸长率 A/%	HBW	
马氏体型	12Cr13	1Cr13	950~1000℃油淬；700~750℃回火	≥345	≥540	≥22	≤159	制作能抗弱腐蚀性介质、能承受冲击载荷的零件，如汽轮机叶片、水压机阀、结构架、螺栓、螺帽等
	20Cr13	2Cr13	920~980℃油淬；600~750℃回火	≥440	≥640	≥20	≤192	
	30Cr13	3Cr13	920~980℃油淬；600~750℃回火	≥540	≥735	≥12	≤217	制作具有较高硬度和耐磨性的医疗工具、量具、滚珠轴承等
	68Cr17	7Cr17	1010~1070℃油淬	—	—	—	—	轴承、刃具、阀门、量具等
铁素体型	06Cr13Al	0Cr13Al	700~830℃空冷	≥175	≥410	≥20	≤183	汽轮机材料、复合钢材、淬火用部件
	10Cr17	1Cr17	780~850℃空冷	≥205	≥450	≥22	≤183	通用钢种，制作建筑内装饰、家庭用具等

类别	新钢号	旧钢号	热处理	力学性能				应用举例
				屈服强度 $R_{p0.2}$/MPa	抗拉强度 R_m/MPa	断后伸长率 A/%	HBW	
奥氏体型	06Cr19Ni10	0Cr18Ni9	1050～1100℃水淬（固溶处理）	≥205	≥520	≥40	≤187	作为不锈耐热钢使用最广泛，用于食品设备、化工业设备、原子能工业等
	06Cr19Ni10N	0Cr19Ni9N	1010～1150℃水淬（固溶处理）	≥275	≥550	≥35	≤217	在 06Cr19Ni10 中加 N，强度提高，塑性不降低；作结构用强度部件
	06Cr18Ni11Ti	0Cr18Ni10Ti	920～1150℃水淬（固溶处理）	≥205	≥520	≥40	≤187	耐酸容器及设备衬里、输送管道等设备和零件、抗磁仪表、医疗器械，具有较好的耐晶间腐蚀性

A　马氏体不锈钢

常用马氏体不锈钢的含碳量为 0.1%～0.45%，含铬量为 12%～14%，属于铬不锈钢。典型钢号有 12Cr3、20Cr13、30Cr13、40Cr13 等。

马氏体不锈钢的含碳量越低，耐蚀性越好，但强度、硬度不足。提高含碳量可提高强度、硬度，但会使耐蚀性下降。铬的含量大于 12%，可获得足够的耐蚀性，但因只用铬进行合金化，故只在氧化性介质中耐蚀，而在非氧化性介质中不能达到良好的钝化，耐蚀性很低。

12Cr3、20Cr13 等钢的碳质量分数较低，塑性、韧性和耐蚀性较好，可在大气、蒸汽等介质腐蚀条件下工作，用作受冲击载荷的汽轮机叶片、锅炉管附件、水压机阀等。常用的热处理方法是淬火＋高温回火，得到回火索氏体组织。

30Cr13、40Cr13 等钢的碳质量分数较高，形成的碳化物量较多，强度、硬度、耐磨性较高，但是耐蚀性较差，常用于在弱腐蚀条件下工作而且要求高硬度的医疗器械、弹簧、刀具、轴承、热油泵轴等。常用的热处理方法是淬火＋低温回火，得到回火马氏体组织，硬度可达 50HRC。

B　铁素体不锈钢

铁素体不锈钢的碳质量分数较低（＜0.15%），铬质量分数高（12%～32%），其耐蚀性、塑性和可焊性都优于马氏体不锈钢。这类钢从室温加热到 960～1100℃高温不发生 α→γ 转变，始终都是单相铁素体组织，因此被称为铁素体不锈钢。

由于铁素体不锈钢在加热和冷却时不发生相变，不能应用热处理方法强化，所以强度比马氏体不锈钢低，一般在退火或正火态下使用。

这类钢在氧化性酸中具有良好的耐蚀性，同时具有良好的高温抗氧化性，特别是具有较强的抗应力腐蚀性能，主要用于耐蚀性要求较高、强度要求不高的场合，如化工设备、容器和管道以及食品工厂设备等。

　　按铬的质量分数不同，铁素体不锈钢分为 Cr13 型、Cr17 型和 Cr27-30 型三种。Cr13 型常作耐热钢用；Cr17 型有 10Cr17、10Cr17Mo 等，由于铬含量高，Cr17 型耐蚀性比 Cr13 型钢更好，可耐大气、硝酸等介质的腐蚀。Cr27-30 型有 008Cr27Mo 和 008Cr30Mo 等，是可耐强腐蚀介质的耐酸钢。

　　C　奥氏体不锈钢

　　奥氏体不锈钢是工业上应用最广泛的不锈钢。其耐蚀性、塑性、韧性均比马氏体不锈钢更好，无磁性。但其强度、硬度很低且不能淬火强化，只能通过冷塑性变形进行强化，切削加工性较差，常用于制作耐腐蚀性能要求高、强度要求不高及冷变形成型的工件，如化工管道、吸收塔等。

　　奥氏体不锈钢的成分特点是低碳高铬镍，典型钢种是 18-8 型（含 18% Cr、8% Ni）不锈钢。加入铬能使钢产生钝化，阻碍阳极反应，提高耐蚀性。镍可扩大奥氏体区，含量高有利于获得单相奥氏体组织。铬和镍共同使用比仅含铬的不锈钢具有更高的耐蚀性。

　　为使奥氏体不锈钢得到最好的耐蚀性能以及消除加工硬化，必须进行热处理。常用的热处理工艺有固溶处理、稳定化处理和去应力处理。

　　固溶处理的主要目的是获得单相奥氏体、提高耐蚀性并使钢软化。奥氏体不锈钢的室温组织并不是单相奥氏体，而是奥氏体 + 少量碳化物，碳化物的存在会导致耐蚀性下降。为提高耐蚀性，将钢加热至 1050 ~ 1150℃，使全部碳化物溶入奥氏体，然后水淬快速冷却到室温，即可获得单相奥氏体组织，这种工艺称为固溶处理。固溶处理中淬火的目的不是获得马氏体，而是获得单相奥氏体，提高耐蚀性并使钢软化。

　　稳定化处理是防止晶间腐蚀的有效方法。奥氏体不锈钢在 450 ~ 850℃ 温度范围内缓慢冷却或长时间保温过程中（如在焊接的热影响区），会沿奥氏体晶界析出富铬碳化物，使晶界附近铬含量低于 11.7%，从而导致晶界处被腐蚀，这种现象称为晶间腐蚀。晶间腐蚀使晶粒间的结合破坏，受力时会沿晶界开裂或脱落。防止晶间腐蚀的途径是尽量减少铬形成碳化物，保证奥氏体中有足够的铬含量。含钛或铌的钢通过稳定化处理可防止晶间腐蚀，方法是在固溶处理后，将钢加热到 850 ~ 880℃，使铬的碳化物完全溶解，而钛等的碳化物不会完全溶解，然后缓慢冷却，让溶于奥氏体的碳化钛充分析出。这样，碳几乎全部优先与钛结合形成碳化钛，不再可能形成碳化铬，因而能有效地防止晶间腐蚀的产生。

　　去应力处理可防止应力腐蚀破裂，一般在 300 ~ 350℃ 间去除冷热加工应力，在 850℃ 以上消除焊接应力。

7.5.2　耐热钢

　　耐热钢是抗氧化钢和热强钢的总称。钢的耐热性包含高温抗氧化性和高温强度两方面的综合性能。

　　抗氧化钢是指在高温下具有较好的抗氧化能力和一定的强度的钢种。合金元素铬、硅、铝等，与氧形成一层致密、完整的 Cr_2O_3、SiO_2、Al_2O_3 氧化膜，覆盖在钢的表面，将金属与外界的氧化性气体隔绝，阻止了内层金属进一步被氧化，提高了钢的抗氧化能力。抗氧化钢多用于制造炉用零件和热交换器。

　　热强钢是在高温下具有较高强度、较好抗氧化性和耐腐蚀能力的钢种。合金元素对提高钢的高温强度有很大作用。在钢中加入铬、钼、镍等元素，会产生固溶强化，提高钢的再结晶温度，使钢的高温强度提高。在钢中加入钛、铌、钒、钨、钼等能形成弥散的碳化物颗粒，也能提高钢的高温强度。热强钢多用于汽轮机和燃气轮机的转子、叶片以及高温工作的汽缸、螺栓等。

常用的耐热钢，按正火状态下的组织不同，可分为铁素体钢、马氏体钢、奥氏体钢三类。常用耐热钢的牌号、化学成分、热处理、力学性能及用途见表 7-14。

表 7-14　常用耐热钢的牌号、力学性能（摘自 GB/T 1221—2007）**及用途**

类别	新牌号	旧牌号	热处理状态	力学性能					主要用途
				屈服强度 $R_{p0.2}$/MPa	抗拉强度 R_m/MPa	断后伸长率 A/%	冲击吸收功 A_{KU}/J	HBW	
				≥					
铁素体型	06Cr13Al	0Cr13Al	退火	175	410	20	—	≥183	用于 1000℃ 以下耐氧化部件、燃汽轮机压缩机叶片
	10Cr17	1Cr17	退火	205	450	22	—	≥183	用于 900℃ 以下耐氧化部件、炉用部件等
	16Cr25N	2Cr25N	退火	275	510	20	—	≥201	耐高温腐蚀，1082℃ 以下不产生易剥落的氧化皮，用于燃烧室
马氏体型	12Cr13	1Cr13	淬火 + 回火	345	540	22	78	≥159	在 800℃ 以下具有一定的抗氧化性和较高的高温强度，可用于汽轮机叶片、喷嘴、锅炉燃烧器阀门的高温部件
	20Cr13	2Cr13	淬火 + 回火	440	640	20	50	≥192	可用于汽轮机叶片等部件
	42Cr9Si2	4Cr9Si2	淬火 + 回火	590	885	19	50	—	内燃机进气阀、轻负荷发动机的排气阀
奥氏体型	06Cr19Ni10	0Cr18Ni9	固溶处理	205	520	40	60	≤187	抗氧化温度 870℃ 以下，可用做加热炉、热交换器、马弗炉、转炉、喷嘴耐热部件
	20Cr25Ni20	0Cr25Ni20	固溶处理	205	590	40	50	≤201	抗氧化温度达 1035℃，用于加热炉部件、工作温度 950℃ 以下的输气系统部件等

一般情况下，工作温度超过 700℃ 时就不能选用普通耐热钢，而应使用耐热合金（高温合金）。高温合金在 600 ~ 1200℃ 下能承受一定的应力，并具有抗氧化或抗腐蚀能力，包括铁基高温合金、镍基高温合金和钴基高温合金，主要用于制造航天、航空、舰艇和工业用燃气机的高温部件。

7.5.3 耐磨钢

耐磨钢主要是指在冲击和磨损条件下使用的奥氏体锰钢。奥氏体锰钢是高锰钢、超高锰钢与中锰钢的统称。它在承受高压力、冲击载荷、摩擦时，产生显著的加工硬化，硬度从 200~300HBW 迅速上升到 450~550HBW，具有高的耐磨性。这种强烈的加工硬化致使耐磨钢加工困难，所以耐磨钢通常是铸造成型。

耐磨钢的编号方法是：ZG（表示铸钢）+三位数字（如 120 表示为该钢含碳量万分数）+元素符号（表示合金元素名称）及数字（表示合金元素的平均质量分数），如 ZG120Mn7Mo1、ZG120Mn13Cr2 等。

GB/T 5680—2010 规定了奥氏体锰钢铸件的牌号、化学成分、热处理方法和硬度等技术要求，见表 7-15。与 GB/T 5680—1998 比较，2010 年发布的新标准修改了牌号表示方法，调整和增加了牌号，降低了有害元素 P 的含量，并增加了热处理规范。

表 7-15　奥氏体锰钢铸件的牌号和化学成分（摘自 GB/T 5680—2010）

牌　号	化学成分 $w/\%$							
	C	Si	Mn	P	S	Cr	Mo	Ni
ZG120Mn7Mo1	1.05~1.35	0.3~0.9	6~8	≤0.060	≤0.040		0.9~1.2	
ZG110Mn13Mo1	0.75~1.35	0.3~0.9	11~14	≤0.060	≤0.040		0.9~1.2	
ZG100Mn13	0.90~1.05	0.3~0.9	11~14	≤0.060	≤0.040			
ZG120Mn13	1.05~1.35	0.3~0.9	11~14	≤0.060	≤0.040			
ZG120Mn13Cr2	1.05~1.35	0.3~0.9	11~14	≤0.060	≤0.040	1.5~2.5		
ZG120Mn13Ni3	1.05~1.35	0.3~0.9	11~14	≤0.060	≤0.040			3~4
ZG90Mn14Mo1	0.70~1.00	0.3~0.6	13~15	≤0.070	≤0.040		1.0~1.8	
ZG120Mn17	1.05~1.35	0.3~0.9	16~19	≤0.060	≤0.040			
ZG120Mn17Cr2	1.05~1.35	0.3~0.9	16~19	≤0.060	≤0.040	1.5~2.5		

注：允许加入微量 V、Ti、Nb、B 和 Re 等元素。

高锰钢的热处理采用水韧处理，目的是消除碳化物并获得单一奥氏体组织。水韧处理是将高锰钢铸件加热到 1000~1100℃，保持一段时间，使碳化物全部溶解到奥氏体中，然后在水中急冷，使高温奥氏体固定到室温，获得均匀的、单一的过饱和单相奥氏体组织。高锰钢在水韧处理后硬度低，而塑性、韧性却很好，当工作时受到强烈的冲击或较大压力时，表面会产生强烈的冷变形强化，表面层硬度显著提高，因而耐磨性明显提高，而心部仍然保持着原有组织和性能。需要注意的是，这种钢只有在强烈冲击和磨损工作条件下，才显示出高的耐磨性，否则高锰钢并不耐磨。表 7-16 是经水韧处理后的 ZG120Mn13 和 ZG120Mn13Cr2 钢的力学性能。

表 7-16　奥氏体锰钢经水韧处理后的力学性能

钢　号	力　学　性　能			
	下屈服强度 R_{eL}/MPa	抗拉强度 R_m/MPa	断后伸长率 $A/\%$	冲击吸收能 A_{KU2}/J
ZG120Mn13	—	≥685	≥25	≥118
ZG120Mn13Cr2	≥390	≥735	≥20	—

高锰钢具有很高耐磨性和抗冲击能力，主要用于制造在强冲击和磨损条件下工作的零件，如坦克和矿山机器履带、挖掘机铲齿、破碎机颚板、铁道道岔和电车线道岔等耐磨件。

小　　结

本章重点介绍了合金钢的分类、编号、性能和用途，为合理选用合金钢以及学习相关课程打下基础。合金钢是在碳素钢基础上加入合金元素而形成的铁基合金，具有许多碳钢所不具备的优良性能与特殊性能。

学习本章时应注意掌握以下要点：

（1）合金元素在钢中的作用。合金元素对钢的基本相、Fe-Fe₃C 相图和热处理的影响。

（2）合金钢的分类。了解合金钢按用途、化学成分和金相组织分别可分为哪几类。

（3）合金钢的编号。了解合金结构钢、合金工具钢和特殊性能钢的编号方法。

（4）合金结构钢的工作条件、性能要求、热处理工艺方法。了解合金结构钢的分类和常用钢种的成分、性能及用途。

（5）合金工具钢的分类及各类钢的工作条件、性能要求、热处理工艺特点。了解合金工具钢常用钢种的成分、性能及用途；了解通过合金化和热处理，合金工具钢获得高淬透性、高硬度、高耐磨性、红硬性的原理。

（6）特殊性能钢包括不锈钢、耐热钢和耐磨钢等。注意理解金属的腐蚀、防腐蚀原理；了解各类常用不锈钢的特点和用途；了解耐热钢和耐磨钢的性能特点、耐热或耐磨原理及应用场合。

复习思考题

7-1　简述合金元素对钢的基本相及性能的影响。哪类合金元素更容易形成合金渗碳体或合金碳化物？它们对钢的性能有哪些影响？

7-2　简述合金元素对 Fe-Fe₃C 相图的影响。说明加入合金元素形成奥氏体钢、铁素体钢、莱氏体钢的原因。

7-3　列举合金元素对钢热处理的影响。加入提高过冷奥氏体稳定性的合金元素为什么能提高钢的淬透性？淬透性高的钢有什么优越性？

7-4　合金元素为什么能提高钢的回火稳定性？回火稳定性高的钢有什么优点？

7-5　解释名词：奥氏体钢、铁素体钢、莱氏体钢、马氏体钢、红硬性、热脆性。

7-6　低合金结构钢的强度为何高于相同含碳量的碳素结构钢？与碳素结构钢比较，低合金高强度钢有什么优点？

7-7　对刀具钢性能有什么要求？怎样提高合金刀具钢的红硬性和耐磨性？

7-8　高速钢铸造后为什么要反复锻造？锻造后切削加工前为什么要进行退火？淬火后为什么要进行三次 560℃回火？

7-9　简述金属腐蚀的主要方式及阻止金属腐蚀的主要途径和方法。

7-10　要制作锉刀、齿轮、汽车板簧，请选用材料，并说明其热处理方法。

7-11　说明下列钢的含碳量及各种合金元素的含量，并按用途及冶炼质量将它们分类：9SiCr，08，40Cr，T12A，50CrVA，60Si2Mn，65，CrWMn，5CrMnMo，GCr15，W18Cr4V。

8 铸 铁

铸铁是碳的质量分数大于 2.11% 的铁碳合金。工业上使用的铸铁，碳的质量分数一般在 2.5% ~ 4.0%，并含有较多量的硅、锰、硫、磷等元素。还可向铸铁中加入一定量的合金元素形成合金铸铁，提高铸铁的力学性能或物理、化学性能。

虽然铸铁的抗拉强度、塑性、韧性较差，但它具有优良的铸造性、切削加工性、减摩性及减震性，而且铸铁的生产工艺和设备简单、价格低廉，因此被广泛地应用于机械制造、冶金、矿山、石油化工、交通运输、基本建设及国防工业。据统计，在各类机械中，铸铁件约占机器重量的 45% ~ 90%，在机床和重型机械中则可达 60% ~ 90%。由于铸铁性能的不断提高，不少原来采用锻钢、铸钢及有色金属制造的零件，已用铸铁来代替。铸铁典型的应用是制造机床的床身及内燃机的汽缸、汽缸套、曲轴等。

8.1 铸铁的石墨化过程与分类

铸铁中的碳有两种存在形式，一种是与铁结合形成化合物状态的渗碳体（Fe_3C），另一种是游离态的石墨（用 G 表示）。铸铁中的碳原子析出并形成石墨的过程称为石墨化过程。要掌握铸铁组织和性能及与各种影响因素的关系，有必要了解石墨的结构、性能和铸铁的石墨化过程。

8.1.1 石墨的结构和性能

石墨具有简单六方晶格结构，原子呈层状排列，如图 8-1 所示。层内原子呈六方网格排列，原子间距小（1.42×10^{-10} m），所以层内原子结合力很强；而层与层的间距较大（3.40×10^{-10} m），结合力较弱，所以层间容易滑动或断裂，使石墨的强度、硬度、塑性和韧性都很低。另外，石墨的碳原子间有较弱的金属键，所以石墨具有类似金属的特性，如导电性等。

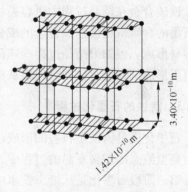

图 8-1　石墨的晶体结构

8.1.2 铁碳合金双重相图

液态铸铁在冷却过程中，由于化学成分和冷却条件不同，可以从液相中或奥氏体中直接析出石墨，也可直接析出渗碳体，还可以先形成渗碳体，然后渗碳体在高温下再分解出石墨。这说明渗碳体不是一种稳定相，它处在亚稳定状态，而以游离状态存在的石墨是一种稳定相。因此，铁碳合金的结晶过程存在两种相图，一种是形成渗碳体的 $Fe\text{-}Fe_3C$ 亚稳定相图，另一种是形成石墨的 Fe-G 相图。在研究铸铁时，为了便于比较，通常把两个相图重叠在一起，得到铁碳合金的双重相图。

铁碳合金双重相图（见图 8-2）中的实线表示 $Fe\text{-}Fe_3C$ 相图，虚线表示 Fe-G 相图，虚线与实线重合的线条都以实线表示。由图可以看出：虚线都位于实线的上方或左上方，这表明 Fe-G 系与 Fe-Fe₃C 系相比，形成石墨的共晶温度和共析温度都比形成渗碳体的共晶温度和共析温度高；石墨在液态合金、奥氏体和铁素体中的溶解度较小。

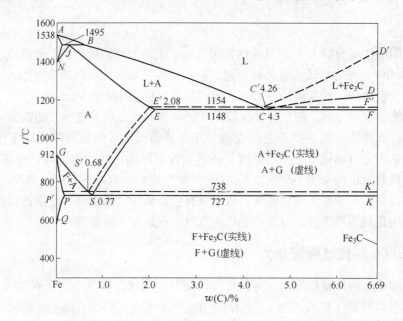

图 8-2　铁碳合金的双重相图

铁碳合金在结晶过程中更容易析出渗碳体而不是石墨的主要原因是，渗碳体的含碳量较石墨的含碳量更接近于合金的成分，即析出渗碳体所需的原子扩散量较小，渗碳体晶核更容易形成。但如果结晶过程冷速极其缓慢，原子扩散有足够的时间，或合金中含有可促进石墨形成的元素时，则会直接从液态合金或奥氏体中析出稳定的石墨相。

8.1.3　铸铁的石墨化过程

石墨化就是铸铁中石墨的形成过程。石墨的形成过程可用铁碳双重相图来分析。在铸铁由高温液态冷却到室温的过程中，石墨的结晶和析出经历三个阶段。

第一阶段石墨化是从液态铁水中结晶出石墨的过程，包括过共晶成分的铁水从液相中结晶出一次石墨（G_I）和共晶成分的铁水在共晶温度（1154℃）通过共晶转变形成共晶石墨。形成石墨的共晶反应式为：$L_{C'} \rightarrow A_{E'} + G$。

第二阶段石墨化是从奥氏体中析出石墨的过程，即在共晶温度与共析温度之间，随着温度下降，碳在奥氏体中的溶解度降低，沿 $E'S'$ 线析出二次石墨的过程。

第三阶段石墨化是奥氏体在 738℃ 发生共析转变形成共析石墨的过程。共析转变的反应式为：$A_{S'} \rightarrow F_{P'} + G$。

第一和第二阶段石墨化温度较高，原子扩散能力较强，石墨化较容易进行。第三阶段石墨化是在较低温度的固态下进行的，因扩散较难进行，奥氏体析出石墨的共析转变会被不同程度抑制，而发生珠光体转变：$A_S \rightarrow F_P + Fe_3C$。显然，铸铁的石墨化程度决定了铸铁的基体组织。碳的存在形式和铸铁的基体组织不同，形成了各种类型的铸铁。这些铸铁在性能上差别很大，将在下面进一步讨论。

8.1.4 铸铁的分类

8.1.4.1 按铸铁中碳存在形式分类

铸铁的石墨化程度不同，其中碳的存在形式也不同，据此将铸铁分为灰铸铁、白口铸铁和麻口铸铁三类。

（1）灰铸铁：铸铁结晶的第一和第二阶段石墨化都充分进行，其中的碳全部或大部分以石墨形式存在，断口呈暗灰色，故称灰铸铁。灰铸铁是工业中应用最广泛的铸铁。

（2）白口铸铁：铸铁结晶的第一、二、三阶段石墨化过程都被抑制，完全按 $Fe\text{-}Fe_3C$ 相图结晶，铸铁中的碳除少量溶于铁素体外，其余的都以渗碳体形式存在，其断口呈白亮色，故称白口铸铁。白口铸铁组织中存在着共晶莱氏体，性能硬而脆，工业上很少应用，主要作为炼钢原料和生产可锻铸铁。

（3）麻口铸铁：是组织介于白口铸铁和灰铸铁之间的一种铸铁，其中的碳一部分以石墨形式存在，形成灰口组织；另一部分以渗碳体形式存在，形成白口组织。其断口上呈黑白相间的麻点，故称麻口铸铁。麻口铸铁也很脆，在工业上也很少应用。

8.1.4.2 按铸铁中石墨形态分类

控制铸铁的生产工艺和化学成分，可使铸铁中的石墨呈不同形态，据此可将铸铁分为灰铸铁、球墨铸铁、可锻铸铁和蠕墨铸铁四类，如图 8-3 所示。

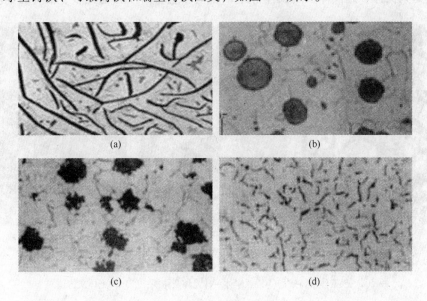

（a）   （b）

（c）   （d）

图 8-3　不同形态石墨的铸铁
（a）灰铸铁（片状石墨）；（b）球墨铸铁（球状石墨）；
（c）可锻铸铁（团絮状石墨）；（d）蠕墨铸铁（蠕虫状石墨）

（1）灰铸铁：石墨以片状形态存在，断口呈现暗灰色。这类铸铁的力学性能不高，但生产工艺简单、价格低廉，在工业上应用最广。

（2）球墨铸铁：石墨呈球状，其力学性能比灰铸铁好，还可以通过热处理进一步提高其力学性能，所以在工业应用日益广泛。

（3）可锻铸铁：石墨呈团絮状，塑性、韧性较高，铸造性能好，常用来制造一些形状复杂的小型铸件。

（4）蠕墨铸铁：石墨形态介于片状石墨和球状石墨之间，呈蠕虫形态。其性能也介于灰铸铁和球墨铸铁之间。

8.2　灰铸铁

灰铸铁中石墨呈片状形态，是应用最广泛的一类铸铁。在各类铸件的总产量中，灰铸铁所占比例最大，约为80%以上。按其中石墨片的粗细程度不同，灰铸铁又可分为普通灰铸铁和孕育灰铸铁两种。

8.2.1　灰铸铁的组织和性能

8.2.1.1　灰铸铁的组织

灰铸铁组织由金属基体和片状石墨组成。灰铸铁的金属基体与钢的组织相似，根据共析阶段石墨化进行程度的不同，灰铸铁的基体组织可分为铁素体、铁素体 + 珠光体和珠光体三种，如图8-4所示。对灰铸铁进行不同的热处理，可使灰铸铁的基体或基体中的部分区域转变为索氏体、屈氏体或马氏体等组织，基体组织的性能也类似于相应的钢。

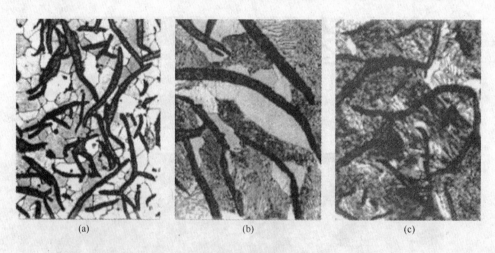

(a)　　　　　　　　　　(b)　　　　　　　　　　(c)

图 8-4　灰铸铁的显微组织

（a）铁素体灰铸铁；（b）铁素体 + 珠光体灰铸铁；（c）珠光体灰铸铁

8.2.1.2　灰铸铁的性能

灰铸铁组织中片状石墨的数量、大小、形态和分布是影响其性能的重要因素。由于灰铸铁的组织相当于钢的基体加片状石墨，其基体的强度和硬度不低于相应的钢，但石墨本身的强度、塑性和韧性几乎为零，它的存在使灰铸铁组织相当于在钢的基体中分布着很多微裂纹或孔洞，破坏了基体的连续性，减小了有效承载面积，微裂纹的尖端在拉应力作用下会引起应力集中，导致灰铸铁抗拉强度、塑性和韧性都很差。因此灰铸铁不适宜制作在拉应力下工作的零件。但灰铸铁在受压时石墨片破坏基体连续性的影响则大为减轻，其抗压强度可达抗拉强度的 2.5 ~ 4 倍，所以常用灰铸铁制造机床底座和立柱及箱体等耐压零部件。

灰铸铁具有良好的耐磨性和减振性。在摩擦力的作用下，铸铁件中的石墨很容易从铸件工作表面脱落，形成的微小的石墨颗粒在干摩擦时是良好的固态润滑剂，能起减磨作用。灰铸铁在含油摩擦状态下，石墨脱落后所形成的微孔能吸附和储存润滑油，而且微孔洞还容纳磨耗后所产生的微小磨粒，使摩擦表面形成良好的润滑。灰铸铁具有良好的减振性是因为石墨具有吸收机械振动能并阻止振动的传播的作用。实验表明，灰铸铁的减振性比钢大 6 ~ 10 倍，所以灰铸铁适宜用作减振材料，用于机床床身有利于提高被加工零件的精度。

灰铸铁具有良好的铸造性和切削加工性。铸造性好是由于灰铸铁含碳量高，接近于共晶成分，故熔点较低，流动性好，液态金属充满铸模的能力强。另外，铸件凝固时形成石墨产生的膨胀，减少了铸件体积的收缩，即铸造收缩率小，降低了铸件中的内应力。铸铁切削加工时，石墨的存在使切削加工时易于形成断屑，所以灰铸铁具有比钢更好的切削加工性。

8.2.2 冷却速度对灰铸铁的组织和性能的影响

在化学成分相同的条件下，铸件的冷却速度对石墨化程度影响很大。液态铸铁结晶过程的冷却速度与铸造工艺和铸件壁厚相关。金属型铸造比砂型铸造的铸型散热能力强、冷却速度快，所以金属型铸造容易出现白口组织，而砂型铸造冷速缓慢更有利于形成稳定的石墨相。另外，同一铸件壁厚较大处冷速慢，易形成灰口组织，薄壁处则可能形成白口组织。随着铸件壁厚增加，冷却速度减慢，依次出现珠光体、珠光体加铁素体和铁素体灰口铸铁组织。图 8-5 表示化学成分和铸件壁厚（冷却速度）对铸件组织的影响。在生产中可以根据铸件壁厚调整铸铁的碳、硅含量，从而保证所要求的灰铸铁组织。

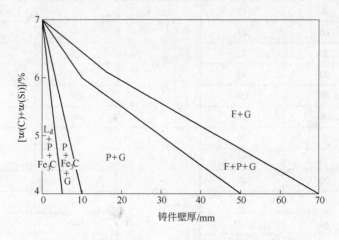

图 8-5 化学成分和铸件壁厚（冷却速度）对铸件组织的影响

8.2.3　灰铸铁的孕育处理

为了提高灰铸铁的力学性能，在生产中常对灰铸铁进行孕育处理。经过孕育处理的灰铸铁称为孕育铸铁。孕育处理是指在浇铸前向液态铁中加入少量孕育剂，在铁液中形成大量高弥散度的难熔质点，作为石墨结晶的外来晶核，增大晶核数量，使石墨的析出能在比较小的过冷度下开始进行并得到细珠光体基体加细小均匀分布的片状石墨组织。细小均匀分布的片状石墨减小了石墨对基体组织的割裂作用，并使基体组织细化，使铸铁的强度和塑性提高。孕育处理还有避免铸件边缘及薄断面处出现白口组织，提高断面组织的均匀性的作用。

铸铁经孕育处理后不仅强度有较大提高，塑性和韧性有所改善，而且各部位都能得到均匀一致的组织和性能。所以孕育铸铁常用来制造力学性能要求较高、截面尺寸变化较大的铸件，如汽缸、曲轴、凸轮、机床床身等铸件。

8.2.4　灰铸铁的牌号与应用

灰铸铁的牌号用"灰铁"二字汉语拼音的第一个大写字母"HT"和一组数字来表示，"HT"后面的数字表示最低抗拉强度值。例如，HT200 表示最小抗拉强度值为 200MPa 的灰铸铁。2011 年 2 月实施的 GB/T 9439—2010，依据直径 ϕ30mm 单铸试棒加工的标准拉伸试样所测得的最小抗拉强度值，将灰铸铁分为 TH100、TH150、TH200、TH225、TH250、TH275、TH300 和 TH350 等八个牌号，与原国标 GB/T 9439—1988 相比，增加了 TH225 和 TH275 两个牌号。表 8-1 列出了灰铸铁的牌号和力学性能。

表 8-1　灰铸铁的牌号和力学性能（摘自 GB/T 9439—2010）

牌　号	铸件壁厚/mm		最小抗拉强度 R_m/MPa		铸件本体预期的最小抗拉强度 R_m/MPa
	>	≤	单铸试棒	附铸试棒或试块	
HT100	5	40	100	—	—
HT150	5	10	150	—	155
	10	20		—	130
	20	40		120	110
	40	80		110	95
	80	150		100	80
	150	300		90	—
HT200	5	10	200	—	205
	10	20		—	180
	20	40		170	155
	40	80		150	130
	80	150		140	115
	150	300		130	—

牌 号	铸件壁厚/mm		最小抗拉强度 R_m/MPa		铸件本体预期的最小抗拉强度 R_m/MPa
	>	≤	单铸试棒	附铸试棒或试块	
HT225	5	10	225	—	230
	10	20		—	200
	20	40		190	170
	40	80		170	150
	80	150		155	135
	150	300		*145*	—
HT250	5	10	250	—	250
	10	20		—	225
	20	40		210	195
	40	80		190	170
	80	150		170	155
	150	300		*160*	—
HT275	10	20	275	—	250
	20	40		230	220
	40	80		205	190
	80	150		190	175
	150	300		175	—
HT300	10	20	300	—	270
	20	40		250	240
	40	80		220	210
	80	150		210	195
	150	300		190	—
HT350	10	20	350	—	315
	20	40		290	280
	40	80		260	250
	80	150		230	225
	150	300		210	—

注：1. 当铸件壁厚超过 300mm 时，其力学性能由供需双方商定。

  2. 当用某牌号的铁液浇注壁厚均匀、形状简单的铸件时，壁厚变化引起抗拉强度的变化，可从本表查出参考数据，当铸件壁厚不均匀，或有型芯时，此表只能给出不同壁厚处大致的抗拉强度值，铸件的设计应根据关键部位的实测值进行。

  3. 表中斜体字数值表示指导值，其余抗拉强度值均为强制值，铸件本体预期抗拉强度值不作为强制性值。

根据 GB/T 9439—2010，表中的单铸试棒用于确定材料性能等级，应和其所代表的铸件在具有相近冷却条件或导热性的砂型中立浇；当铸件壁厚超过 20mm，而重量又超过 2000kg 时，也可采用与铸件冷却条件相似的附铸试棒（块）加工成试样来测定抗拉强度，测定结果比单铸试棒的抗拉强度更接近铸件材质的性能，测定结果应符合表 8-1 的规定。

表 8-2 列出了不同牌号灰铸铁的组织、性能与用途。

表 8-2　灰铸铁的组织、性能（摘自 GB/T 9439—2010）**与用途**

牌号	基体组织	石墨形态	最小抗拉强度 R_m/MPa	用 途 举 例
HT100	F	粗片状	100	适用于受低载荷，对摩擦、磨损无特殊要求的不重要的铸件，如防护罩、盖、手轮、支架、底座等
HT150	F + P	较粗片状	150	适用于受中等载荷的零件，如机座、支柱、轴承座、阀体、泵体、飞轮、管路附件等
HT200	P	中等片状	200	适用于一般运输机械中的汽缸体、缸盖、飞轮等；一般机床中的床身、机座等；通用机械承受中等压力的泵体、阀体等；动力机械中的外壳、轴承座、水套筒等
HT225	P	较细片状	225	适用于受较大载荷的重要零件，如动力机械中的缸体、缸套、活塞、齿轮箱外壳；机床中立柱、横梁、床身、滑板、箱体等；中等压力液压筒和阀的壳体等
HT250	细 P	较细片状	250	
HT275	细 P	较细片状	275	
HT300	细 P	细小片状	300	适用于动力机械中的液压阀体、蜗轮、汽轮机隔板、泵壳、大型发动机缸体、缸盖；机床导轨、受力较大的机床床身、立柱机座等
HT350	细 P	细小片状	350	适用于大型发动机汽缸体、缸盖、衬套；水泵缸体、阀体、凸轮等；机床导轨、工作台等摩擦件；需经表面淬火的铸件等

注：抗拉强度用 $\phi30mm$ 的单铸试棒加工成试样进行测定。

应注意的是，同一牌号的铸铁，随着铸铁壁厚增大，其抗拉强度和硬度降低。因此，在根据零件的性能选择铸铁的牌号时需要注意铸件的壁厚。例如，铸件壁厚过大时应选择较高牌号的灰铸铁或孕育铸铁。

8.2.5　灰铸铁的热处理

灰铸铁的热处理只能改变其基体组织，不能改变片状石墨的形态和分布，也不能改善片状石墨对基体组织割裂的有害作用，所以通过热处理提高灰铸铁力学性能的效果不佳。灰铸铁的热处理主要用于消除铸件的内应力和稳定尺寸，消除铸造过程中产生的白口组织以及铸件的表面硬化。

8.2.5.1　去应力退火

在铸件浇注后的冷却过程中，由于各部位冷却速度不同，会在铸件内部产生内应力，特别是形状复杂、厚度不均的铸件会产生很大的内应力。这不仅会削弱铸件的强度，而且可能导致铸件变形甚至开裂。因此，对精度要求高、形状复杂或大型铸件，如床身、汽缸体、汽缸盖、机架等，在切削加工之前都要进行一次去应力退火。对质量要求很高的精密零件，还要在粗加工之后再进行一次去应力退火，以保证成品件的尺寸精度。

去应力退火的方法是将铸件缓慢加热到530~620℃，保温一定时间，然后以缓慢的速度随炉冷却至200℃以下出炉空冷。去应力退火温度越高，消除内应力效果越显著，铸件的尺寸稳定性越好；但退火温度过高或保温时间过长，会引起石墨化，使铸件的强度、硬度降低。

8.2.5.2 消除铸件白口的退火和正火

灰铸铁件冷却时，表层和薄壁处容易产生白口组织，造成切削加工困难和使用时表面剥落。生产中可通过去白口退火或正火，使白口区的渗碳体分解成石墨。

消除白口处理的方法是，将铸铁件加热到850~950℃，保温2~5h，使Fe_3C分解，随后进行冷却。冷却方式有两种，如先随炉缓冷至400~500℃，再出炉空冷，可获得铁素体基体灰铸铁，称为消除白口退火，也称为软化退火或石墨化退火；如在加热保温后直接出炉空冷，得到珠光体基体灰铸铁，称为消除白口正火，这样处理可使铸铁保持一定的强度和硬度，提高铸铁的耐磨性。

8.2.5.3 表面淬火

对要求耐磨的铸件，如机床导轨、缸体内壁等，可通过表面淬火提高铸件表面硬度和耐磨性。加热方法有火焰加热，电接触加热和高、中频加热等。淬火方法是将铸件表面快速加热到900~1000℃后，进行喷水冷却。淬火后表面硬度可达50~55HRC。对机床导轨表面淬火可使其寿命提高约1.5倍。

8.3 可锻铸铁

将浇注成白口的铸件，经高温长时间石墨化退火（也称可锻化退火），使渗碳体分解出团絮状石墨，获得的高强度铸铁称为可锻铸铁。由于石墨呈团絮状，对基体的割裂作用小，因此可锻铸铁的强度比灰铸铁明显提高，塑性和韧性也比灰铸铁高。应该注意的是，可锻铸铁并不可锻，其名称是历史上沿用下来的。

8.3.1 可锻铸铁组织及影响因素

可锻铸铁按退火工艺和组织的不同可分为铁素体可锻铸铁（也称黑心可锻铸铁）、珠光体可锻铸铁和白心可锻铸铁三类。我国目前应用的主要是铁素体可锻铸铁和珠光体可锻铸铁。

8.3.1.1 化学成分对可锻铸铁组织的影响

浇注白口铸件时，为保证铸件浇铸后获得白口组织，碳、硅含量不能过高。因为碳和硅都是强烈促进石墨化的元素，含量过高，浇铸后的组织中会出现片状石墨，在随后的退火中渗碳体中分解出的石墨会以片状石墨为核心长大成片状石墨，因而不能得到石墨呈团絮状的可锻铸铁。但是，碳、硅含量也不能太低，否则会使石墨化困难，石墨化退火周期延长，生产率降低，同时会使铸造性变差。可锻铸铁的化学成分大致为：$w(C) = 2.2\%$ ~ 2.8%，$w(Si) = 1.0\%$ ~ 1.8%，$w(Mn) = 0.4\%$ ~ 0.6%，$w(P) = 0.1\%$ ~ 0.26%，$w(S) = 0.05\%$ ~ 1.0%。

8.3.1.2　石墨化退火工艺对可锻铸铁组织的影响

石墨化退火工艺是将白口铸件加热到 900～980℃，使铸铁组织转变为奥氏体和渗碳体。在高温下长时间保温过程中，铸铁组织中的渗碳体分解为奥氏体和石墨。由于转变在固态下进行，石墨沿各个方向生长速度相近，所以呈团絮状，得到奥氏体＋团絮状石墨组织。随后可通过慢冷和快冷两种冷却方式得到两种不同基体的可锻铸铁。

如果是缓慢冷却（如图 8-6 中的曲线①所示），则奥氏体中的碳将沿已经形成的团絮状石墨表面再析出二次石墨。继续缓慢冷至共析温度范围（750～720℃）时，奥氏体将析出铁素体与石墨，得到铁素体基体可锻铸铁，其显微组织如图 8-7 所示。

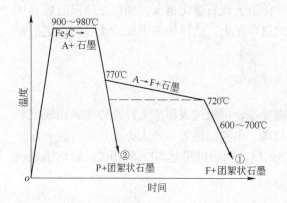

图 8-6　可锻铸铁的石墨化退火工艺
①—慢冷；②—快冷

图 8-7　铁素体基体可锻铸铁的显微组织

如果以较快速度冷却通过共析转变温度区（如图 8-6 中的曲线②所示），则在共析转变中不能析出铁素体和石墨，而是析出铁素体和渗碳体，得到珠光体基体的可锻铸铁，其显微组织如图 8-8 所示。

8.3.2　可锻铸铁的牌号、性能特点及用途

铁素体可锻铸铁和珠光体可锻铸铁的牌号用 "KTH" 或 "KTZ" 及后面两组数字组成。其中，"KT" 表示可锻铸铁，"H" 表示

图 8-8　珠光体基体可锻铸铁的显微组织

铁素体基体，即黑心可锻铸铁，"Z" 表示珠光体基体。牌号后面两组数字分别表示最低抗拉强度（MPa）和最低伸长率（%）。

黑心可锻铸铁的强度与塑性均较灰铸铁的高，主要用于承受冲击载荷和振动的铸件，是一种常用的可锻铸铁。珠光体可锻铸铁具有较高的强度、硬度和耐磨性，主要用于要求强度、硬度和耐磨性较高的铸件。黑心可锻铸铁和珠光体可锻铸铁的牌号、力学性能及用途如表 8-3 所示。

表 8-3 黑心可锻铸铁和珠光体可锻铸铁的牌号、力学性能
（摘自 GB/T 9440—2010）及用途

牌 号	试样直径 /mm	抗拉强度 R_m/MPa	2%屈服强度 $R_{p0.2}$/MPa	伸长率 A/%	应 用 举 例
		不小于			
KTH275-05	12 或 15	275	—	5	弯头、三通等管件，中低压阀门等
KTH300-06	12 或 15	300	—	6	
KTH330-08	12 或 15	330	—	8	螺丝扳手、犁刀、犁柱、车轮壳等
KTH350-10	12 或 15	350	200	10	汽车拖拉机前后轮壳、减速器壳、转向节壳、制动器及铁道零件等
KTH370-12	12 或 15	370	—	12	
KTZ450-06	12 或 15	450	270	6	载荷较高和耐磨损零件，如曲轴、凸轮轴、连杆、齿轮、活塞环、轴套、耙片、万向接头、棘轮、传动链条等
KTZ500-05	12 或 15	500	300	5	
KTZ550-04	12 或 15	550	340	4	
KTZ600-03	12 或 15	600	390	3	
KTZ650-02	12 或 15	650	430	2	
KTZ700-02	12 或 15	700	530	2	
KTZ800-01	12 或 15	800	600	1	

可锻铸铁生产周期长、成本高，很多可锻铸铁零件已经逐步被性能优良的球墨铸铁取代。但可锻铸铁有良好的力学性能和耐蚀性，特别是白口铸铁具有优良的铸造性能，铁水处理简单，质量稳定，尤其适合用来大量生产形状复杂的薄壁和细小的零件，这是其他铸铁不能相比的。随着石墨化退火的工艺改进，可锻铸铁的生产周期也在大大缩短，生产成本降低，所以可锻铸铁仍然是一种应用广泛的铸铁品种。

8.4 球墨铸铁

灰口铸铁经孕育处理后虽然细化了石墨片，但未能改变石墨的形态。改变石墨形态才是大幅度提高铸铁力学性能的根本途径。球状石墨是最为理想的一种石墨形态。为此，在浇注前向铁水中加入球化剂和促进石墨化的孕育剂，使铁液在凝固过程中，碳以球状石墨为主要形态析出，从而获得石墨呈球状的球墨铸铁。

8.4.1 球墨铸铁的组织、性能、用途和牌号

8.4.1.1 球墨铸铁的组织

球墨铸铁的组织由基体组织和球状石墨两部分组成。由于石墨呈球状，所以对基体的割裂和应力集中作用都降到了最低程度，基体组织的强度、塑性和韧性潜力得以发挥。而且，球状石墨的圆整度越好、球径越小、分布越均匀，则越能充分发挥基体组织的作用，基体组织强度的利用率越高，球墨铸铁的力学性能也越好。

基体组织除了受化学成分的影响外，还与铁液处理和铁液的凝固条件以及热处理有关。随着成分和冷却速度的不同，球墨铸铁在铸态下的基体组织可以有铁素体、铁素体＋

珠光体、珠光体三种，如图 8-9 所示。

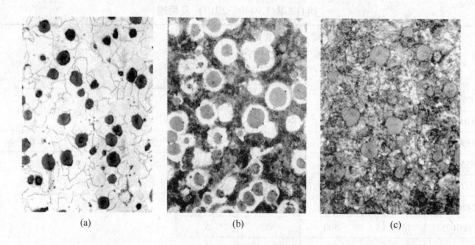

　　　　　　(a)　　　　　　　　　　　　(b)　　　　　　　　　　　　(c)

图 8-9　球墨铸铁的显微组织

（a）铁素体基球墨铸铁；（b）铁素体 + 珠光体基球墨铸铁；（c）珠光体基球墨铸铁

8.4.1.2　球墨铸铁的性能

　　与灰口铸铁相比，球墨铸铁具有更高的强度、塑性、韧性，并保持耐磨、减振、缺口不敏感等灰铸铁的特性，同时还保持了灰铸铁良好的铸造性、切削加工性、较低的生产成本等优良性能。球墨铸铁中金属基体是决定其力学性能的主要因素，所以可通过合金化和热处理强化的方法进一步提高其力学性能。通过不同热处理可获得不同基体组织，使球墨铸铁的力学性能有较大的调整幅度。因此，球墨铸铁可以在一定条件下代替铸钢、锻钢等，用以制造受力复杂、负荷较大和要求耐磨的铸件。例如，珠光体球墨铸铁具有高强度与耐磨性，常用来制造内燃机曲轴、轧辊等；铁素体球墨铸铁具有较高塑性和韧性，常用来制造阀门、犁铧等。

8.4.1.3　球墨铸铁的牌号与用途

　　球墨铸铁的牌号以"QT + 数字-数字"表示，如 QT400-18、QT600-3、QT800-2 等。牌号中的"QT"是"球铁"二字汉语拼音的大写字头，在"QT"后面两组数字分别表示最低抗拉强度（MPa）和最低伸长率（%）。球墨铸铁的牌号、力学性能见表 8-4。数据显示，基体组织对球墨铸铁的性能影响很大，如珠光体球墨铸铁的抗拉强度明显高于铁素体基体球墨铸铁，而铁素体球墨铸铁的延伸率比珠光体基体球墨铸铁高 3 ~ 5 倍。

表 8-4　球墨铸铁的牌号、力学性能（摘自 GB/ T 1348—2009）

牌　号	基体组织	力学性能			
		抗拉强度 R_m/MPa	屈服强度 $R_{p0.2}$ /MPa	伸长率 A/%	布氏硬度 HBW
QT350-22L	铁素体	350	220	22	≤220
QT350-22R	铁素体	350	220	22	≤220
QT350-22	铁素体	350	220	22	≤220

牌　号	基体组织	力 学 性 能			
		抗拉强度 R_m/MPa	屈服强度 $R_{p0.2}$ /MPa	伸长率 A/%	布氏硬度 HBW
QT400-18L	铁素体	400	240	18	120 ~ 175
QT400-18R	铁素体	400	250	18	120 ~ 175
QT400-18	铁素体	400	250	18	120 ~ 175
QT400-15	铁素体	400	250	15	120 ~ 180
QT450-10	铁素体	450	310	10	160 ~ 210
QT500-7	铁素体 + 珠光体	500	320	7	170 ~ 230
QT550-5	铁素体 + 珠光体	500	350	5	180 ~ 250
QT600-3	铁素体 + 珠光体	600	370	3	190 ~ 270
QT700-2	珠光体	700	420	2	225 ~ 305
QT800-2	珠光体或索氏体	800	480	2	245 ~ 335
QT900-2	回火马氏体或屈氏体 + 索氏体	900	460	2	280 ~ 360

注：字母"L"表示该牌号有低温（ - 20℃或 - 40℃）下的冲击性能要求；字母"R"表示该牌号有室温（23℃）下的冲击性能要求。

铁素体球墨铸铁典型牌号有 QT350-22、QT400-18、QT400-15 和 QT400-10 等，其性能特点是塑性和韧性好，而强度较低。这类铸铁可用于制造受力较大而又承受振动和冲击的零件。例如，用离心铸造法生产的铁素体球墨铸铁管能承受地基下沉以及轻微地震所造成的管道变形，而且耐腐蚀性比钢高得多的，具有较高的可靠性及经济性。

QT500-7、QT550-5 和 QT600-3 等属于混合基体球墨铸铁，这类铸铁由于有较好的强度和韧性，多用于机械、冶金设备的一些部件中。通过铸态控制或热处理手段可调整和改善组织中珠光体和铁素体的相对数量及形态分布，从而在一定范围内改善和调整强度和韧性的配合，以满足各类部件的要求。

珠光体球墨铸铁典型牌号有 QT700-2、QT800-2 和 QT900-2，性能特点是强度和硬度较高，具有一定的韧性，而且具有比锻钢较优良的屈强比、低的缺口敏感性。它可用于载荷大、受力复杂的零件，如汽车、拖拉机的曲轴、连杆、凸轮轴、轧钢机轧辊、桥式起重机大小滚轮等。

8.4.2　球墨铸铁的热处理

球墨铸铁的组织可以看做是钢的组织加球状石墨所组成，钢在热处理加热、冷却过程中组织转变的一些原理在球墨铸铁热处理时也都适用。而且球墨铸铁的力学性能主要取决于金属基体，热处理可以改变其基体组织，从而显著地改善球墨铸铁的性能。但球墨铸铁组织中碳和硅的含量远比钢高，且存在石墨，因此其热处理工艺与钢比较有一些不同的特点：

（1）需要更高的加热温度。原因是硅能提高共析转变温度。

（2）需在高温下比钢保温更长的时间。原因是硅能降低碳在奥氏体中的溶解能力，为保证奥氏体中溶入必要量的碳，需要更长的保温时间。

（3）容易实现油冷淬火和等温淬火。这是因为硅是使 C 曲线显著右移的元素，能降低马氏体临界冷却速度，提高淬透性。

（4）加热速度要缓慢。因为石墨的导热性较差，加热过快会产生较大的热应力。

（5）改变加热温度和保温时间可调整石墨溶入奥氏体的程度，获得不同含碳量的奥氏体，冷却后可获得不同的基体组织。例如：获得铁素体基体，具有相当于低碳钢的力学性能；也可获得铁素体＋珠光体基体，具有相当于中碳钢的力学性能；甚至获得珠光体基体组织，具有相当于高碳钢的力学性能，这是钢的热处理所达不到的。

球墨铸铁常用的热处理方法有退火、正火、调质、等温淬火等。

（1）退火。球墨铸铁的组织中往往包含了铁素体、珠光体、球状石墨以及由于球化剂增大铸件的白口倾向而产生的自由渗碳体。球墨铸铁的退火可分为消除内应力退火、低温退火和高温退火。相应的可达到消除铸造应力、获得单一的铁素体基体、提高铸件塑性和改善切削加工性能的目的。

（2）正火。正火目的在于增加基体组织中的珠光体含量并细化珠光体组织，提高强度、硬度和耐磨性，并可作为表面热处理的预先热处理。正火分高温正火和低温正火。

高温正火是将铸件加热到基体组织完全奥氏体化后出炉空冷，通过快速冷却获得珠光体基体球墨铸铁。例如，铸态组织中有自由渗碳体存在，应适当提高正火的加热温度，使自由渗碳体全部溶入奥氏体后再空冷。

低温正火是将铸件加热到使基体组织部分奥氏体化，然后出炉空冷，通过快速冷却获得珠光体＋分散铁素体基体球墨铸铁。

球墨铸铁的导热性差，正火后铸件的内应力较大，因此在正火后应进行消除应力退火。

（3）等温淬火。等温淬火适用于形状复杂、容易变形，同时又要求综合力学性能高的球墨铸铁铸件。等温淬火是目前获得高强度和超高强度球墨铸铁的重要热处理方法。球墨铸铁等温淬火后，除获得高强度外，同时具有较高的塑性、韧性，因而具备良好的综合力学性能和耐磨性。等温淬火比普通淬火有较小的内应力，所以能够防止形状复杂的铸件变形和开裂。球墨铸铁等温淬火后可得到下贝氏体＋少量残余奥氏体＋球状石墨组织。

等温处理是提高球墨铸铁综合力学性能的有效途径，由于等温盐浴的冷却能力有限，一般只能用于截面不大的零件，如尺寸不大而受力复杂的齿轮、曲轴、滚动轴承套、凸轮轴等。

（4）调质处理。对于受力比较复杂、截面尺寸较大并要求综合力学性能较高的球墨铸铁件，可采用淬火加高温回火，即调质处理。

调质处理先经加热保温使基体转变为奥氏体，然后在油中淬火得到马氏体，再经高温回火 2~6h 后空冷，获得回火索氏体基体＋球状石墨组织。回火索氏体基体不仅强度高，而且塑性、韧性也比正火得到的珠光体基体好。所以，球墨铸铁经调质处理后可获得良好的综合力学性能，常用来处理一些重要的结构零件，如连杆、曲轴以及万向轴等零件。

（5）感应加热表面淬火。某些球墨铸铁铸件，除要求具有良好的综合力学性能外，还要求工作表面具有较高的硬度和耐磨性以及疲劳强度。这种情况下可在调质处理后进行表面淬火，从而获得表面高硬度、高耐磨性，而心部则仍保持有良好的综合力学性能。

8.5 蠕墨铸铁

蠕墨铸铁是近年来迅速发展起来的一种新型高强铸铁材料。因其中的石墨呈蠕虫状，因而称为蠕墨铸铁。蠕墨铸铁是在一定成分的铁水中加入蠕化剂生产出来的。常用的蠕化剂主要有镁钛合金、稀土镁钛合金或稀土镁钙合金等。

8.5.1 蠕墨铸铁的组织

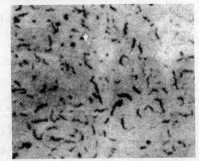

蠕墨铸铁的石墨大部分呈蠕虫状，形态介于片状和球状之间，其石墨片较短、较厚，端部较钝、较圆，如图8-10所示。通过控制成分和热处理工艺，可获得铁素体、珠光体和铁素体+珠光体混合组织三种基体的蠕墨铸铁组织。

图 8-10 蠕虫状石墨（×100）

蠕虫状石墨对基体的割裂作用较小，因此蠕墨铸铁具有较高的抗拉强度。蠕墨铸铁的强度和塑性随基体的不同而不同，在蠕化率相同时，随基体中的珠光体比例增大，强度增加而塑性降低。

8.5.2 蠕墨铸铁的牌号、力学性能及用途

蠕墨铸铁的牌号、力学性能及用途见表8-5。牌号中的"RuT"表示"蠕铁"，后面数字表示最低抗拉强度（MPa）。表中的"蠕化率"表示在有代表性的显微视野内，蠕虫状石墨数目与全部石墨数目的百分比。

蠕墨铸铁的强度接近于球墨铸铁并具有良好的导热性，可以制造承受热疲劳的零件，这是灰铸铁和球墨铸铁所不及的。选择蠕墨铸铁时，一般要求强度、硬度和耐磨性较高的零件，选用珠光体基体蠕墨铸铁；要求塑性、韧性较高的零件选用铁素体基体蠕墨铸铁；介于二者之间的零件，选用珠光体+铁素体混合基体蠕墨铸铁。

表 8-5 蠕墨铸铁的牌号、力学性能及用途（摘自 JB/T 4403—2009）

牌号	基体组织	R_m /MPa	$R_{p0.2}$ /MPa	$A/\%$	硬度值范围 HBW	蠕化率（不小于)/%	应用举例
		不 小 于					
RuT260	铁素体	260	195	3	121 ~ 197	50	汽车、拖拉机的底盘零件、增压器零件等
RuT300	铁素体+珠光体	300	240	1.5	140 ~ 217		排气管、变速器箱体、汽缸盖、液压件、钢锭模、纺织机零件等

牌号	基体组织	R_m /MPa	$R_{p0.2}$ /MPa	$A/\%$	硬度值范围 HBW	蠕化率（不小于）/%	应用举例
		不　小　于					
RuT340	珠光体+铁素体	340	270	1.0	170~249	50	带导轨面的重型机床件、大型齿轮箱体、飞轮、玻璃模具、起重机卷筒等
RuT380	珠光体	380	300	0.75	193~274		活塞环、汽缸套、制动盘、玻璃模具、钢球研磨盘、泵体等
RuT420	珠光体	420	335	0.75	200~280		

8.6　合金铸铁

为满足铸铁更广泛的应用需求，在铸铁中加入某些合金元素，得到具有各种特殊性能的铸铁称为合金铸铁，它包括耐热铸铁、耐磨铸铁和耐蚀铸铁。

8.6.1　耐热铸铁

耐热铸铁是指在高温下具有良好的抗氧化和抗生长能力的铸铁。普通灰口铸铁的耐热性较差，只能在低于400℃的温度下工作。耐热铸铁可代替耐热钢制造钢锭模、压铸模、换热器、加热炉炉底板等高温下工作的工件。

氧化是指在高温下受氧化性气氛的侵蚀，在铸件表面发生的化学腐蚀的现象。氧化使铸铁表面形成氧化皮，减少了铸件的有效承载面积，使铸件的承载能力随氧化的发展而不断降低。

热生长是指铸铁在高温下反复加热、冷却时发生的体积不可逆胀大，使铸件精度降低和产生显微裂纹，导致力学性能降低的现象。其产生的原因有：铸铁在相变温度以上工作时基体组织变化导致体积增大；氧化性气氛沿石墨片边界和裂纹渗入铸铁内部而形成内氧化；因渗碳体分解，形成密度小而体积大的石墨而引起体积的不可逆膨胀等。

在铸铁中加入硅、铝、铬等合金元素，可使高温下的铸件表面形成一层致密的 SiO_2、Al_2O_3、Cr_2O_3 氧化膜，阻碍继续氧化。这些元素还能提高铸铁的固态相变温度，使其在工作温度范围内基体组织为单相铁素体且不发生相变，以减小由此造成的体积变化，防止显微裂纹的产生。

耐热铸铁按其成分可分为硅系、铝系、硅铝系及铬系等。其中铝系耐热铸铁脆性较大，而铬系耐热铸铁的价格较贵，所以我国多采用硅系和硅铝系耐热铸铁。

8.6.2　耐磨铸铁

有些零件如机床的导轨、托板，发动机的缸套，球磨机的衬板、磨球等，要求更高的耐磨性，一般铸铁满足不了工作条件的要求，应当选用耐磨铸铁。耐磨铸铁可分为有润滑条件下使用的减磨铸铁和无润滑条件下使用的抗磨铸铁。

减磨铸铁用于制造在有润滑条件时工作的零件，如机床床身、导轨和汽缸套等，这些零件要求较小的摩擦系数。减磨铸铁的组织应为软基体上分布着坚硬的强化相。软基体在磨损后形成的沟槽可保持油膜，有利于润滑；坚硬的强化相可承受摩擦。细层状珠光体灰口铸铁可满足这些要求，其中铁素体为软基体，渗碳体为强化相，而石墨也能起贮油和润滑作用，再加入适量 Cu、Cr、Mo、P、V、Ti 等合金元素可形成合金减磨铸铁。常用的减磨铸铁主要有高磷铸铁、磷铜钛铸铁等。

抗磨铸铁用来制造在干摩擦条件下工作的零件，这类铸铁应具有高且均匀的硬度。高碳共晶或过共晶白口铸铁就是一种很好的抗磨铸铁。但白口铸铁脆性大，不能用来制作具有一定韧性和强度要求的铸件，如车轮、轧辊等。因此常加入适量的 Cr、Mo、Cu、W、Ni、Mn 等合金元素，使其具有一定的韧性和更高的硬度和耐磨性。常用的抗磨铸铁有抗磨白口铸铁、中锰抗磨球墨铸铁等，它们的牌号、化学成分、力学性能和应用可参阅GB/T 8263—2010 和 GB/T 3180—1992。

8.6.3 耐蚀铸铁

耐蚀铸铁主要用于化工部件，如阀门、管道、泵、容器等。普通铸铁的耐蚀性差，这是因为铸铁是包含铁素体、渗碳体和石墨等不同相的多相合金。它们在电解质溶液中的电极电位不同，会形成微电池，使作为阳极的铁素体不断溶解而被腐蚀，一直深入到铸铁内部。

提高铸铁耐蚀性的主要途径是合金化。在铸铁中加入硅、铝、铬等合金元素，能在铸铁表面形成一层连续致密的保护膜，可有效地提高铸铁的抗蚀性。而在铸铁中加入铬、硅、钼、铜、镍、磷等合金元素，可提高铁素体的电极电位，以提高抗蚀性。另外，通过合金化，还可获得单相金属基体组织，减少铸铁中的微电池，从而提高其抗蚀性。

目前应用较多的耐蚀铸铁有高硅铸铁（HTSSi15）、高硅钼铸铁（HTSSi15Mo4）、铝铸铁（QTSAl5）、铬铸铁（BTSCr28）、抗碱球铁（QTSNiCrRE）等。

耐蚀铸铁牌号的第一部分是铸铁代号：HTS、QTS 和 BTS 分别表示耐蚀灰铸铁、耐蚀球墨铸铁和耐蚀白口铸铁；代号后面用合金元素符号和数字表示铸铁中合金元素种类和含量。例如，HTSSi15 表示硅质量分数为 15% 的耐蚀灰铸铁；QTSAl5 表示铝质量分数为 5% 的耐蚀球墨铸铁；QTSNiCrRE 中的"RE"表示混合稀土类元素。

小　结

本章重点介绍了铸铁的成分、性能特点、石墨化过程及常用铸铁的分类、牌号、热处理与应用。

学习本章应注意掌握以下几方面：

（1）会用铁碳双重相图分析铸铁的结晶和石墨化过程。掌握冷却速度和化学成分对石墨化过程的影响规律，并应用此规律分析铸铁的组织与性能。

（2）能根据铸铁中碳存在形式的不同，将铸铁分为灰铸铁、白口铸铁和麻口铸铁三类。

（3）了解石墨的形态、大小以及分布情况对铸铁性能的影响。能根据铸铁中石墨形态的不同将铸铁分为灰铸铁、球墨铸铁、蠕墨铸铁、可锻铸铁等。

（4）灰铸铁组织相当于在钢的基体中分布着很多微裂纹，因此抗拉强度、塑性和韧性都很差。但其抗压强度好，并具有良好的耐磨性、减振性、铸造性和切削加工性。灰铸铁的热处理只能改变其基体组织，不能改变片状石墨的形态和分布，也不能改善片状石墨对基体组织的割裂作用，所以很难通过热处理提高灰铸铁力学性能。

（5）球状石墨对铸铁基体的割裂作用小，球墨铸铁的力学性能主要取决于基体组织，所以可通过合金化和热处理强化的方法改善基体组织，从而提高球墨铸铁的力学性能。

（6）能根据工程应用需求，应用专业手册等技术资料选择适当的铸铁并提出相应的加工和热处理方案。

复习思考题

8-1 根据石墨形态不同，铸铁可分为哪几种类型？它们中的碳各以何种形态存在？

8-2 影响铸铁石墨化的两个主要因素是什么，影响如何？

8-3 说明具有三低（C、Si、Mn 含量低）、一高（S 含量高）特点的铸铁为什么容易形成白口？

8-4 铸铁从液态冷却到室温的石墨化过程经历哪几个阶段？各阶段分别发生什么转变？为什么冷速较小时得到铁素体灰口铸铁，冷速较大时得到珠光体灰口铸铁？

8-5 灰铸铁的显微组织有何特点，力学性能有何特点？

8-6 说明灰铸铁具有以下性能特点的原因：（1）抗压强度高于抗拉强度；（2）具有良好的耐磨性和减振性；（3）具有良好的铸造性和切削加工性。

8-7 为什么普通灰口铸铁中 $w(C)$ 和 $w(Si)$ 越高，抗拉强度和硬度越低？

8-8 灰口铸铁的牌号 HT200 中的 HT 和 200 分别表示什么？

8-9 说明灰口铸铁件薄壁处易出现高硬度层的原因和消除方法。

8-10 灰口铸铁常用的热处理方法有哪些，目的是什么？

8-11 什么是可锻铸铁？可锻铸铁的牌号如何表示？

8-12 可锻铸铁的组织特征是什么？为什么可锻铸铁的强度和塑性比灰口铸铁高？

8-13 白口铸件如何通过石墨化退火得到黑心铁素体可锻铸铁？

8-14 为什么可锻铸铁适宜制造壁厚较薄的零件，而球墨铸铁却不适宜制造壁厚较薄的零件？

8-15 什么是球墨铸铁？球墨铸铁的牌号如何表示？

8-16 为什么球墨铸铁比灰铸铁具有更高的强度、塑性、韧性，并保持耐磨、减振、缺口不敏感等灰铸铁的特性？

8-17 为什么灰口铸铁一般不进行淬火和回火处理，而球墨铸铁可以进行这类热处理？

8-18 试述蠕墨铸铁显微组织和性能特点。

9 有色金属及硬质合金

金属材料分为黑色金属（钢铁材料）和有色金属两大类。有色金属是指元素周期表中除铁以外的所有金属，国际上通称为非铁金属。有色金属在金属材料中占据有很重要的地位，它不仅是制造各种优质合金钢及耐热钢所必需的合金元素，而且许多有色金属材料具有比重小、比强度高、耐热、耐腐蚀和良好的导电性、导热性、弹性以及一些特殊的物理性能，已经成为现代工业中必不可少的结构材料。

本章介绍铝及其合金、铜及其合金、钛及其合金、轴承合金及硬质合金的组织、性能、分类、牌号及应用。

9.1 铝及其合金

9.1.1 工业纯铝

铝是地壳中的蕴藏最多的有色金属。在金属材料中，铝合金的用量仅次于钢铁，是工业中应用最广泛的重要有色金属材料。纯度为 99% ~ 99.99%（Al）的纯铝称为工业纯铝。

纯铝的强度很低（R_m 仅有 80 ~ 100MPa）、塑性很好（A = 35% ~ 40%，Z = 80%），具有面心立方晶格，在加热冷却过程中无同素异构转变。通过加工硬化可使其强度少量提高（R_m 可提高到 150 ~ 200MPa），但塑性下降，仍然不能直接用作结构材料。

纯铝熔点为 660℃，密度较小（2.7g/cm³），只有铁的三分之一。纯铝的导电、导热性仅次于银、铜、金。如果按单位重量的导电能力比较，铝的导电能力约为铜的两倍。铝具有优良的抗大气腐蚀性能力。铝与氧亲和力大，在大气中其表面能形成一层致密的氧化膜，可隔绝铝与氧的接触，阻止进一步氧化。工业纯铝中含有铁、硅、铜、锌等杂质元素。杂质数量含量越高，其导电性、导热性、抗大气腐蚀性以及塑性就越低。

工业纯铝可制作电线、电缆，以及要求具有较高导热和抗大气腐蚀性能，而对强度要求不高的用品或器皿。工业纯铝的主要用途是配制铝合金。

9.1.2 铝合金及其应用

为提高铝的力学性能，在纯铝中加入合金元素制成铝合金。铝合金保留纯铝密度小、耐蚀性好的特点，力学性能比纯铝高得多，经热处理后铝合金的比强度（强度与密度之比）接近甚至超过合金钢，可用于制造承受较大载荷的机器零件和构件。用于铝合金的合金元素可分为主加元素（硅、铜、镁、锰、锌等）和辅加元素（铬、钛、锆等）。主加元素溶解度高，具有显著的强化作用。辅加元素的主要作用是改善铝合金的某些工艺性能，如细化晶粒、改善热处理性能等。

9.1.2.1　铝合金的分类及时效强化

A　铝合金的分类

铝合金的二元相图通常具有如图 9-1
所示的形式。以相图中最大溶解度点 D 为
界，铝合金可分为变形铝合金和铸造铝合
金两类。

变形铝合金成分在 D 点以左，加热到
固溶线以上时能形成单相固溶体，具有良
好的冷热加工工艺性能。变形铝合金又可
分为两类：成分在 F 点以左的合金，其 α
固溶体的成分不随温度变化，故不能通过
热处理强化，属不可热处理强化铝合金；

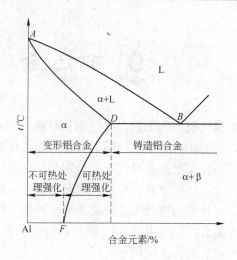

图 9-1　铝合金分类示意图

成分在 F 和 D 之间的铝合金，其 α 固溶体的成分随温度而变化，属于可热处理强化的铝合
金。

铸造铝合金成分在 D 点以右，由于有共晶转变存在，熔点低、流动性较好，适于铸造
成型，可用于直接铸成各种形状复杂或薄壁的成型件。

B　铝合金的时效强化

合金元素溶入铝中产生的固溶强化效果有限，因而必须通过热处理进一步提高强
度。铝合金的热处理强化原理与钢不同。钢经淬火后得到马氏体组织，强度、硬度显
著提高，塑性、韧性下降。而铝合金无同素异构转变，淬火后不能发生类似钢的组织
转变。铝合金的强化是通过淬火（固溶处理）和时效强化来实现的。下面以 Al-Cu 合
金为例讨论。

铝合金的淬火是先将合金加热至 α 单相区，保温后快速冷却，得到过饱和 α 固溶体，
这种热处理工艺也称为固溶处理。

将过饱和固溶体在室温放置很长时间或者加热至某一温度保温一段时间，随着时间
的延长，强度、硬度升高，这种热处理工艺称为时效处理，也称时效强化。其中，在室
温下进行的称为自然时效，加热条件下进行的为人工时效。成分位于 F 和 D 之间的铝
合金淬火后的过饱和 α 固溶体，随温度下降，在固态下析出第二相是产生时效强化的主
要原因。

固溶处理后，在自然时效初始阶段的几个小时内，强度不发生变化或变化很小，
这段时间称为孕育期，如图 9-2 所示。在此期间，铝合金的塑性很好，可进行各种冷
变形加工，如铆接、弯曲等。超过孕育期后，强度、硬度迅速增高，达到一定时间后
不再明显变化。含铜 4% 的铝合金自然时效的强化效果与实效时间的关系如图 9-2
所示。

不同温度下的时效强化效果如图 9-3 所示。时效温度高，时效速度快，但会降低最高
硬度值。但若时效温度过高，等温时间过长，会导致合金软化，这称为过时效。另外，固
溶体浓度越大，强化效果越好。

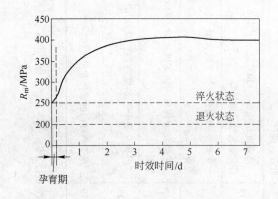

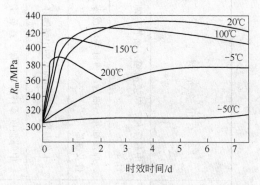

图 9-2　含铜 4% 铝合金自然时效曲线　　　图 9-3　含铜 4% 的铝合金在不同温度下的时效曲线

9.1.2.2　变形铝合金

A　变形铝合金的分类与牌号

根据化学成分和性能的不同，变形铝合金可分为防锈铝、硬铝、超硬铝、锻铝等四类，通常加工成各种规格的板、带、线、管等型材供应。

按 GB/T 16474—1996 规定，变形铝合金牌号用 2××× ~ 8××× 系列表示。牌号第一位数字表示以主要合金元素确定的组别，按 2—铜、3—锰、4—硅、5—镁、6—镁硅、7—锌，8—其他元素的顺序来确定合金组别。牌号第二位为字母，表示原始合金的改型情况。如果为 A，表示为原始合金；如果是 B ~ Y 的其他字母，则表示为原始合金的改进型合金。牌号的最后两位数字用于标识同一组别中的不同铝合金。例如，5A05 表示以镁为主加合金元素的变形铝合金。

B　常用的变形铝合金

防锈铝合金主要有铝-锰和铝-镁系合金。该类铝合金的强度适中，塑性和焊接性优良，并具有很好的抗蚀性。防锈铝合金不能通过热处理进行强化，常采用冷变形方法提高其强度。防锈铝合金常用于制造焊接管道、油罐、各式容器、防锈蒙皮等。其常用牌号有5A05、3A21 等。

硬铝合金属于铝-铜-镁系合金，超硬铝属于铝-铜-镁-锌系合金。硬铝合金和超硬铝合金都属于能热处理强化的铝合金。硬铝和超硬铝在固溶处理后，可进行人工时效或自然时效，时效后强度很高，其中超硬铝的强化作用最为强烈。这两类铝合金的耐蚀性较差，常采用包铝法（即包一层纯铝）来提高其耐蚀性。超硬铝合金是变形铝合金中强度最高的一类，可用作受力较大，又要求结构较轻的零件，如牌号为 7A04 超硬铝多用于飞机的大梁与起落架等。

锻铝合金大多是铝-镁-硅-铜系，含合金元素较少，有良好的热塑性和耐蚀性，适于用压力加工来制造各种零件，有较高的力学性能。其主要用于制造形状复杂并承受中等载荷的各类大型锻件和冲压件，如叶轮、支架、活塞和气缸头等。锻铝合金一般在锻造后再经固溶处理和时效处理，常用牌号有 2A50、2A70 等。

常用变形铝合金的牌号、化学成分、力学性能及用途见表 9-1。

表 9-1　常用变形铝合金的牌号、化学成分、力学性能及用途
（摘自 GB/T 3190—2008，GB/T 3880.2—2006）

类别	牌号(旧牌号)	Si	Fe	Cu	Mn	Mg	Cr	Ni	Zn	Ti	其他 单个	其他 合计	试样状态	R_m/MPa 不小于	A/% 不小于	用途举例
防锈铝合金	5A05 (LF5)	0.50	0.50	0.10	0.30~0.6	4.8~5.5	—	—	0.20	—	0.05	0.10	H112	280	20	中载零件、焊接油箱、油管、铆钉等
防锈铝合金	3A21 (LF21)	0.5	0.7	0.20	1.0~1.6	0.05	—	—	0.10	0.15	0.05	0.10	H112	130	20	焊接油箱、油管、铆钉等轻载零件及制品
硬铝合金	2A01 (LY1)	0.50	0.50	2.2~3.0	0.20	0.20~0.5	—	—	0.10	0.15	0.05	0.10	T4	300	24	工作温度不超过100℃的中强度铆钉
硬铝合金	2A11 (LY11)	0.7	0.7	3.8~4.8	0.40~0.8	0.40~0.8	—	0.10	0.30	0.15	0.05	0.10	T4	370	15	中等强度零件，如骨架、叶片、铆钉
硬铝合金	2A12 (LY12)	0.50	0.50	3.8~4.9	0.30~0.9	1.2~1.8	—	0.10	0.30	0.15	0.5Fe+Ni 0.05	0.10	T4	425	13	高强度结构件，150℃以下工作零件，如骨架、铆轮毂、铆钉等
超硬铝合金	7A04 (LC4)	0.50	0.50	1.4~2.0	0.20~0.6	1.8~2.8	0.10~0.25	—	5.0~7.0	0.10	0.05	0.10	T6	600	12	主要受力构件，如飞机大梁、起落架
超硬铝合金	7A09 (LC9)	0.50	0.50	1.2~2.0	0.15	2.0~3.0	0.16~0.30	—	5.1~6.1	0.10	0.05	0.10	T6	680	7	主要受力构件，如飞机大梁、起落架
锻铝合金	2A50 (LD5)	0.7~1.2	0.7	1.8~2.6	0.40~0.8	0.40~0.8	—	0.10	0.30	0.15	0.7Fe+Ni 0.05	0.10	T6	420	13	形状复杂中等强度的锻件及冲压件
锻铝合金	2A14 (LD10)	0.6~1.2	0.7	3.9~4.8	0.40~1.0	0.40~0.8	—	0.10	0.30	0.15	0.05	0.10	T6	480	19	承受高载荷的锻件和模锻件

注：1. Al 为余量。
2. 当怀疑表中未列出的某些"其他"元素的质量分数超出了标准对其"单个"或"合计"的限定值时，生产者可对这些元素进行分析。
3. 试样状态中 H112 为热加工，T4 为固溶处理后，自然时效；T6 为固溶处理后，人工时效。

9.1.2.3　铸造铝合金

铸造铝合金的力学性能较变形铝合金差，但它具有良好的铸造性能，可以通过铸造成型方法生产形状复杂的零件。全世界每年消费的铝中，有15%～20%用于铸造铝合金。

铸造铝合金的成分通常接近其合金相图的共晶点，合金的熔点低、流动性好、铸造性好，但共晶组织使塑性降低，不适于压力加工。铸造铝合金一般用于制作质轻、耐蚀、形状复杂及有一定力学性能的零件。

铸造铝合金的牌号由"铸"字的汉语拼音字首"Z"＋"Al"＋其他主要元素符号及百分含量来表示，如ZAlCu10表示含10% Cu的Al-Cu系铸造铝合金。另外，压铸合金在牌号前面冠以字母"YZ"，优质合金的牌号后面标注"A"。

铸造铝合金的代号用"铸铝"的汉语拼音字首"ZL"加三位数字表示。第一位数字表示合金类别（1表示铝硅系，2表示铝铜系，3表示铝镁系，4表示铝锌系）。后两位数为顺序号。例如，ZL102表示2号Al-Si系铸造铝合金。

常用铸造铝合金的牌号及用途见表9-2。

表9-2　常用铸造铝合金牌号、成分、性能及用途
（摘自 GB/T 1173—1995）

类别	代号	牌号	化学成分/%				铸造方法	热处理	力学性能（不低于）			用途举例
			Si	Cu	Mg	其他			R_m/MPa	A/%	HBW	
铝硅合金	ZL102	ZAlSi12	10.0～13.0				S，B J S，B J	F F T2 T2	145 155 135 145	4 2 4 3	50 50 50 50	形状复杂的零件，如飞机，仪器零件，抽水机壳体
	ZL104	ZAlSi9Mg	8.0～10.5		0.17～0.35	Mn0.2～0.5	J J	T1 T6	195 235	1.5 2	70 70	220℃以下形状复杂零件，如电动机壳体、汽缸体
	ZL105	ZAlSi5Cu1Mg	4.5～5.5	1.0～1.5	0.4～0.6		J S	T5 T7	235 175	0.5 1	70 65	250℃以下形状复杂件、汽缸头、机匣、液压泵壳
	ZL107	ZAlSi7Cu4	6.5～7.5	3.5～4.5			S，B J	T6 T6	245 275	2 2.5	90 100	强度和硬度较高的零件
	ZL109	ZAlSi12Cu1Mg1Ni1	11.0～13.0	0.5～1.5	0.8～1.3	Ni 0.8～1.5	J J	T1 T6	195 245	0.5 —	90 100	较高温度下工作的零件，如活塞
	ZL111	ZAlSi9Cu2Mg	8.0～10.0	1.3～1.8	0.4～0.6	Mn 0.1～0.35 Ti 0.1～0.35	S，B J	T6 T6	255 315	1.5 2	90 100	活塞及高温下工作的其他零件

续表 9-2

类　别	代号	牌　号	化学成分/%				铸造方法	热处理	力学性能（不低于）			用途举例
			Si	Cu	Mg	其他			R_m/MPa	A/%	HBW	
铝铜合金	ZL201	ZAlCu5Mn		4.5 ~ 5.3		Mn 0.6 ~ 1.0 Ti 0.15 ~ 0.35	S S	T4 T5	295 335	8 4	70 90	工作温度为175 ~ 300℃ 零件，如内燃机汽缸头、活塞
	ZL203	ZAlCu4		4.0 ~ 5.0			J J	T4 T5	205 225	6 3	60 70	中等载荷、形状比较简单的零件
铝镁合金	ZL301	ZAlMg10			9.5 ~ 11.0		S	T4	280	9	20	大气或海水中工作、承受冲击载荷外形简单的零件，如舰船配件、氨用泵体等
	ZL303	ZAlMg5Si1	0.8 ~ 1.3		4.5 ~ 5.5	Mn 0.1 ~ 0.4	S, J	F	145	1	55	
铝锌合金	ZL401	ZAlZn11Si7	6.0 ~ 8.0		0.1 ~ 0.3	Zn 9.0 ~ 13.0	J	T1	245	1.5	90	结构形状复杂的汽车、飞机、仪器零件，也可制造日用品
	ZL402	ZAlZn6Mg			0.5 ~ 0.65	Cr 0.4 ~ 0.6 Zn 5.0 ~ 6.5 Ti 0.15 ~ 0.25	J	T1	235	4	70	

注：1. Al 为余量；
　　2. J—金属模铸造；S—砂模铸造；B—变质处理；F—铸态；T1—人工时效；T2—退火；T4—固溶处理加自然时效；T5—固溶处理加不完全人工时效；T6—固溶处理加完全人工时效；T7—固溶处理加稳定化处理。

常用铸造铝合金有 Al-Si 系、Al-Cu 系、Al-Mg 系和 Al-Zn 系四大类，各类铸造铝合金都可以通过热处理强化或调整力学性能。

（1）Al-Si 系铸造铝合金。该系铝合金又称为"硅铝明"，一般 Si 含量为 4% ~ 22%。Al-Si 系合金具有良好的铸造性能，经过热处理后，具有良好的力学性能、物理性能、耐蚀性和中等的切削加工性能，是铸造铝合金中种类最多、应用最广泛的合金系。

（2）Al-Cu 系铸造铝合金。该系铸造铝合金中 Cu 含量为 3% ~ 11%，其优点是耐热性在铝合金中最高，缺点是铸造性和耐蚀性差，随着 Cu 增加，铸造性能提高，耐蚀性增加，但强度降低。这类合金在航空产品上应用较广，主要用于承受大载荷的结构件和耐热零件。

（3）Al-Mg 系铸造铝合金。该系铸造铝合金密度小（为 $2.55 \times 10^3 kg/m^3$）、强度高，具有优异的耐蚀性，良好的切削加工性能，但其铸造性能差，耐热性低（一般使用温度小于 200℃），熔铸工艺复杂，时效强化效果小。其常用牌号有 ZL301、ZL302。

（4）Al-Zn 系铸造铝合金。该系铸造铝合金铸造性能好，铸态下可自然时效，不用热处理就能得到较高的强度，是一种铸态下高强度合金，价格是铝合金中最便宜的；缺点是密度大、耐蚀性差、热裂倾向大。它常用于制作汽车、飞机、医疗器械、压铸仪表壳体等零件。其常用牌号有 ZL401、ZL402。

9.2 铜及其合金

9.2.1 工业纯铜

工业上使用的纯铜含铜量为 99.70% ~ 99.95%。纯铜呈玫瑰红色，其表面在空气中氧化形成氧化铜膜后，外观呈紫红色，故称紫铜。纯铜密度为 8.94g/cm³，熔点为 1083℃，具有面心立方晶格，没有同素异构转变。纯铜具有优良的导电性、导热性，在大气、淡水和非氧化性酸液中具有较高的化学稳定性，但在含有二氧化碳的湿空气中，表面将产生碱性碳酸盐的绿色薄膜，又称铜绿。

纯铜具有极好的塑性（$A = 45\% \sim 50\%$），可以进行各种形式的冷热压力加工，制成极细的铜线、极薄的板材等。纯铜的强度不高（$R_m = 230 \sim 240MPa$），硬度很低（45 ~ 50HBW），虽可用加工硬化方法提高铜的强度，但塑性大大下降。因此常用合金化来获得强度较高的铜合金，制作结构材料。加入合金元素主要通过固溶强化、时效强化、过剩相强化等提高铜的强度。另外，纯铜及其合金具有抗磁性，对于制造不允许受磁性干扰的测量仪器，如罗盘和航空仪表等，具有重要价值。

纯铜主要用于导电、导热及兼有抗蚀性的器材，如电线、电缆、电刷、铜管等，也作为配制铜合金的原料。铜合金是电气仪表、化工、造船、航空、机械等工业部门中的重要原料。

我国工业纯铜的加工产品代号有 T1、T2、T3、T4 四种，代号中的数字越大，表示杂质含量越高。工业纯铜的代号、成分及用途见表 9-3。

表 9-3 工业纯铜的代号、成分及用途

牌号	纯度/%	杂质/%		杂质总量/%	用　途
		Bi	Pb		
T1	99.95	0.002	0.005	0.05	导电材料和配制高纯度合金
T2	99.90	0.002	0.005	0.1	导电材料，制作电线、电缆等
T3	99.70	0.002	0.01	0.3	铜材、电气开关、垫圈、铆钉、油管等
T4	99.50	0.003	0.05	0.5	铜材、电气开关、垫圈、铆钉、油管等

9.2.2 铜合金及其应用

纯铜虽可通过冷变形强化，但塑性大大下降，因此常用合金化来获得强度较高的铜合金。加入合金元素主要通过固溶强化、时效强化、过剩相强化等提高铜的强度。

9.2.2.1 铜合金的分类和表示方法

A 铜合金的分类

（1）按化学成分，铜合金可分为黄铜、青铜、白铜三大类。

黄铜是以锌为主加元素的铜合金。其中不含其他合金元素的黄铜称为普通黄铜（或简单黄铜），含有其他合金元素的黄铜，称为特殊黄铜（或复杂黄铜）。

青铜是以除锌和镍以外的其他合金元素为主加合金元素的铜合金。按主加合金元素的不同可分为锡青铜、铝青铜、铍青铜等。

白铜是以镍为主加元素的铜合金。它又可分为普通白铜和特殊白铜。

（2）按生产方法，铜合金可分为压力加工产品和铸造产品。

B　铜合金的表示方法

铜合金的牌号由数字和汉字组成。例如"68 黄铜"表示成分为 68% 铜、余量为锌的普通黄铜；"65-5 镍黄铜"表示成分为 65% 铜、5% 镍、余量为锌的镍黄铜。为了使用方便，常用代号替代牌号，如牌号"68 黄铜"的代号为 H68，"65-5 镍黄铜"的代号为 HNi65-5。

（1）压力加工铜合金表示方法。普通黄铜的代号表示方法是：H（"黄"的汉语拼音字首）＋铜元素含量（质量分数）×100。例如，H68 表示成分为 68% 铜、余量为锌的普通黄铜。

特殊黄铜的代号表示方法是：H＋主加元素化学符号（除锌以外）＋铜及各合金元素的含量（质量分数）×100，数字之间用"-"分开。例如，上述的 HNi65-5 表示含 65% 铜、5% 镍、余量为锌的镍黄铜。

青铜代号表示方法是：Q（"青"的汉语拼音字首）＋第一主加元素的化学符号及含量（质量分数）×100＋其他合金元素含量（质量分数）×100。例如，QSn4-3 表示含 4% 锡、3% 锌、余量为铜的锡青铜。QAl7 表示含 7% 铝、余量为铜的铝青铜。

（2）铸造铜合金的表示方法。铸造铜合金的代号表示方法是：Z＋Cu＋主加合金元素的化学符号及含量（质量分数）×100＋其他合金元素的化学符号及含量（质量分数）×100。例如，ZCuZn40Pb2 表示含 40% Zn、2% Pb、余量为 Cu 的铸造黄铜；ZCuPb30 表示含 30% Pb 的铸造铅青铜。

9.2.2.2　黄铜

A　普通黄铜的组织

工业中应用的普通黄铜在室温平衡状态下有 α 和 β′ 两个基本相，如图 9-4 所示。α 相

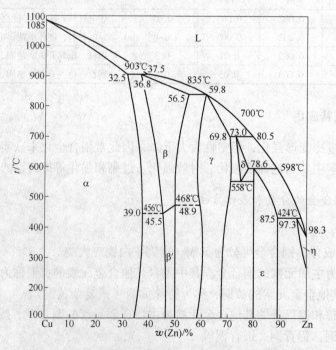

图 9-4　铜-锌二元合金相

是锌溶于铜中的固溶体，具有面心立方晶格，塑性好，适宜冷、热压力加工。β′相是以电子化合物 CuZn 为基的固溶体，室温下塑性差，不适宜冷加工变形。但加热到 456～468℃以上时，β′相发生无序转变后的固溶体 β 相具有良好的塑性，故含有 β′相的黄铜适宜进行热压力加工。

普通黄铜按平衡组织可分为两种：锌含量小于 39% 时，室温组织为 α 固溶体，此时为单相黄铜；锌含量在 39%～45% 时，室温组织为 α+β′，此时为双相黄铜。黄铜的显微组织如图 9-5 和图 9-6 所示。

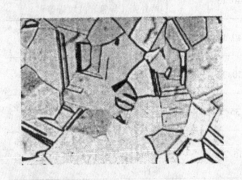

图 9-5　单相黄铜显微组织　　　　　　　　图 9-6　双相黄铜显微组织

B　普通黄铜的性能

黄铜的强度和塑性与含锌量的关系如图 9-7 所示。由图可知，随含锌量增加，由于固溶强化的作用，合金的强度不断提高，塑性也有所改善。当含锌量为 30% 时，黄铜的强度和塑性达到最优；当含锌量大于 32% 后，β′相的出现使黄铜塑性开始下降，但一定数量的 β′相起强化作用，所以强度继续升高；当含锌量大于 45% 时，组织中已全部为脆性的 β′相，强度和塑性急剧下降，此时的黄铜已无实用价值。

常用的普通黄铜有 H68 和 H62。H68 为单相黄铜，强度较高，塑性特别好。H62 为双相黄铜，强度更高，塑性也比较

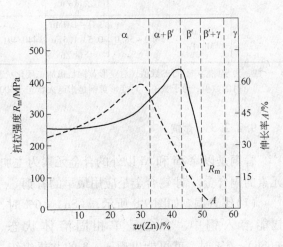

图 9-7　含锌量对黄铜力学性能的影响

好，可用作水管、油管及要求导电和耐蚀的结构件等，是应用很广的铜合金。

C　特殊黄铜的组织与性能

在普通黄铜加入铝、锰、硅、铅、铁等合金元素后，一般都能或多或少地提高其强度。加入铝、锡、硅、锰还可提高耐蚀性。某些元素的加入还可改善黄铜的工艺性能，如加铅可改善切削加工性能，加硅可改善铸造性能等。

常用普通黄铜及特殊黄铜的代号、成分、力学性能及用途见表 9-4。

表 9-4　常用普通黄铜及特殊黄铜的代号、成分、力学性能及用途

组　别	代号或牌号	化学成分（质量分数）/%		力学性能			主　要　用　途
		Cu	其他	R_m/MPa	A/%	HBW	
普通黄铜	H90	88.0~91.0	余量 Zn	245/392	35/3	—	供水和排水管、装饰品、证章、艺术品（又称金色黄铜）
	H68	67.0~70.0	余量 Zn	294/329	40/13	—	形状复杂的冷深冲压件、散热器外壳、导管、波纹管等
	H62	60.5~63.5	余量 Zn	294/412	40/10	—	销钉、铆钉、螺钉、螺母、垫圈、弹簧、夹线板
	ZCuZn38	60.0~63.0	余量 Zn	295/295	30/30	59/68.5	一般结构件如散热器、螺钉、支架等
特殊黄铜	HSn62-1	61.0~63.0	0.7~1.1Sn 余量 Zn	249/392	35/5	—	与海水和汽油接触的船舶零件（又称海军黄铜）
	HSi80-3	79.0~81.0	2.5~4.5Si 余量 Zn	300/350	15/20	—	船舶零件，在海水、淡水和 265℃ 以下蒸汽条件下工作的零件
	HMn58-2	57.0~60.0	1.0~2.0Mn 余量 Zn	382/588	30/3	—	海轮制造业和弱电用零件
	HPb59-1	57.0~60.0	0.8~1.9Pb 余量 Zn	343/441	25/5	—	热冲压及切削加工零件，如销、螺钉、衬套等（又称易削黄铜）
	ZCuZn40 Mn3Fe	53.0~58.0	3.0~4.0Mn 0.5~1.5Fe 余量 Zn	440/491	18/15	98/108	轮廓不复杂的重要零件，海轮上在 300℃ 以下工作的管配件，螺旋桨等大型铸件

注：力学性能中分母的数值，对变形黄铜是指加工硬化状态（变形度 50%）的数值，对铸造黄铜是指金属型铸造时的数值；分子数值，对变形黄铜是指退火状态（600℃）时的数值，对铸造黄铜是指砂型铸造时的数值。

9.2.2.3　青铜

青铜是以除 Zn 和 Ni 以外的合金元素为主加元素的铜合金。铜-锡合金是应用最早的青铜。

（1）锡青铜。如图 9-8 所示，$w(Sn) < 6\%$ 时，锡能溶入铜中，合金呈单相固溶体状态。$w(Sn) = 6\%$ 时，就可能出现 $\alpha + \delta$ 的共析组织，其中 δ 是以电子化合物 $Cu_{31}Sn_8$ 为基的硬而脆的固溶体相。

锡对锡青铜力学性能的影响如图 9-8 所示。$w(Sn) < 5\% \sim 6\%$ 时，由于锡产生的固溶强化，合金的强度、硬度显著提高，而塑性变化不大。当 $w(Sn) > 5\% \sim 6\%$ 时，出现 δ 相使塑性开始下降。当 $w(Sn) = 10\%$ 时，塑性已显著降低。少量 δ 相能使强度升高，但 $w(Sn) > 20\%$ 时，

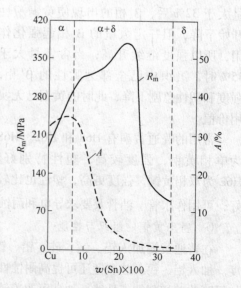

图 9-8　含锡量对锡青铜的组织与力学性能的影响

合金会变得很脆，强度也迅速下降。因此，工业中应用的锡青铜中锡的质量分数一般在3%~14%。

$w(Sn)<8\%$ 的锡青铜适宜冷、热压力加工，通常称为加工锡青铜，常加工成板、带、棒等型材使用。加工硬化可使加工锡青铜的强度、硬度明显提高，但塑性下降较多。加工锡青铜适宜制造仪表上要求耐蚀及耐磨的零件、弹性零件、抗磁零件以及机器中的轴承、轴套等。

$w(Sn)=10\%~14\%$ 的锡青铜不宜承受压力加工，只能用于铸造生产，通常称为铸造锡青铜。其铸造收缩率是有色金属中最小的合金，可用来生产形状复杂、致密度要求不高的铸件。

（2）铝青铜。铝青铜在大气、海水、碳酸以及大多数有机酸溶液中有比黄铜和锡青铜更高的耐蚀性，耐磨性也高于黄铜和锡青铜。为了进一步提高铝青铜的强度、耐磨性及耐蚀性，可添加适量铁、锰、镍等合金元素。铝青铜可制造齿轮、轴套、蜗轮等。

（3）铍青铜。铍青铜不仅具有高的强度和弹性极限，而且耐蚀、耐磨、耐寒、无磁性；另外，导电、导热性也好，受冲击不起火花。因此，铍青铜是优良的弹性材料，可用于制造高级精密的弹簧、膜片、膜盒等弹性元件，也可以制造高速、高温、高压下工作的轴承、衬套、齿轮等耐磨零件，还可以用来制造换向开关、电接触器以及矿山、炼油厂要求不产生火花的工具。铍青铜的主要缺点是价格高，生产过程中有毒，故应用受到很大的限制。

常用青铜的牌号、主要性能及用途见表9-5。

表9-5　常用青铜的牌号、主要性能及用途

类别	牌号	主要性能	用途
锡青铜	QSn4-3	高的耐磨性、弹性，抗磁性良好，冷、热加工性良好，切削性能、焊接性能良好，耐蚀性好	弹性元件、化工机械耐磨零件、耐蚀件和抗磁元件
	QSn6.5-0.1	高的强度、弹性、耐磨性、抗磁性，冷、热及切削加工性能良好，焊接性能良好	精密仪器中的耐磨零件和抗磁元件，弹簧、弹性接触片
铝青铜	QAl10-3-1.5	具有高的强度、耐磨性，较高的抗氧化性能、耐蚀性，热处理淬火、回火后提高强度和硬度，热态加工性良好，可切削加工	制作高温下的耐磨件，如齿轮、轴承、飞轮等
铍青铜	QBe2	理化综合性能优良，高的导电性、导热性、耐寒性，无磁性，抗蚀性能优良；具有高的强度、硬度、弹性、耐磨性、耐热性及疲劳极限，易于焊接	用于各种精密弹性元件、耐磨件，重要仪表的弹簧、轴承、衬套等

9.2.2.4　白铜

铜和镍都具有面心立方晶格，可无限互溶，所以各种铜-镍合金均为单相组织。因此，这类合金不能进行热处理强化，主要通过固溶强化和加工硬化来提高力学性能。白铜具有

较高的强度和塑性，弹性好，易于进行冷、热变形加工，具有很好的耐蚀性、电阻率较高，广泛用于耐蚀的结构件和弹簧、插接件等。

铜镍二元合金称为普通白铜。其代号表示方法是：B（"白"的汉语拼音字首）+镍的含量（质量分数）×100，例如，B30 表示成分 $w(Ni) = 30\%$ 的普通白铜。

在铜镍二元合金基础上加入其他合金元素的铜基合金称为特殊白铜。其代号表示方法是：B+特殊合金元素化学符号+镍的含量（质量分数）×100-特殊合金元素的含量（质量分数）×100。例如，BMn3 – 12 表示含 3% Ni、12% Mn 和 85% Cu 的锰白铜。

常用白铜的牌号、主要性能及用途见表 9-6。

表 9-6　常用白铜的牌号、主要性能及用途

类　别	代号	主　要　性　能	用　途
普通白铜	B0. 6	电工白铜，温差电动势小，工作温度小于100℃	多用于特殊温差电偶的补偿导线
	B19	结构白铜，力学性能良好，耐蚀性好，冷、热压力加工性能良好，切削加工性能差	用于制造腐蚀环境下工作的精密仪表零件、化工机械零件、医疗器具
锌白铜	BZn15-20	结构白铜，强度高，耐蚀性、可塑性好，可进行冷、热压力加工，切削加工性、焊接性能差	潮湿条件下和强腐蚀介质中工作的仪表零件、医疗器具、电讯零件
锰白铜	BMn3-12	电工白铜，电阻率高，电阻温度系数低，电阻稳定性高	用于工作温度低于100℃的电阻仪器、电工测量仪器
铝白铜	BAl6-1. 5	结构白铜，具有高的强度和弹性，可以热处理	用于制造各种重要用途的扁弹簧

9.3　钛及其合金

钛从 20 世纪 50 年代被应用于工业化生产以来，逐渐显示出它独特的优越性能。钛及钛合金具有密度小、重量轻、比强度高、耐高温、耐腐蚀以及良好低温韧性等优点，资源丰富，是一种很有发展前途的金属材料，在航空工业、化工、医疗、体育用品、汽车工业、信息产业等方面得到了应用。但由于钛及钛合金的加工条件复杂，成本较昂贵，因此其应用在很大程度上受到了限制。在 21 世纪，随着钛生产技术的成熟、成本下降，钛及钛合金应用将会越来越广泛。

9.3.1　纯钛

纯钛是银白色金属，熔点约为 1668℃，密度为 4.54g/cm³，只相当于铁密度的一半。钛在常温下表面极易形成由氧化物和氮化物组成的致密的钝化膜，使其在许多介质（如硫酸、盐酸、硝酸、氢氧化钠）中具有优良的耐蚀性。

钛在 882.5℃发生同素异构转变，在 882.5℃以下为密排六方晶格（α-Ti），882.5℃以上为体心立方晶格（β-Ti）。

工业纯钛与一般纯金属不同，它具有较高的强度和较好塑性，力学性能与低碳钢相近。工业纯钛可直接用于制造航空产品，如制造在 350℃以下工作的飞机构件等。工业纯钛按杂质含量不同分为 TA1、TA2、TA3，编号越大杂质越多。TA0 为高纯钛，仅在科学

研究中应用。工业纯钛的牌号、力学性能及用途见表9-7。

表9-7 工业纯钛牌号、力学性能（摘自 GB/T 2965—2007）**及用途**

牌号	室温力学性能（不小于）				用　途
	抗拉强度 R_m/MPa	规定非比例延伸强度 $R_{p0.2}$/MPa	断面伸长率 A/%	断面收缩 Z/%	
TA1	240	140	24	30	在350℃以下工作，强度要求不高、塑性高的冲压件和耐蚀结构件，如飞机骨架、蒙皮，海水淡化装置、压缩机气阀等
TA2	400	275	20	30	
TA3	500	380	18	30	

注：以上牌号工业纯铝力学性能在经热处理后的试样坯上测试。热处理工艺为，加热到600～700℃，保温1～2h后空冷。

9.3.2 钛合金及其应用

根据使用状态的组织，钛合金可分为三类：α 钛合金、β 钛合金和 α + β 钛合金。我国的钛合金牌号分别以 TA、TB、TC 加上顺序号表示。常用钛合金的牌号、化学成分及用途见表9-8。

表9-8 常用钛合金牌号、化学成分及用途

类　型	牌号	化学成分	用　途
A 钛合金	TA4	Ti-3Al	在400℃以下工作的耐蚀零件及焊接件，导弹燃料罐、飞机的骨架零件、压气机叶片等
	TA5	Ti-4Al-0.005B	
	TA6	Ti-5Al	
	TA7	Ti-5Al-2.5Sn	在500℃以下工作的结构件及模锻件，也是优良的超低温材料
B 钛合金	TB1	Ti-3Al-8Mo-11Cr	主要用于在350℃以下工作的零件，压气机叶片、轴、轮盘等重载荷旋转件及飞机构件等
	TB2	Ti-5Mo-5V-8Cr-3Al	
α + β 钛合金	TC1	Ti-2Al-1.5Mn	用作在400℃以下工作的冲压件、焊接件、模锻件，以及用作低温材料
	TC2	Ti-3Al-1.5Mn	
	TC3	Ti-5Al-4V	用于在400℃以下长期工作的零件，结构锻件、坦克履带，有一定高温强度的发动机零件，低温用部件等
	TC4	Ti-6Al-4V	
	TC9	Ti-6.5Al-3.5 Mo-2.5Sn-0.3Si	在500℃以下长期工作的零件，如飞机发动机叶片等

（1）α 钛合金。这类合金的退火组织为单相 α 固溶体。α 钛合金不能热处理强化，热处理只进行退火（变形后的消除应力退火或消除加工硬化的再结晶退火），主要依靠固溶强化来提高强度。

α 钛合金的室温强度低于 β 钛合金和 α + β 钛合金，但在高温下（500～600℃）强度高于它们，并且组织稳定，抗氧化性、抗蠕变性、焊接性好，压力加工性较差。

（2）β 钛合金。β 钛合金的主要合金元素有铜、钒、铬等。β 钛合金有较高的强度、优良的冲压性能及焊接性能，并可通过淬火和时效进行强化。但 β 钛合金生产工艺复杂，性能稳定性较差，因此主要用于350℃以下的结构件。

（3）α + β 钛合金。钛中通常加入 β 稳定化元素，大多数还加入 α 稳定化元素（如 Al、Sn、Mo、Cr、V 等）得到 α + β 钛合金。这类合金可通过淬火和时效进行强化，热处理后强度可提高50%～100%，塑性很好，容易锻造、压延和冲压，切削加工性能良好，在150～500℃范围内具有较好的耐热性，其典型牌号是 TC4。

9.4　滑动轴承合金

轴承分滚动轴承和滑动轴承两类。滑动轴承具有承压面积大、承载能力强、工作平稳、无噪声、装拆方便等优点，占有非常重要的地位。在滑动轴承中，制造轴瓦及内衬的合金称为轴承合金，又称轴瓦合金。

9.4.1　滑动轴承合金的性能要求和组织特点

9.4.1.1　滑动轴承的性能要求

滑动轴承是用于支承各种转动轴的零件，工作时轴瓦与轴颈发生强烈摩擦，造成轴承与轴的磨损。因为轴是机器中的重要零件，成本高且更换困难，所以在磨损不可避免的时候，应首先确保轴不磨损或磨损较小，必要时可更换轴瓦而继续使用轴。因此，轴承合金应具有以下性能：

（1）低摩擦系数，以减小轴的磨损和动力消耗，避免由于摩擦使温度升高而发生咬合；

（2）良好的磨合性，以保证工作时轴与轴瓦很好地磨合；

（3）足够的抗压强度和疲劳强度并能抵抗冲击和振动，以保证在承受轴颈施加的较大压应力、交变应力和冲击振动下能正常工作。此外，轴承合金还应具有良好的耐蚀性、良好的导热性、小的膨胀系数和良好的铸造性能。

9.4.1.2　轴承合金的组织特点

根据以上性能要求，目前轴承合金的组织特征可分为两大类：一类是在软基体上分布着硬质点，另一类是在硬基体上分布着软质点。

软基体上分布着硬相质点的滑动轴承理想表面示意图如图 9-9 所示。其中软基体使合金具有很好的嵌镶性、顺应性和抗咬合性，并在磨合后，软基体内凹，硬质点外凸，使滑动面之间形成微小间隙，成为储油空间和润滑油通道，有利于减摩。外凸的硬质点起支撑作用，有利于承载。软基体还具有抗冲击与振动的能力。但这种组织难以承受高的载荷。属于这类组织的轴承合金有锡基和铅基轴承合金。

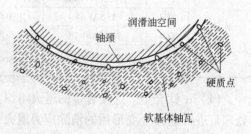

图 9-9　滑动轴承理想组织示意图

具有硬基体和软质点的轴承合金，也具有较低的摩擦系数，能提高轴承的承载能力，但其磨合性较差，属于这类组织的轴承合金有铝基轴承合金和铝青铜等。

9.4.2　常用滑动轴承合金

常用滑动轴承合金有锡基、铅基、铜基、铝基等轴承合金。其中，锡基和铅基轴承合金又称为巴氏合金。锡基及铅基轴承合金的牌号为：Z（"铸"的汉语拼音字首）＋基体元素＋主加元素及含量＋辅加元素及含量。例如，ZSnSb11Cu6 为铸造锡基轴承合金，基体元素为锡，主加元素为锑，含锑量11%，辅加元素为铜，含铜量为6%，其余为锡含量。

常用铸造轴承合金牌号、性能特点及用途，见表9-9。

表9-9 常用铸造轴承合金牌号、性能特点及用途

类 别	牌 号	硬度 HBW	性 能 特 点	用 途
锡基轴承合金	ZSnSb12Pb10Cu4	29	含锡量最低的锡基轴承合金，性软而韧、耐压、硬度高、价格便宜，但浇注性较差	一般发动机的主轴承，但不适于高温工作
	ZSnSb11Cu6	27	应用广泛，有一定韧性、硬度适中、抗压强度高、可塑性好、减摩性和抗磨性较好，具有优良的导热性和耐蚀性；但疲劳强度低，工作温度一般不能高于110℃	适用于浇注重载、高速、工作温度低的重要轴承，如1500kW以上蒸汽机、370kW涡轮压缩机、高速内燃机和机床主轴轴承
铅基轴承合金	ZPbSb16Sn16Cu2	30	硬度较高，抗压强度高，价格便宜；缺点是冲击韧性低，在室温下较脆，受冲击易开裂	适于工作温度不高、无冲击载荷的重载高速轴承，如880kW蒸汽涡轮机
	ZPbSb10Sn6	18	抗疲劳能力强、硬度较低，有自然润滑性能、摩擦系数小、软硬适中，制造工艺简单、成本低，但耐蚀性和耐磨性不如锡基合金	中等载荷或高速低载荷的机械轴承，如汽车汽油发动机、高压油泵、一般农机上轴承
铜基轴承合金	ZCuPb10Sn10	65	有高的疲劳强度和承载能力，硬度、疲劳强度高，耐磨性、耐蚀性好，耐冲击	适于中载、中高速、有大冲击载荷的轴承，如汽轮机、发动机用轴承，汽车转向器轴套
	ZCuSn10P	80~90	有高的硬度和耐腐蚀性，耐磨性好	适于制造中载或重载、高速、有冲击载荷条件下工作的轴承，要求轴颈硬度须高于300HBW

（1）锡基轴承合金（锡基巴氏合金）。锡基轴承合金的线膨胀系数小、摩擦系数低，具有良好的导热性、耐蚀性、塑性、韧性。缺点为：疲劳强度低，耐热性差，工作温度低于150℃。这类轴承合金适于制造高速、重载、工作温度不高的轴承，主要用于内燃机、往复式压缩机、汽轮机等高速轴承。由于锡较贵，条件允许的情况下，采用铅基轴承合金代替锡基轴承合金。

（2）铅基轴承合金（铅基巴氏合金）。铅基轴承合金是铅-锑为基并加入锡、铜等元素的合金。加入锡形成 SnSb 硬质点，并可大量溶于铅中，从而提高基体的强度和耐磨性；加入少量铜，可形成 Cu_2Sb 硬质点，并防止比重偏析。

铅基轴承合金的强度、塑性、韧性、导热性、耐蚀性等性能均比锡基合金差，且摩擦系数较大，但价格低，主要用于中低负荷的中速轴承，如汽车、拖拉机的曲轴、连杆轴承及电动机轴承等。

（3）铜基轴承合金。铜基轴承合金有铅青铜（常用牌号有 ZCuPb30）、锡青铜（常用牌号有 ZCuSn10P1）等。

铅青铜中的铜和铅在固态时互不溶解，显微组织由硬基体（铜）和在基体中均匀分布的软质点（铅）构成。

锡青铜的组织由软基体（α 固溶体）和硬质点（δ 相及化合物 Cu_3P）构成，组织中存在较多的分散缩孔，有助于存储润滑油。

与巴氏合金相比，铜基轴承合金具有高的疲劳强度和承载能力，优良的耐磨性、导热性和低的摩擦系数，因此可作为承受高载荷、高速度及高温下工作的轴承。

（4）铝基轴承合金。铝基轴承合金是以铝为基体加入锑、锡等合金元素所组成的合金，其实际组织为硬的铝基体上分布着软的粒状锡质点。其优点是密度小、导热性和耐蚀性好、高温硬度和疲劳强度高、原料丰富、价格低廉；但它的线膨胀系数大，运转时容易与轴咬合（抱轴）。抱轴问题可通过提高轴颈硬度，加大轴承间隙，降低轴承和轴颈表面粗糙度值等办法来解决。铝基轴承合金广泛应用于高速、重载下工作的汽车、拖拉机及柴油机轴承等。

9.5　硬质合金

硬质合金是以一种或几种难熔碳化物（如碳化钨、碳化钛、碳化钽、碳化铌等）的粉末为主要成分，加入铁、钴、镍等起黏结作用的金属粉末，经过配料、压制成型、烧结、后处理等工艺过程（该过程称为粉末冶金法）而制成的材料。

9.5.1　硬质合金的性能特点

硬质合金密度范围在 $6.0 \sim 16.0 g/cm^3$ 之间。

硬质合金具有高的抗压强度、耐蚀性和抗氧化性，常温下硬度可达 86 ~ 93HRA（约为 69 ~ 81HRC），红硬性高，可达 900 ~ 1000℃。

硬质合金的耐磨性高出高速钢 15 ~ 20 倍，在金属切削加工中显示出良好的耐磨性。其切削速度比高速钢高 4 ~ 7 倍，刀具寿命显著提高，可以切削 50HRC 左右的硬质材料。

与合金钢工具相比较，硬质合金工具有很大的优势：大大提高了工具的使用寿命，切削刀具的寿命提高 5 ~ 80 倍，量具的寿命提高 29 ~ 50 倍，模具寿命提高 50 ~ 100 倍；提高了金属切削速度，大大提高了劳动生产率，提高了零件的加工质量；可以加工高速钢难以加工的耐热合金、高温合金、钛合金、特硬铸铁等难以加工的材料；可以制作某些耐腐蚀、耐高温的耐磨零件，提高了机械和仪器的使用寿命和精度。

但硬质合金的抗弯强度较低，韧性差，线膨胀系数小，导热性差。硬质合金属于脆性材料，常温下淬火钢的冲击韧度为硬质合金的 1 ~ 2 倍，而退火钢的冲击韧度是硬质合金的 9 倍；高温下的钢冲击韧度为硬质合金的几百倍。所以，在使用硬质合金工具时，应避免使用冲击性载荷，如使用硬质合金刀片时要避免冲击和碰撞，以防损坏。

9.5.2　硬质合金的种类及应用

9.5.2.1　常用硬质合金的类别、化学成分和牌号

（1）钨钴类硬质合金：其主要化学成分是碳化钨（WC）及钴（Co）。牌号为 "YG +

数字",其中"YG"是"硬钴"二字汉语拼音首字母,数字表示钴的质量分数。例如,YG6 表示含钴量为 6%、余量为 WC 的钨钴类硬质合金。

(2)钨钛钴类硬质合金:其主要化学成分是碳化钨(WC)、碳化钛、钴。牌号由"YT + 数字"组成,"YT"是"硬钛"二字汉语拼音首字母,数字表示的碳化钛的质量分数。例如,YT15 表示碳化钛的质量分数为 15% 的钨钛钴类硬质合金。钨钛钴类硬质合金比钨钴类硬质合金具有较高的抗氧化性能,在高速切削难加工材料时刀具使用寿命长,其强度比钨钴类合金低。

(3)钨钛钽(铌)类硬质合金:这类硬质合金又称为万能硬质合金或通用硬质合金。它是用碳化钽或碳化铌取代钨钛钴类合金中的部分碳化钛。牌号由"YW + 数字"组成。其中,"YW"是"硬万"二字汉语拼音字首,数字是顺序号。例如,YW1 表示是 1 号万能硬质合金。

这类合金通常含有碳化钛 5% ~ 15%,碳化钽(碳化铌)2% ~ 10%,钴 5% ~ 15%,其余为碳化钨。这类合金有更好的高温抗氧化性和较好的抗振性能,刀具寿命较长,可以用于加工钢材和铸铁。

国内主要的硬质合金牌号、化学成分与性能见表 9-10。

表 9-10   国内主要的硬质合金牌号、化学成分与性能

牌 号	化学成分(质量分数)/%					密度 /g·cm^{-3}	硬度 HRA	抗弯强度 /MPa
	WC	TaC	TiC	NbC	Co			
YG3	97	—	—	—	3	15.2	90.5	1699
YG3X	96.5	0.5	—	—	3	15.2	91.5	1538
YG6	92.0	2	—	—	6	14.95	89.5	2300
YG8	92	—	—	—	8	14.7	89.0	2400
YG15	85	—	—	—	15	14.0	86.5	2700
YT5	85.0	—	5	—	10	12.9	90.5	2000
YT15	余量	—	15	—	6	12.5	91.5	1600
YT30	余量	—	30	—	4	9.5	92.5	1200
YW1	余量	4.0	6.0	—	6.0	13.2	91.5	1750
YW2	余量	4.0	6.0	—	8.0	13.1	90.5	2000
YW3	余量	9.0	7.0	—	6.0	12.9	92	1700

9.5.2.2   硬质合金的应用

硬质合金常用来做刃具材料,广泛用于高速切削和对高硬度或高韧性材料的切削加工中。硬质合金主要用来制作冷作模具,如冷拉模、冷冲模、冷挤模和冷镦模等。

硬质合金材料不能用一般的切削方法加工,只能采用电加工(如电火花、线切割、电解磨削等)或用砂轮磨削。因此,一般是将硬质合金制品钎焊、粘接或机械夹固在刀体或模具体上使用。

小   结

本章以金属材料成分、结构、组织与性能的关系为基础,重点介绍有色金属材料的性

能特点及其影响因素和规律。

学习本章应注意掌握以下要点：

（1）铝、铜等有色金属及合金的分类、牌号、性能特点、用途和热处理方法。

（2）轴承合金的成分、组织特征以及应用。

（3）硬质合金具有的高抗压强度、耐蚀性和抗氧化性、高硬度和高红硬性，提高了金属切削速度、劳动生产率和零件的加工质量。

（4）能在实际工作中正确地选择和使用有色金属材料及其合金。

复习思考题

9-1　根据成分和工艺性能，铝合金可分为哪两大类？分别说明这两类铝合金的编号方法。

9-2　举例说明铝合金有哪几种强化方式？

9-3　铝合金的淬火和钢的淬火有什么不同？什么是固溶处理？什么是时效强化？

9-4　变形铝合金和铸造铝合金的化学成分、组织、工艺性能和力学性能特点有什么不同，为什么？

9-5　变形铝合金按用途和性能不同怎样分类？简述各类变形铝合金的主要性能特点及合金元素的强化作用。

9-6　硅铝明属于哪类合金？为什么在浇注之前要对其进行变质处理？

9-7　铜合金按化学成分不同分为哪三类，如何编号？

9-8　普通黄铜与特殊黄铜的区别是什么？

9-9　黄铜、青铜的性能与其成分、组织之间有什么关系？各有什么用途？

9-10　用铜-锌二元合金相图分析普通黄铜的组织、性能与含锌量的关系。

9-11　简述含锡量对锡青铜的组织与性能的影响及青铜的种类与应用。

9-12　常用的滑动轴承合金有哪几类，用于哪些场合，有哪些性能要求？

9-13　说明锡基轴承合金的组织特征与应用。

9-14　常用的滑动轴承合金有哪些种类？其牌号如何表示？

9-15　钛合金有哪些优良特性，主要应用在哪些场合？

9-16　硬质合金都有哪些种类？试举几例并说明其用途。

9-17　说明下列有色金属及其合金牌号的含义：ZL102、H90、H62、HSn10、HPb59 – 1、QPb30、QSn10、QAl7、ZChSnSb11-6、ZChPbSb16-16-2。

10 非金属材料及复合材料

通常金属材料以外的材料都被认为是非金属材料，包括高分子材料和工业陶瓷。由于非金属材料有着金属材料所不及的某些性能，如高分子材料的耐蚀、减振、电绝缘、价廉等，陶瓷材料的高硬度、耐高温、耐腐蚀等，所以非金属材料在生产中的应用得到了迅速发展，已经成为某些领域中不可替代的材料。

复合材料是将不同性质的材料，通过人工设计及合成得到的新型多相固体材料。不同的金属之间、非金属之间或金属与非金属之间均可以进行复合，使原组分材料优点互补，获得出色的综合性能，因此复合材料是一种很有发展前途的材料。本章介绍在工程中常用的非金属材料和复合材料的成分、组织结构、性能特点及应用。

10.1 高分子材料

10.1.1 高分子材料基本知识

高分子材料是指以碳元素为分子骨架的有机高分子化合物为基础的材料。高分子化合物也称高聚物，通常是指相对分子质量在 5000 以上的有机化合物。高分子化合物具有良好的强度、弹性和塑性，这是低分子化合物所不具备的。当今各类工程中使用的高分子材料主要包括塑料、橡胶和胶黏剂等，几乎都是人工合成方法制成的。这不仅满足了各类应用领域对高分子化合物不断增大的需求，而且能更好地适应对性能指标可控性要求。

10.1.1.1 高分子化合物的合成

人工合成高分子化合物是通过聚合反应合成的。聚合反应是将一种或几种简单的低分子化合物（单体）在加热和催化剂作用下结合成高分子化合物的反应。单体是可以聚合成大分子的低分子有机化合物。例如，聚乙烯就是由数量足够多的乙烯单体聚合而成的。聚合反应又可分为加聚反应和缩聚反应两类。

（1）加聚反应。加聚反应也称加成聚合反应，是单体间相互反应生成一种高分子化合物的聚合反应。加聚反应的特点是反应后无副产物。大多数的高分子材料是由加聚反应得到的，如合成橡胶、聚烯烃塑料等。

（2）缩聚反应。缩聚反应也称缩合聚合反应，是单体间相互反应生成高分子化合物，同时还生成小分子（水、氨等）的反应。缩聚反应的特点是反应后有副产物。由缩聚反应得到的高聚物有酚醛树脂、环氧树脂、聚酰胺、有机硅树脂等。

10.1.1.2 高分子化合物的结构和性能特点

高分子化合物分子具有几何形状复杂的链结构，如线型结构、支链型结构和网体型结构，如图 10-1 所示。

线型结构的特点是，可以溶解在一定的溶剂中，加热时可以熔化，易于加工成型并能

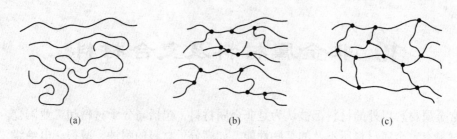

图 10-1 高聚物分子链的几何形状

(a) 线型结构；(b) 支链型结构；(c) 网体型结构

反复使用。具有此类结构特点的高聚物又称为热塑性高聚物，如聚乙烯、聚氯乙烯、未硫化橡胶等。

网体型结构的特点是，加热时不熔化，只能软化，不溶于任何溶剂，最多只能溶胀，不能重复加工和使用，这种现象称为热固性。具有这种结构特点的高聚物又称为热固性高聚物，如酚醛树脂、氨基树脂、硫化橡胶、尿醛树脂等。热固性高聚物只能在形成交联结构之前一次性热模压成型，而且成型之后不可逆变。

高分子化合物相对分子质量分散，即使是一种纯的聚合物，也可能是由成分相同而相对分子质量不等、结构不同的同系聚合物的混合物组成。

高分子化合物具有难溶且黏度高、常温下通常为固体、一定的强度和弹性等特点。

10.1.2 塑料

塑料是以树脂为主要成分，在一定的温度和压力下可制成一定的形状，并在常温下能保持既定形状的材料。

10.1.2.1 塑料的组成

合成树脂是塑料最主要的成分，它是一种未加工的原始聚合物，约占塑料总重量的40%～100%。由于含量大，而且树脂的性质常常决定了塑料的性质，所以人们常把树脂看成是塑料的同义词，例如把聚氯乙烯树脂与聚氯乙烯塑料、酚醛树脂与酚醛塑料混用。虽然合成树脂主要用于制造塑料，但它也是制造合成纤维、涂料、胶黏剂、绝缘材料等的基础原料。而塑料除了极小一部分含100%的树脂外，绝大多数的塑料还需要加入各种添加剂。

塑料有简单组分和复杂组分两类。简单组分的塑料基本上是由合成树脂本身组成，仅加入少量的辅助材料，如着色剂等。属于这一类的有聚乙烯、聚苯乙烯、有机玻璃等。复杂组分的塑料是由许多组分组成，除了主要成分合成树脂外，还含有各种添加剂，如增塑剂、稳定剂、填充剂、固化剂、润滑剂、着色剂、发泡剂、阻燃剂等。

10.1.2.2 塑料的分类

A 按树脂的成分及性能分类

按树脂的成分及性能可将塑料分为热塑性塑料和热固性塑料。

热塑性塑料的特点是受热时软化或熔化，冷却时变硬，这一过程可反复进行多次，树脂的化学结构不变。常用的热塑性塑料有聚乙烯、聚氯乙烯、聚酰胺、聚苯乙烯、聚丙烯、有机玻璃、聚甲醛、聚碳酸酯等。这类塑料的优点是加工成型简便，具有较高的力学性能，缺点是耐热性和刚性都比较低。

热固性塑料的特点是在一定温度下容易变成黏流状态，但是经过一定时间的加热，由于化学变化的结果，转变为不溶、不熔的固态。这一过程不能反复进行，如再继续加热不再具有可塑性。热固性塑料主要有酚醛塑料、环氧塑料、氨基塑料等。这类塑料具有耐热性高，受压不易变形等优点，缺点是机械强度一般不好。

B　按应用范围分类

按应用范围可将塑料分为通用塑料、工程塑料和特种塑料三类。

通用塑料的产量大、用途广、价格低。常见的通用塑料有聚乙烯、聚丙烯、聚氯乙烯、聚苯乙烯、酚醛塑料和氨基塑料。这类塑料的产量占塑料总产量的70%以上，构成了塑料工业的主体。

工程塑料具有优良的力学性能及特殊性能。如聚碳酸酯、尼龙、聚甲醛和 ABS 塑料等，常用作工程结构材料。

特种塑料耐高温、产量小、价格贵，主要用于国防、尖端技术。如聚四氟乙烯、环氧塑料和有机硅塑料等都能在 100～200℃以上的温度范围内工作。耐高温塑料在发展国防工业和尖端技术中具有重要作用。

10.1.2.3　塑料的性能特点

塑料的应用领域广泛和产量迅速增长与它具有各种优良性能分不开。塑料的优点主要有：良好的电绝缘性、良好的耐腐蚀性、良好的加工成型性、密度小质量轻、良好的可调性、良好的隔音和隔热性、摩擦系数小并具有自润滑能力。

塑料的可调性是指可通过多种途径来调整塑料的性能，以满足不同的使用要求。随着塑料工业的发展，这一特点越来越突出，已成为塑料工业的一个发展方向。

大部分塑料都可以直接采用注塑或挤压成型工艺，成型容易、工艺简单、生产率高且成本低，不需要像金属加工那样复杂的车、铣、刨等工序。

塑料性能的不足之处有：强度和硬度低，耐热性差，膨胀系数大，受热易变形、易老化、易蠕变等。

10.1.2.4　常用塑料

（1）聚乙烯（PE）。聚乙烯是热塑性塑料，也是目前世界上塑料工业产量最大的品种。其特点是具有优良的耐腐蚀性和电绝缘性，可以作为化工设备与贮罐的耐腐蚀涂层衬里、化工耐腐蚀管道、阀件、衬套等，可应用于电线电缆的绝缘材料等。另外，聚乙烯无毒无味，可制作食品包装袋、奶瓶、食品容器等。

（2）聚氯乙烯（PVC）。聚氯乙烯也是热塑性塑料，产量仅次于聚乙烯。PVC 适宜的加工温度为 150～180℃，使用温度为 -15～55℃。聚氯乙烯耐化学腐蚀、不燃烧、成本低、加工容易。但它耐热性差，冲击强度较低，还有一定的毒性。硬质 PVC 常用于代替不锈钢，制作化工设备、耐蚀容器等；软质 PVC 加入 30%～40%增塑剂，制作耐酸碱软管、电线包皮或绝缘层、薄膜等；发泡 PVC 加入发泡剂，用于隔音、隔热、防振包装等。聚氯乙烯要用于制作食品和药品的包装，必须采用共聚和混合的方法改进，制成无毒聚氯乙烯产品。

（3）聚苯乙烯（PS）。聚苯乙烯产量仅次于前两者，是一种无色透明的热塑性塑料，有良好的加工性能、很好的着色性能，电绝缘性优良。它的发泡材料相对密度只有 0.33，广泛应用于仪器的包装和隔音材料。聚苯乙烯易加入各种颜料制成色彩鲜艳的制品，用来制造玩具和各种日用器皿。由于透明度好，聚苯乙烯可以用作光学仪器及透明模型。

（4）聚丙烯（PP）。聚丙烯由丙烯单体聚合而成。因其原料易得、价格便宜、用途广泛，所以产量剧增。它的优点是相对密度小，是塑料中最轻的，而它的强度、刚度、表面硬度比聚乙烯塑料大。它的耐热性好，无外力作用时，加热到 150℃ 也不变形，是常用塑料中唯一能经受高温（130℃）消毒的品种。聚丙烯有优良的综合性能，常用来制造各种机械零件，如法兰、接头、泵叶轮、汽车上主要用作取暖及通风系统的各种结构件。因聚丙烯无毒，可作药品、食品的包装。但聚丙烯的黏合性、染色性、印刷性均差，低温易脆化，易受热、光作用而变质，且易燃，收缩大。

（5）聚酰胺塑料（PA）。聚酰胺塑料亦称尼龙，是最先发现的能承受载荷的热塑性塑料，也是目前机械工业中应用较广泛的一种工程塑料。其优点是在常温下具有较高的强度和韧性，并且具有耐磨、耐疲劳、耐油、耐水等良好性能；缺点是吸湿性大，在日光曝晒下易引起老化。聚酰胺塑料适用于制作一般机械零件，如轴承、齿轮、凸轮轴、蜗轮、管子、泵及阀门零件等。

（6）聚甲醛（POM）。聚甲醛在热塑性塑料中最坚韧，是一种表面光滑、有光泽的硬而致密的材料，可在 $-40 \sim 100℃$ 温度范围内长期使用。它具有类似金属的硬度、强度和刚性，良好的耐疲劳性，在那些对润滑性、耐磨损性、刚性和尺寸稳定性要求比较严格的滑动和滚动的机械部件上，性能尤为优越。它以低于其他许多工程塑料的成本，正在替代一些传统的锌、黄铜、铝和钢制作许多部件，已经广泛应用于机械、仪表、汽车、电子电气、管件和灌溉用品等方面。

（7）聚碳酸酯（PC）。聚碳酸酯是新型热塑性工程塑料，品种很多，工程上常用的是芳香族聚碳酸酯。其综合性能很好，近年来发展很快，产量仅次于尼龙。聚碳酸酯的化学稳定性也很好，能抵抗日光、雨水和气温变化的影响。它的透明度高，成型收缩率小，制件尺寸精度高，广泛应用于机械、仪表、电讯、交通、航空、光学照明、医疗器械等方面。如波音 747 飞机上就有 2500 个零件用聚碳酸酯制造，其总重量达 2t。

（8）ABS 塑料。ABS 塑料是丙烯腈（A）、丁二烯（B）、苯乙烯（S）三种组分的共聚物。它兼有聚丙烯腈的高化学稳定性和高硬度、聚丁二烯的橡胶态韧性和弹性、聚苯乙烯的良好成型性，因此 ABS 是具有"坚韧、质硬、刚性"的材料。还可任意变化三组分的比例，制成不同性能的塑料。ABS 塑料综合性能好，而且原料易得，价格便宜，所以在机械加工、电器制造、纺织、汽车、飞机、轮船、化工等工业中得到广泛应用。它主要用于制造齿轮、轴承、仪表盘壳、冰箱衬里、容器、管道、飞机舱内装饰板、窗框、隔音板等。

（9）聚四氟乙烯（F-4）。聚四氟乙烯是以线型晶态高聚物聚四氟乙烯为基的塑料。其熔点为 327℃，具有优异的耐化学腐蚀性，不受任何化学试剂的侵蚀，即使在高温下及强酸、强碱、强氧化剂中也不受腐蚀，故有"塑料王"之称。它还具有较突出的耐高温和耐低温性能，在 -195 ~ +250℃ 范围内长期使用其力学性能几乎不发生变化。它的摩擦系数小（0.04），有自润滑性，吸水性小，在极潮湿的条件下仍能保持良好的绝缘性。聚四氟乙烯主要用于制作减摩密封件、化工机械的耐腐蚀零件及在高频或潮湿条件下的绝缘材料，常用作化工设备的管道、泵、阀门，各种机械的密封圈、活塞环、轴承及医疗代用血管、人工心脏等。

10.1.3 橡胶

10.1.3.1 橡胶的特点、结构与用途

橡胶在外力作用下，很容易发生极大的变形，当外力去除后，又恢复到原来的状态，是一种在很宽温度范围（ -50 ~ 150℃ ）内具有高弹性的高分子化合物。橡胶还有良好的储能能力和良好耐磨、隔音、绝缘等性能，因而广泛用于制作减振件、密封件、传动件、轮胎和电线等制品，起着其他材料所不能替代的作用。

橡胶的高弹性与其具有的线型结构有关。橡胶是具有轻度交联的线型高聚物，它由一些柔顺性很高的细而长的大分子组成，通常卷曲呈线团状并相互缠绕。在受到外力拉伸时，分子链被拉直，外力去除后又恢复卷曲，这使橡胶表现出高弹性。实际生产中还要通过"硫化"使分子链从平面结构交联成立体网状结构，使橡胶的强度和韧性等力学性能变得很好。

10.1.3.2 橡胶的组成与分类

工业上使用的橡胶是以生胶为基础，加入各种配合剂以后得到的产品。生胶不能直接用来制造橡胶制品，这是因为它受热发黏、遇冷变硬、强度差、不耐磨、也不耐溶剂，只能在 5 ~ 35℃ 范围内保持弹性。加入配合剂可提高和改善橡胶制品的加工性能和使用性能。配合剂的种类很多，主要有硫化剂、硫化促进剂、活性剂、软化剂、填充剂、防老化剂及着色剂等。

硫化剂的作用是使具有可塑性的、线型结构的橡胶（胶料）分子间产生交联，形成三维网状结构，使胶料变为具有高弹性的硫化胶。硫化促进剂的作用是加速硫化，缩短硫化时间。软化剂的作用是增加橡胶的塑性，改善黏附力，并能降低橡胶的硬度和提高耐寒性。填充剂的作用是增加橡胶制品的强度，降低成本。防老化剂是为了延缓橡胶"老化"过程，延长制品使用寿命而加入的物质。着色剂是为改变橡胶的颜色而加入的物质。

根据原料来源不同，橡胶可分为天然橡胶和合成橡胶。根据应用范围，橡胶又可分为通用橡胶和特种橡胶。通用橡胶性能和天然橡胶相似，如丁苯橡胶、异戊橡胶、顺丁橡胶等。特种橡胶用于制作在特殊工作条件使用的橡胶制品，主要用于国防工业和尖端科技领域，如硅橡胶、含氟橡胶、丁腈橡胶、聚异丁橡胶等。

10.1.3.3 常用橡胶简介

表 10-1 列出了常用橡胶的组成、特点和用途。

表 10-1　常用橡胶的组成、特点和用途

名　称	单　体	化学组成	特点、用途
天然橡胶		$\begin{array}{c}\left[CH_2-CH=C-CH_2\right]_n \\ \quad\quad\quad\quad CH_3\end{array}$	弹性好，可做轮胎、胶管、胶带、胶鞋等
丁苯橡胶	$CH_2=CH-CH=CH_2$ ⌬—$CH=CH_2$	$\left[CH_2CH=CHCH_2CHCH_2\right]_n$ ⌬	耐磨、价格低、产量大，可做轮胎、胶管、胶带等
氯丁橡胶	$\begin{array}{c}CH_2=CH-C=CH_2 \\ \quad\quad\quad\quad Cl\end{array}$	$\begin{array}{c}\left[CH_2-CH=C-CH_2\right]_n \\ \quad\quad\quad\quad Cl\end{array}$	耐油、不燃、耐老化，可制耐油制品、运输带、胶黏剂
顺丁橡胶	$CH_2=CH-CH=CH_2$	$\left[CH_2-CH=CH-CH_2\right]_n$	弹性很好、耐磨、耐低温，可制作轮胎
丁腈橡胶	$CH_2=CH-CH=CH_2$ $\begin{array}{c}CH_2=CH \\ \quad CH\end{array}$	$\begin{array}{c}\left[CH_2CH=CHCH_2-CH-CH_2\right]_n \\ \quad\quad\quad\quad\quad\quad\quad CH\end{array}$	耐油、耐酸碱，可做油封垫圈、胶管、印刷辊等

A　天然橡胶

天然橡胶是从橡胶树中采集出来的一种以聚异戊二烯为主要成分的天然高分子化合物。它具有很好的弹性、耐磨性、耐碱性、耐低温性，介电性好，易于加工成型，但强度、硬度低。为了提高强度并使其硬化，要进行硫化处理，经处理后可得到较高的力学强度。其缺点是耐强酸性、耐高温性、耐油性、耐溶剂性和抗臭氧老化性差，主要用于制造轮胎、胶带、胶管等。

B　通用合成橡胶

天然橡胶资源有限，而合成橡胶由于原料价格便宜，来源丰富且具有多方面优异性能，所以获得长足发展。常用的通用合成橡胶有丁苯橡胶、氯丁橡胶、顺丁橡胶等。

（1）丁苯橡胶（SBR）。丁苯橡胶是应用最广、产量最大的一种合成橡胶，是丁二烯和苯乙烯共聚物。丁苯橡胶的性能主要受苯乙烯含量的影响，随苯乙烯含量的增加，橡胶的耐磨性、硬度增大而弹性下降。丁苯橡胶比天然橡胶质地均匀，耐磨性、耐热性和耐老化性好且价格低廉。它能与天然橡胶以任意比例混用，在大多数情况下可代替天然橡胶，用于制造轮胎、胶布、胶板等。丁苯橡胶的缺点是弹性、机械强度、耐挠曲龟裂、耐撕裂、耐寒性等较差，其加工性能也较天然橡胶差。

（2）顺丁橡胶（BR）。顺丁橡胶是丁二烯的聚合物。其原料易得，发展很快，产量仅次于丁苯橡胶。顺丁橡胶的优点是具有较高的耐磨性，比丁苯橡胶高26%，缺点是强度较低，抗撕裂性差，加工性能与自黏性差。顺丁橡胶一般多和天然橡胶或丁苯橡胶并用，主要用于制作减振器、橡胶弹簧、电绝缘制品等，也用于制造轮胎、胶带、胶管、胶鞋等制品。

（3）氯丁橡胶（CR）。氯丁橡胶是由氯丁二烯聚合而成。它不仅具有可与天然橡胶比拟的高弹性、高绝缘性、较高强度和高耐碱性，而且具有天然橡胶和一般通用橡胶所没有

的优良性能，如耐油、耐溶剂、耐氧化、耐老化、耐酸、耐热、耐燃烧、耐挠曲等性能，故有"万能橡胶"之称。氯丁橡胶应用广泛，它既可作通用橡胶，又可作特种橡胶。由于其耐燃烧，故可用于制作矿井的运输带、胶管、电缆，也可作高速三角带及各种垫圈等。

C 特种合成橡胶

（1）丁腈橡胶（NBR）。丁腈橡胶由丁二烯和丙烯腈两种单体加聚而制得。丁腈橡胶具有良好的耐油性，因此有时也称为耐油橡胶。它还有较好的耐热、耐磨和耐老化性能等，对一些有机溶剂也具有很好的抗腐蚀能力。但其耐寒性差，脆化温度为 $-20 \sim -10℃$，耐酸性和电绝缘性较差，加工性能也不好。丁腈橡胶主要用于制造耐油制品，如输油管、耐油耐热密封圈、贮油箱以及飞机和汽车上需要耐油的零件等。

（2）聚氨酯橡胶（UR）。聚氨酯橡胶是由聚酯（或聚醚）与二异氰酸脂类化合物聚合而成的。它是一种性能介于橡胶与塑料之间的弹性体。由于它具有优异的耐磨性、耐油性、耐臭氧、耐老化、气密性和较高的机械强度以及突出的抗弯性和高硬度下的高弹性等，因而被广泛地应用在军工、航空、石油、化工、机械等领域，制作轮胎及耐油、耐苯零件、垫圈防振制品以及要求高耐磨性、高强度、耐油的场合。

（3）硅橡胶。硅橡胶由二甲基硅氧烷与其他有机硅单体共聚而成。与大多数橡胶的结构不同，其分子主链由硅原子和氧原子交替组成。目前用量最大的硅橡胶是甲基乙烯基硅氧烷，其结构式可表示为：

$$\begin{array}{ccc} CH_3 & & CH{=}CH_2 \\ | & & | \\ {\Big[}Si{-}O{\Big]}_m & {\Big[}Si{-}O{\Big]}_n \\ | & & | \\ CH_3 & & CH_3 \end{array}$$

由于 Si—O 键能（$368kJ \cdot mol^{-1}$）较大，因此硅橡胶是一种耐热性和耐老化性很好的橡胶。硅橡胶具有高耐热性和耐寒性，在 $-60 \sim 200℃$ 范围内能长期使用，抗老化能力强、绝缘性好。其缺点是强度低，耐磨性、耐酸性差，价格较贵。由于硅橡胶具有优良的耐热性、耐寒性、耐候性以及良好的绝缘性，它主要用于制造各种耐高低温的制品，如管道接头和高温设备的垫圈、衬垫、密封件及高压电线、电缆的绝缘层等。由于其无毒无味，还用于食品工业。硅橡胶柔软光滑、生理惰性及血液相溶性优良，可用作医用高分子材料，如人工器官、人工关节、整复材料等。

（4）氟橡胶（FPM）。氟橡胶是由含氟单体共聚而成的以碳原子为主链的有机弹性体。它的化学稳定性极高，耐腐蚀性能居各类橡胶之首，耐热性好，最高使用温度为 $300℃$。其耐油性也是耐油橡胶中最好的。它的缺点是加工性能较差、价格昂贵、耐寒性差、弹性和透气性较低。氟橡胶主要用于制作航天航空、国防、现代冶金、化工等高技术行业中各类设备的耐真空、耐高温、耐化学腐蚀的密封件、胶管或其他零件等，如火箭、导弹的密封垫圈及化工设备中的里衬等。

10.1.4 合成胶黏剂

胶黏剂又称黏合剂或胶，是能把两个固体黏接在一起并在结合处有足够强度的物质。由于它可将各种零件、构件牢固地胶结在一起，有时可部分代替铆接或焊接等工艺。由于胶黏工艺操作简便，接头处应力分布均匀，接头的密封性、绝缘性和耐蚀性较好，且可连接各种材料，所以在工程中应用日益广泛。

10.1.4.1　胶黏剂的组成

合成胶黏剂一般是以聚合物为基本组分的多组分物质。它的组分中包括黏性料、固化剂、填料、稀释剂和其他辅料。

黏性料也称基料，是胶黏剂的主要组分，它对胶黏剂的性能起主要作用。常用的基料有酚醛树脂、环氧树脂、聚酯树脂、聚酰胺树脂及氯丁橡胶等。

固化剂是使胶黏剂交联、固化，形成具有网状结构坚固胶层的化学试剂。其种类和用量直接影响胶黏剂的使用性能和工艺性能。

填料用以提高胶接接头强度和表面硬度，提高耐热性，还可降低线膨胀系数和收缩率，增大黏度和降低成本。有时填料还可使胶黏剂具有某种指定性能，如耐湿性、导电性等。通常使用的填料有金属粉末、石棉和玻璃纤维等。

稀释剂主要用于调节胶黏剂的黏度，便于施工，涂胶后即挥发，不会留在胶黏剂中，凡能与胶黏剂混溶的溶剂均可作稀释剂。

其他辅料主要有增塑剂、增韧剂、抗氧剂、防老化剂和防霉剂等。

10.1.4.2　胶黏剂的分类与性能

胶黏剂有天然胶黏剂和合成胶黏剂两种。糨糊、虫胶和骨胶等属于天然胶黏剂，而环氧树脂、氯丁橡胶等则属于合成胶黏剂，工业中使用的主要是合成胶黏剂。

按照胶黏剂的流变性质不同，可将其分为热固性胶黏剂、热塑性胶黏剂和合成橡胶胶黏剂。

热固性胶黏剂是以热固性树脂为基料的黏合剂，通过加入固化剂或加热使液态树脂经聚合反应交联成网状结构，形成不溶、不熔的固体而达到黏接目的。此类胶黏剂的优点是黏附性较好，胶接强度高，耐热、耐水、耐化学性好；缺点是耐冲击性、抗剥离强度和起始黏结性较差。

热塑性树脂胶黏剂是以热塑性树脂制成的合成树脂胶黏剂。加热时软化黏结，冷却后硬化而具有一定的强度。它也可配成溶液使用，溶剂挥发就黏结硬化，不需加热。其特点是耐冲击，剥离强度和起始黏结性都好，使用方便，可反复进行黏合；缺点是耐热性受到限制，耐溶剂性差。常用的热塑性树脂胶黏剂有聚乙酸乙烯酯、聚乙烯醇缩醛、乙烯-乙酸乙烯共聚树脂、氯乙烯-乙酸乙烯共聚树脂、过氯乙烯树脂、聚丙烯酸酯、聚酰胺和聚砜等。

合成橡胶胶黏剂是以合成橡胶为基料制得的合成胶黏剂。它的黏接强度不高，耐热性也差，属于非结构胶黏剂，但具有优异的弹性，使用方便，初黏力强。合成橡胶胶黏剂可用于橡胶、塑料、织物、皮革、木材等柔软材料的黏接，或金属-橡胶等线膨胀系数相差比较大的两种材料的黏接，是机械、交通、建筑、纺织、塑料、橡胶等工业部门不可缺少的材料。

10.1.4.3　胶黏剂的选择与应用

A　胶黏剂的选择

不同的材料需要选择不同的胶黏剂，例如：

金属材料是高强度材料，在黏接金属时应考虑载荷、工作环境等因素选择适当的胶黏剂。胶接金属的胶黏剂主要有改性环氧胶、改性酚醛胶以及氨酯胶等。杂环化合物胶种以及聚苯硫醚也是较好的金属胶黏剂。由于金属是致密材料，不能吸收水分和溶剂，所以一般不宜采用溶剂型或乳液型胶黏剂。胶接金属时，表面处理至关重要。

橡胶与橡胶黏接可用橡胶胶泥、氯丁胶黏剂等。橡胶与其他非金属的黏接，如橡胶与皮革可用氯丁胶、聚氨酯胶；橡胶与塑料、橡胶与玻璃以及橡胶与陶瓷可用硅橡胶；橡胶与玻璃钢、橡胶与酚醛塑料可用氰基丙烯酸酯、丙烯酸酯等胶种；橡胶与混凝土、橡胶与石材可用氯丁胶、环氧胶、氰基丙烯酸酯等。橡胶与金属可选用通过改性的橡胶黏接，如氯丁-酚醛胶、氰基丙烯酸酯等。

B 胶黏剂的应用

随着合成胶黏剂种类、性能以及胶接技术的发展，在新设备制造、机械设备修理、改进机械安装工艺等方面采用胶接技术，以胶接代替焊接、铆接、螺纹连接以及机械夹固，解决了传统连接方式不能解决的问题，简化了复杂的机械结构，节省了材料，提高了工效。因此，胶接技术在工程机械的维修过程中具有很高的实用价值。用胶黏剂实现连接的特点是接头处应力分布均匀，应力集中小，接头密封性好，工艺操作简单且成本低。

（1）应用胶黏剂可以实现用难于焊接的材料制成零件（如铸铁、硬化钢板、塑料和有橡胶涂层）的连接。

（2）胶黏剂用作密封剂，可代替传统的垫片实现螺纹锁固、平面与管路接头密封、圆柱件固持，避免漏油、漏气、漏水和松动，提高产品质量和可靠性。

（3）在大型零部件，油、气管路的修复中采用胶接技术，可以进行现场施工，解决拆卸困难和传统工艺无法解决的难题。

（4）应用胶黏剂可以使金属零件再生，修复因磨损、腐蚀、破裂、铸造缺陷而报废的零件，使之起死回生，延长设备的使用寿命。

10.2 陶瓷材料

陶瓷材料是指以天然矿物或人工合成的各种化合物为基本原料，经粉碎、配料、成型和高温烧结等工序而制成的无机非金属材料。当今的陶瓷材料与金属材料、高分子材料一起构成了工程材料的三大支柱。由于它具有熔点、硬度和抗压强度高和耐高温、耐腐蚀、耐磨损等优异性能，在许多场合已经成为金属材料和高分子材料所不能替代的重要结构材料和具有特殊性能的功能材料，在现代工业的各个领域中得到越来越广泛的应用。

10.2.1 陶瓷的分类

陶瓷材料通常分为普通陶瓷和特种陶瓷两大类。

普通陶瓷（传统陶瓷）一般采用黏土、长石、石英等天然原料烧结而成。按其性能和用途，普通陶瓷又可分为日用陶瓷、建筑陶瓷、卫生陶瓷、电绝缘陶瓷、化工陶瓷和多孔陶瓷等。

特种陶瓷（现代陶瓷）是指采用高纯度人工合成原料制成的具有特殊物理化学性能的新型陶瓷（包括功能陶瓷）。特种陶瓷除具有普通陶瓷的性能外，还具有工程需要的某种特殊性能，包括高温陶瓷、金属陶瓷和压电陶瓷等。特种陶瓷主要用于化工、冶金、机械、电子等行业和某些新技术中。

10.2.2　常用陶瓷的性能特点及应用

10.2.2.1　普通陶瓷

普通陶瓷产量大、用途广。其优点是具有良好的耐蚀性、电绝缘性、能耐一定高温、加工成型性好、成本低廉；缺点是强度较低，高温性能也不如新型陶瓷。

普通陶瓷广泛用于日用、电气、化工、建筑、纺织中对强度和耐热性要求不高的领域，如铺设地面、耐腐蚀的容器、管道和电绝缘器件等。

10.2.2.2　特种陶瓷

特种陶瓷包括高温陶瓷、金属陶瓷和压电陶瓷等，在机械工程上应用最多的是高温陶瓷。高温陶瓷又包括氧化物（Al_2O_3、MgO、ZrO_2、BeO 等）陶瓷和非氧化物（SiC，Si_3N_4 等）陶瓷。下面分别介绍几种典型的氧化物陶瓷和非氧化物陶瓷。

A　氧化物陶瓷

氧化物陶瓷可以是单一氧化物，也可以是复合氧化物。氧化铝陶瓷是目前工程中最广泛应用的陶瓷材料。氧化铝陶瓷的主要成分是刚玉（Al_2O_3），Al_2O_3 含量越高性能越好，但工艺更复杂，成本也更高。按 Al_2O_3 的含量不同，氧化铝陶瓷可分为刚玉瓷、刚玉-莫来石瓷和莫来石瓷，其中刚玉瓷中 Al_2O_3 的含量高达 99%。

氧化铝陶瓷的熔点在 2000℃ 以上，耐高温，能在 1600℃ 左右长期使用，具有很高的硬度，仅次于碳化硅、立方氮化硼、金刚石等，并有较高的高温强度和耐磨性。此外，它还具有良好的绝缘性和化学稳定性，能耐各种酸碱的腐蚀。氧化铝陶瓷的缺点是热稳定性低。

氧化铝陶瓷广泛用于制造高速切削工具、量规、拉丝模、高温坩埚、高温热电偶套管、耐火炉管及特殊耐磨材料。

B　非氧化物陶瓷

非氧化物陶瓷的特点是高耐火度、高硬度和耐磨性，但脆性很大。碳化物和硼化物的抗氧化温度为 900~1000℃，硅化物的抗氧化温度为 1300~1700℃。

（1）碳化硅陶瓷。碳化硅陶瓷具有高硬度和很高的高温强度，在 1600℃ 高温仍可保持相当高的抗弯强度。碳化硅有很高的热传导能力，抗热振性高，抗蠕变性能好，化学稳定性好。它主要用作高温结构材料，如火箭尾喷管的喷嘴、热电偶套管等高温零件，还可用作高温下热交换器的材料、核燃料的包装材料等。此外，碳化硅陶瓷还常作为耐磨材料，用于制作砂轮、磨料等。

（2）氮化硼陶瓷。氮化硼（BN）通常为六方氮化硼，其导热性好，线膨胀系数小，抗热振性高，是优良的耐热材料；具有高温绝缘性，是一种优质电绝缘体；硬度低，有自润滑性，可进行机械加工；化学稳定性好，能抵抗许多熔融金属和玻璃熔体的侵蚀。因此，它可做耐高温和耐腐蚀的润滑剂、耐热涂料和坩埚等。

立方氮化硼是由六方氮化硼在高温高压下发生结构转变而获得的。立方氮化硼具有极高的硬度，它的硬度仅次于金刚石，但热稳定性远高于金刚石，耐热温度可达 2000℃，可作为金刚石的代用品。立方氮化硼的磨削性能十分优异，不仅能胜任难磨材料的加工，提高生产率，还能有效地提高工件的磨削质量。立方氮化硼作为新型磨料，促进了磨削技术的飞跃性进展。

（3）氮化硅陶瓷。氮化硅陶瓷是以 Si_3N_4 为主要成分的陶瓷。它的结构稳定，强度、硬度高，具有优异的化学稳定性，不易与其他物质发生反应，能耐除熔融的 NaOH 和 HF 外的所有无机酸和碱溶液的腐蚀，抗氧化温度可达 1000℃。氮化硅陶瓷的摩擦系数小（仅为 0.1~0.2），所以在无润滑条件下工作的氮化硅陶瓷是一种极为优良的耐磨材料；氮化硅陶瓷材料用作刀具与硬质合金相比，其红硬性高、化学稳定性好，适用于高速切削。作为高温、高强陶瓷材料，氮化硅陶瓷材料已成为当今的主流。氮化硅陶瓷还是制造新型陶瓷发动机的重要材料，实践证明用于柴油机汽车可节油30%~40%，经济效益相当可观。

10.3 复合材料

复合材料是由两种或两种以上性质不同的材料由人工制成的一种新型的多相固体材料。不同的非金属材料之间、非金属材料和金属材料之间以及不同的金属材料之间均可以进行复合。复合材料的优越性在于它的性能比其组成材料要好得多。通过对复合材料进行设计，即选择原材料的种类、设计各组分的形态和分布以及控制工艺条件等，使原组分材料优点互补，获得出色的综合性能。

不同材料复合时，通常由一种材料作为基体材料，起黏结作用，另一种材料作为增强体材料，起承载和强化作用。

10.3.1 复合材料的基本类型

复合材料按基体类型可分为金属基复合材料、高分子树脂基复合材料和陶瓷基复合材料三类。目前应用最多的是高分子基复合材料和金属基复合材料。

复合材料按增强相的种类和形状可分为颗粒增强复合材料、纤维增强复合材料和层状增强复合材料。其中，发展最快，应用最广的是各种纤维（玻璃纤维、碳纤维、硼纤维、SiC 纤维等）增强的复合材料。

复合材料按性能可分为功能复合材料和结构复合材料。目前已经大量应用的主要是结构复合材料。

10.3.2 常用复合材料的特点与应用

10.3.2.1 玻璃纤维增强复合材料

玻璃纤维增强复合材料通常称为"玻璃钢"，是以树脂为基体，玻璃纤维为增强体的复合材料。它的基体可以是热塑性塑料，如尼龙、聚碳酸酯、聚丙烯等；也可以是热固性塑料，如环氧树脂、酚醛树脂、有机硅树脂等。

以环氧树脂、酚醛树脂、有机硅树脂等热固性树脂为基的热固型玻璃钢，具有密度小、强度高、化学稳定性好、工艺性能好等特点，用于车身、船体等构件的制造。

以尼龙、聚苯乙烯等热塑性树脂为基的热塑性玻璃钢，具有较高的力学性能，耐热性和抗老化性能强，工艺性能好，可用于轴承、齿轮壳体等零件的制造。

玻璃钢还是很好的电绝缘材料，可制造电机零件和各种电器。

10.3.2.2　碳纤维增强复合材料

碳纤维增强复合材料是以碳纤维和环氧树脂、酚醛树脂、聚四氟乙烯等组成的复合材料。它克服了玻璃钢的缺点，具有较高的强度和弹性模量，同时保持了玻璃钢的许多优点，而且许多性能优于玻璃钢。它的强度和弹性模量都超过铝合金，而接近高强度钢，完全弥补了玻璃钢弹性模量小的缺点。它的比强度和比模量在现有复合材料中最高。此外，它还有优良的耐磨、减摩、自润滑性、耐腐蚀性及耐热性等优点。不足的是碳纤维与树脂的黏结力不够大，各向异性明显。碳纤维树脂复合材料常用作活塞、齿轮和轴承等承载零件和耐磨零件，以及有抗腐蚀要求的化工机械零件，如容器、管道、泵等，还用于制作航空航天飞行器的外层、人造卫星和火箭的机架、壳体等。

10.3.2.3　夹层复合材料

夹层复合材料是一种由上下两块薄面板和芯材构成的夹心结构复合材料，面板可以是金属薄板，如铝合金板、钛合金板、不锈钢板、高温合金板，也可以是树脂基复合材料板。芯材则采用泡沫塑料、波纹或蜂窝芯。

设计和使用夹层复合材料的目的一方面是为减轻结构的质量，另一方面是为提高构件的刚度和强度。典型的例子是目前在航天和航空结构件中普遍应用的蜂窝夹层结构复合材料。其基本结构形式是在两块面板之间夹一层蜂窝夹层，蜂窝芯与面板之间采用钎焊或黏结剂连接在一起。蜂窝夹层复合结构所用的材料通常根据所需的力学性能和使用温度确定。用作涡轮喷气发动机热端的结构件，须选用高温合金面板和高温合金蜂窝芯经高温钎焊制成；若服役温度为 $300 \sim 400\,℃$，可用钛合金面板与钛合金或高温合金蜂窝芯钎焊而成；若使用温度为 $200 \sim 300\,℃$，可由钛合金面板与高温铝合金蜂窝芯胶接而成；若在常温或低于 $120\,℃$ 的环境温度下使用，可用作面板的材料有玻璃纤维增强树脂、碳纤维增强树脂及铝合金，而可供选作蜂窝芯材的有纯铝蜂窝、铝合金蜂窝、玻璃纤维增强树脂蜂窝及芳纶纤维增强树脂蜂窝等。

10.3.2.4　碳/碳复合材料

碳纤维增强碳基复合材料简称碳/碳复合材料（或 C/C 复合材料），它是以碳（或石墨）纤维及其织物为增强材料，以碳（或石墨）为基体，通过加工处理和碳化处理制成的全碳质复合材料。这种以碳纤维增强碳基体的 C/C 复合材料除能保持碳（石墨）原来的优良性能外，还能克服它的缺点，大大提高了韧性和强度，降低了线膨胀系数，尤其是相对密度小，具有很高的比强度和比模量。C/C 复合材料的性能与纤维的类型、增强方向、制造条件以及基体碳的微观结构等密切相关。

世界各国均把 C/C 复合材料用作先进飞行器高温区的主要热结构材料，其次是作为飞机和汽车等的刹车材料。在航天工业中，C/C 复合材料用于导弹和航天飞机的防热部件，如导弹头锥和航天飞机机翼前缘，以承受返回大气层时高达数千度的温度和严重的空气动力载荷。C/C 复合材料用作刹车材料可充分发挥其质量轻、耐磨性好、线膨胀性小的优越性。在波音 747 上使用 C/C 刹车装置，使机身质量大约减轻了 900kg，还延长了刹车装置的使用寿命。C/C 复合材料用于协和式超音速客机刹车片约需 300kg，使飞机减轻 450kg。

用作 F-1 赛车刹车片，可使整车减轻 11kg。

C/C 复合材料还具有极好的与人体组织生物相容性，弹性模量和密度可以设计得与人骨相近，并且强度高，可供制成人工牙齿、人工骨关节等整形植入材料。

小　结

非金属材料主要包括高分子材料和陶瓷材料，具有金属材料所不及的多种性能，在生产中应用广泛、发展迅速，已经成为很多工程领域中不可替代的材料。复合材料是将不同性质的材料，通过人工设计及合成得到的综合性能优异且很有发展前途的新型材料。本章介绍了工程中常用非金属材料和复合材料的分类、组成、性能特点及应用，为拓宽工程材料选材范围并合理使用非金属材料及复合材料打下基础。

学习本章时应注意掌握以下要点：

（1）高分子化合物的基本知识。了解高分子材料的定义、工程中使用的高分子材料的种类、高分子材料与高分子化合物的关系、合成高分子化合物的聚合反应、加聚反应与缩聚反应的区别、高分子化合物的性能与其分子链几何形状的关系、热塑性高聚物和热固性高聚物的不同等。

（2）塑料的组成、性能特点、分类和应用。了解塑料的组成、塑料与树脂的关系和区别、塑料的分类。掌握常用塑料的名称、性能及用途。

（3）橡胶的组成、性能特点、分类和应用。了解橡胶的组成、各种配合剂的作用、通用合成橡胶和特种合成橡胶的特点及应用。

（4）陶瓷材料的分类、性能特点及应用。了解陶瓷材料的分类、普通陶瓷和特种陶瓷材料的性能特点。能列举具有抗氧化温度高、热传导能力高、高温绝缘性、高硬度等优异性能的陶瓷材料名称及其应用领域。

（5）复合材料的基本知识。了解复合材料的设计与合成、性能与控制，常用的复合材料性能、特点及应用。

复习思考题

10-1　名词解释：加聚反应、缩聚反应、热塑性塑料、热固性塑料、复合材料

10-2　塑料的主要成分是什么？它们各起什么作用？

10-3　试比较热塑性工程塑料和热固性工程塑料的性能特点及应用。

10-4　工业橡胶的主要成分是什么？它们各起什么作用？

10-5　简述常用胶黏剂的性能特点和应用实例。

10-6　举例说明常用工业橡胶的性能特点及应用。

10-7　什么是陶瓷？特种陶瓷在工业上的应用如何？

10-8　简述氧化物陶瓷、非氧化物陶瓷的性能特点及应用。

10-9　复合材料按基体类型可分为哪几类，按增强相的种类和形状可分为哪几类？

10-10　简述玻璃纤维增强复合材料的性能特点及应用。

11 工程材料的选用及工艺路线分析

工程材料的选用和加工工艺路线的安排是否合理，关系到产品的使用性能、使用寿命及制造成本，甚至关系到设备的安全和经济效益。所以，掌握材料的性能、材料的热处理和工艺等知识，并运用这些知识合理选择工程材料、安排工艺路线，对工程实践至关重要。

本章首先分析零件的工作条件、失效形式、失效原因及零件相关的性能指标，然后介绍工程材料的选用原则和步骤，最后介绍典型零件的热处理和工艺路线的安排。本章内容是工程实践的总结，读者需要结合实际进行理解，在学习时注意掌握零件失效分析方法和选材的原则、方法及步骤。

11.1 机械零件的失效形式及其原因分析

失效是指零件在使用过程中，由于零件的尺寸、形状、组织或性能发生了变化，从而导致零件不能满足正常工作要求或者机械机构丧失了原有设计功能。零件失效有三种情况：

（1）零件完全破坏，不能工作；

（2）虽能工作，但不能保证安全；

（3）虽能保证安全，但不能保证精度或起不到预定的作用。

达到预期寿命的失效称为正常失效，远低于预定寿命的不正常失效称为早期失效。正常失效是比较安全的，而早期失效常常会造成事故和经济损失。因此，通过研究零件各类失效特征及规律，找出失效的主要原因，提出相应的改进措施，对于预防失效（尤其是早期失效）再次发生具有非常重要的意义。

11.1.1 零件失效的形式

零件常见的失效形式有过量变形失效、断裂失效、表面损伤失效、材质变化失效、破坏正常工作条件而导致的失效等。

（1）过量变形失效。过量变形失效包括弹性变形失效和塑性变形失效。

材料过量的弹性变形，会使零件或机器不能正常工作，甚至还会造成较大振动，致使零件损坏。引起弹性变形失效的原因主要是零部件的刚度不足。如镗床的镗杆在工作中产生过量弹性变形，使主轴与轴承的配合变差，从而使镗床产生振动，降低零部件加工精度。

当零件承载超过材料的屈服强度时，塑性材料还会发生塑性变形。材料的塑性变形会造成零件的尺寸和形状发生改变，破坏零件间的相互位置关系和配合关系，从而导致零件或机器不能正常工作。例如，紧固螺栓过载时，会引起螺栓塑性伸长，降低螺钉的预紧力，进而使配合面松动，最终导致螺栓失效。为了避免零件变形失效的出现，可采取以下措施：

1）选择合适的材料和构件结构，如采用高弹性模量材料或者增加承载面积。

2）准确确定构件的工作条件，正确进行应力计算。

3）严格控制工艺流程，减小残余应力。

（2）断裂失效。断裂失效是指构件在应力作用下，材料分离为互不相连的两个或两个以上部分，而导致整个机械设备无法工作的现象。断裂是一种严重的失效形式，它不但使零件失效，甚至还会导致严重的人身和设备事故。

断裂失效可分为韧性断裂失效、低应力脆性断裂失效、疲劳断裂失效、蠕变断裂等几种形式。当零件在外载荷作用下，某一危险截面上的应力超过零件的强度极限或断裂强度，将发生韧性断裂失效。零件在循环交变应力作用下，工作时间较长的零件，最易发生疲劳断裂。应注意的是，低应力脆性断裂发生在应力远低于屈服强度的情况下，其特点是裂纹扩展迅速，且在断裂前无明显塑性变形，是一种危害性极大的断裂失效。低应力脆性断裂常发生在有缺口或裂纹的构件中，特别是在低温或冲击载荷条件下工作的零件。

（3）表面损伤失效。表面损伤失效指机械零件因表面损伤，而造成机械设备无法正常工作或失去精度的现象。绝大多数零件都与其他零件具有静或动的接触关系和配合关系。载荷作用于零件表面，摩擦和磨损就发生在表面；环境介质包围着零件表面，腐蚀就在表面产生，因此失效大都出现在零件表面。表面损伤失效主要包括磨损失效、腐蚀失效和表面接触疲劳失效。零件的表面损伤后通常都会增大摩擦，增加设备能量消耗；零件工作表面的破坏，致使零件尺寸发生变化，最终造成零件报废。表面损伤在很大程度上限制了零件的使用寿命，因此值得注意。

（4）材质变化失效。材质变化失效是由于化学作用、辐射效应、高温长时间作用等引起零件的材质变化，使材料性能降低而发生的失效。

（5）破坏正常工作条件而引起的失效。有些零件只有在一定条件下才能正常工作，如带传动只有当传递的有效圆周力小于临界摩擦力时，才能正常工作；液体摩擦的滑动轴承只有存在完整的润滑油膜时，才能正常工作。如果这些条件被破坏，将会发生失效。

必须指出，零件在实际工作中的失效形式往往不只是一种，但一般由一种失效形式起主导作用。失效分析的核心问题就是要找出主要的失效形式，分析失效原因。失效分析可以用来指导产品的设计、选材、加工、质量管理和使用，是提高产品质量的重要依据。

11.1.2 零件失效的原因

引起零件失效的原因是多方面的，主要有设计因素、材料因素、加工因素、安装使用因素四个方面。

（1）设计因素。零件的结构形状和尺寸设计不合理而引起的零件失效时常发生，如零件存在尖角、尖棱等。设计中的过载、应力集中、机构选择不当、安全系数过小等也都会导致零件在使用中失效。因此，机械零件的设计不仅要有足够的强度、刚度和稳定性，而且结构设计也要合理。

（2）材料因素。材料因素有以下几个方面：

1）选材不当。在产品设计和选材时，设计者对失效形式误判，选材所依据的性能指标不恰当, 选材不能满足工作条件的要求。

2) 材料缺陷。材料的冶金质量太差, 存在缺陷如夹杂物、偏析等, 而这些缺陷通常是导致零部件失效的重要原因。

3) 毛坯加工过程中产生的缺陷。材料在毛坯加工 (铸造、锻造、焊接) 或者在热处理过程中, 产生的缺陷会导致失效产生。例如, 铸件多产生疏松、偏析、内裂纹、夹杂物等缺陷, 因此高强度的机械零件较少用铸件; 而锻造明显改善了材料的力学性能, 许多受力零件就采用锻件。

(3) 加工 (或工艺) 因素。制造时, 采用的加工方法、工艺安排或工艺参数不正确等都可能造成零件的缺陷, 如切削加工时粗糙度过大, 磨削时产生裂纹, 热成型时产生的过热、带状组织, 热处理工序中产生氧化、脱碳、淬火变形与开裂等。这些缺陷都可能导致零件失效。

(4) 安装使用因素。零件安装过紧、过松, 安装位置不当、重心不稳, 固定不紧、密封不好等, 都会使零部件不能正常工作而过早失效。在使用过程中, 使用者要根据使用要求进行维护、冷却、润滑、检修等, 否则就会由于使用不当造成零件和设备的失效。

11.1.3　失效分析步骤

失效分析实验研究的步骤如下:

(1) 对失效零件的残骸进行观察、测量, 并记录损坏的位置、尺寸变化和断口的宏观特征。收集表面剥落物和腐蚀产物, 必要时照相留据。

(2) 了解零件的工作环境和失效过程, 观察相邻零件的损坏情况, 判断损坏顺序, 收集有关零件的设计、选材、加工、安装、使用和维修等方面的资料。

(3) 根据需要选择以下项目进行试验。

1) 化学分析: 对原材料或渗层进行成分分析。

2) 断口分析: 对断口进行宏观或微观观察, 确定裂纹策源地、发展区和最终断裂区, 判断裂纹性质。注意断口处有无弯曲、颈缩、裂纹和冷热加工缺陷。断裂部位是否有键槽、油孔或刀痕等。应力集中处有无腐蚀或磨损的迹象, 有无氧化和脱碳等。

3) 金相分析: 判别组织类型, 组织组成物的形状、大小、数量和分布, 鉴别各种组织缺陷, 应着重分析失效起源处和周围组织间的差异。

4) 力学性能测试: 首先是测定有关部位的硬度值, 因为根据硬度能大致判断材料的其他力学性能。大型零件应在适当部位取样进行有关力学性能的测试。

5) 断裂力学分析: 测定断裂部位的最大裂纹尺寸, 按材料的断裂韧性值验算发生应力脆断的可能性。

6) 应力分析: 检查零件的应力分布, 确定损伤部位是否为主应力最大的部位, 确定裂纹的平面与最大应力方向之间的关系, 以判定零件形状与受力位置的安排是否合理。

(4) 对实验所得的数据进行综合分析, 判断失效的原因, 写出失效分析报告。

11.2　机械工程材料的选用

选择材料是机械设计中的一个重要环节, 为零件选择合适的材料是一项复杂的工作。因为合理地选择和使用材料要考虑很多因素, 不仅要考虑材料的使用性能是否能满足其工作条件，也要考虑材料的加工工艺性能以提高零件的生产率，也要考虑其经济性以控制成本，还要考虑选材对环境、资源的影响。因此，工程设计人员必须掌握选用材料的原则和方法。

11.2.1　选用材料的一般原则

机械零件选材的一般原则是使用性能原则、工艺性能原则和经济性原则。

11.2.1.1　使用性能原则

使用性能是指零件在工作中应该具有的力学性能、物理和化学性能，它是保证零件完成设计功能的必要条件。一般情况下，使用性能是选用材料首先要考虑的问题。不同的零件，工作条件不同，功能各异，对材料的使用性能要求也不同。例如，有些工作条件特殊的设备和零件对于物理和化学性能有要求：在电器导线上用的材料，需要有良好的导电性；海水中工作的设备，要求材料具有耐蚀性；在高温条件下工作的零件，要具有良好的热稳定性；而对于一般的机械零件和工程构件，主要考虑材料的力学性能。按零件的力学性能选材时，需考虑以下问题：

（1）必须考虑材料的实际情况。首先，材料中可能存在各种夹杂物和冶金缺陷，它们都会影响材料的力学性能。其次，实际使用的材料的力学性能和材料设计手册上的试样测定值有出入，因为试验测定情况与零件实际工作情况存在差异；材料在经过加工、热处理后，其性能也会发生变化。因此，材料的力学性能是否最终满足要求，还需考虑材料实际状况，不能简单依照材料设计手册直接选取。

（2）考虑材料的截面尺寸效应。材料截面尺寸效应即指材料截面尺寸不同，即使安排相同的热处理工艺，其外部与心部力学性能也有差别。金属材料（尤其是钢材），随着材料截面尺寸增大，其力学性能将下降。截面尺寸效应主要受钢材的淬透性影响，并非所有材料都选用高淬透性的材料，需根据零件的受力情况来确定。

（3）硬度值的应用。材料的硬度对材料的强度有一定的影响，并且硬度检测方法简便、不破坏零件，所以在选材时硬度可以作为控制材料性能的一个指标。但是这也有很大的局限性，例如硬度对材料的组织不够敏感，不同组织的材料可能有相同的硬度值，但其他力学性能却有较大差异。所以，一般在设计中给出硬度值时，还要对热处理工艺做出明确的要求。

（4）综合考虑材料的性能。选材时应以零件最主要的性能要求作为选材的主要依据，同时兼顾其他性能要求，这是选材的基本要求。材料的性能指标，有的指标可以（如屈服强度、疲劳强度、断裂韧性等）用于直接设计计算；有的指标（如伸长率、断面收缩率、冲击韧性等）只能用来间接估计零件的性能，不能用于直接计算。

机械零件通常在弹性范围内工作。零件的强度设计的依据是屈服强度，根据具体工作条件再进行修正。但还要考虑材料的塑性，因为片面提高屈服强度，会牺牲一部分塑性，有可能造成零件的脆断。这里，塑性的主要作用是增加零件的抗过载能力，提高零件的安全性。例如，传动齿轮、凸轮等同时受磨损及交变应力作用，其主要失效形式是磨损、过量变形与疲劳断裂，要求材料具有良好综合力学性能。此类零件，应该选用中碳钢或中碳合金钢，进行调质处理。调质后，中碳钢或中碳合金钢获得具有良好综合力学性能的回火索氏体组织，即能满足使用要求。

11.2.1.2　工艺性能原则

材料的工艺性能表示材料加工的难易程度。在选材时，材料的工艺性能是必须要考虑的问题。良好的工艺性能即加工技术难度小、工艺简单、能耗低、材料的利用率高，是保证零件顺利加工、提高零件质量、简化生产工艺、降低生产成本的重要条件。所以材料的选择与工艺方法的确定，要同步进行。

金属材料的加工工艺路线复杂，要求的工艺性能较多，如铸造性能、锻造性能、焊接性能、切削加工性能、热处理工艺性能等。

11.2.1.3　经济性原则

在满足使用性能要求的前提下，应尽量选用价格比较便宜的材料。要从材料本身的价格、加工费用、资源供应条件等方面考虑，也要考虑选用非金属材料。但是不能片面强调材料费用及制造成本，必须要考虑产品的安全性和使用寿命。综合考虑材料对产品功能和成本的影响，从而获得最优化的技术效果和经济效益。例如，一些关键零部件，选用性能好、价格高的材料，其总成本仍可能是最低的；而如果选用便宜材料制造，但需经常更换，这样造成的经济损失可能更大。

另外，随着社会工业化的发展，环境、资源、能源问题也是在选材时要考虑的因素。在选择材料时，尽量选用对生态环境破坏小、对资源能源消耗少的材料，尽量选用对人、畜无毒无害的材料，尽量选用能再回收和再利用的材料。

总之，在选材时，需要综合考虑材料的使用性能、工艺性能、经济性以及对环境、资源的影响等因素。作为一名设计、制造人员，应根据我国工业发展形势，按照国家标准，结合我国生产条件和环境、资源、能源的实际情况，选择满足实际需要、符合社会发展的材料。

11.2.2　选材的一般步骤

在设计零件、产品时，选择具体材料的方法和步骤不用千篇一律，这里我们介绍一下一般的步骤，供参考。

（1）分析零件的工作条件、使用寿命、形状尺寸与应力状态，确定零件的技术条件。

（2）通过分析或试验，结合同类零件失效分析的结果，确定零件在实际使用中主要的和次要的失效抗力指标，以此作为选材的依据。

（3）通过力学计算，确定零件应具有的主要力学性能指标，正确选择材料。这时要综合考虑所选材料应满足的失效抗力指标、工艺性的要求、经济因素、资源和环境因素等，也要考虑现代生产管理因素。

（4）确定热处理方法（或其他强化方法），并提出所选材料在供应状态下的技术要求。

（5）审核选材方案是否符合生产使用性、工艺性、经济性等要求，最终确定方案。

（6）试验、改进、投产。

11.3　典型零件的选材及工艺路线确定

11.3.1　轴类零件

11.3.1.1　轴的工作条件、失效形式及性能要求

轴是各种机器设备中重要零件之一，其主要作用是传递运动和动力。轴的工作条件和受力情况比较复杂，在工作时往往要承受交变弯扭载荷、冲击载荷及摩擦。轴的主要失效形式有弯曲变形、疲劳断裂、表面磨损等。

因此，为轴选择的材料应满足以下的要求：良好的综合力学性能，以防止过载、冲击断裂和过量变形；高的疲劳强度，防止疲劳断裂；足够的淬透性，良好的耐磨性，以防止磨损失效；良好的切削加工性；价格便宜。

11.3.1.2　机床主轴的选材及工艺路线

机床主轴在工作时，主要承受交变弯曲应力、扭转应力以及冲击载荷。因此，要求机床主轴具有良好的综合力学性能，即要有足够的刚度和强度、耐疲劳、耐磨损、精度稳定性等性能。另外，轴颈、锥孔以及花键表面应有较高的硬度和耐磨性。机床主轴常用材料及热处理工艺见表 11-1，具体选材和工艺路线安排见例 11-1 和例 11-2。

表 11-1　机床主轴常用材料及其热处理工艺

工 作 条 件	选用材料	热处理工艺	应用举例
(1) 在滚动轴承内运转； (2) 低速、轻或中等载荷； (3) 精度要求不高； (4) 稍有冲击载荷	45	调质，220~250HB	一般车床主轴
(1) 在滚动轴承内运转； (2) 转速稍高、轻或中等载荷； (3) 精度要求不太高； (4) 冲击、交变载荷不大	45	正火或调质后局部淬火，46~51HRC	龙门铣床、立式铣床、小型立式车床的主轴
(1) 在滑动轴承内运转； (2) 中等或重载荷； (3) 要求轴颈部分有更高的耐磨性； (4) 精度很高； (5) 高的疲劳强度，冲击载荷较小	65Mn GCr15 9Mn2V	调质后轴颈和方头处局部淬火，50~55HRC	M1450 磨床主轴
(1) 在滑动轴承内运转； (2) 中等载荷、转速很高； (3) 精度要求不很高； (4) 冲击载荷不大，但交变应力较高	20Cr 20Mn2B 20MnVB	渗碳淬火，表面硬度不小于 59HRC	外圆磨床头架主轴、内圆磨床主轴
(1) 在滚动或滑动轴承内运转； (2) 轻、中等载荷，转速较低	50Mn2	正火：820~840℃空冷	重型机床主轴

【例 11-1】　车床主轴选材及工艺路线。

图 11-1 为 C620 车床主轴简图。该主轴承受交变扭转和弯曲载荷，转速不高，冲击载荷也不大。轴颈和锥孔处有摩擦。

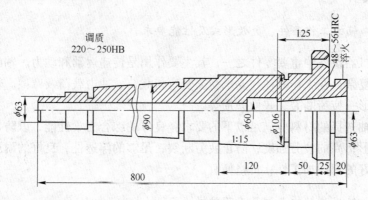

图 11-1　C620 车床主轴简图

按以上分析，C620 车床主轴可选用 45 钢，其工艺路线为：

下料→锻造→正火→粗加工→调质→半精加工→高频感应加热淬火 + 回火→磨削

该工艺路线中，正火处理可消除应力，改善锻造组织；调质处理（整体调质）后，组织为回火索氏体组织，使主轴获得了高的综合力学性能；对内锥孔和轴颈进行表面淬火和回火后硬度达到 48～56HRC，提高了其耐磨性。

【例 11-2】　磨床主轴的选材及工艺路线。

M1432 磨床主轴如图 11-2 所示，要求具有高的精度、尺寸稳定性、耐磨性等，可以采用材料 38CrMoAlA，并要求表面硬度不小于 950HV，渗碳层硬度不小于 0.43mm。其工艺路线是：

下料→粗车→调质→半精车→去应力退火→精车、磨削→渗氮→精磨

该工艺路线中，调质处理目的是使主轴获得高的综合学性能；退火的作用是消除应力，并为最终热处理做好准备；渗氮的作用提高轴表面的硬度和耐磨性，提高疲劳强度。

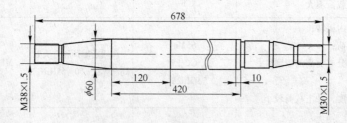

图 11-2　M1432 磨床主轴

11.3.2　齿轮类零件

11.3.2.1　齿轮的工作条件、失效形式及性能要求

齿轮是机械工业中重要的传动零件，它主要起传递动力、改变运动速度和方向的作用。

在齿轮工作过程中，齿轮啮合面之间既有滚动又有滑动接触，齿轮根部还受到脉动或交变弯曲应力的作用。齿轮主要承受摩擦力、接触应力、弯曲应力，在这三种应力作用下其失效形式不同：

（1）齿轮磨损。齿轮啮合时齿面相对滑动，产生摩擦力，长时间的啮合会导致齿面的过度磨损。通常提高齿面硬度或者减小摩擦系数的方法可以减少磨损。

（2）接触疲劳。齿面上的接触应力超过材料的疲劳极限时，就产生了齿轮的接触疲劳破坏。在啮合齿轮中，往往是硬齿面产生齿面局部剥落，软齿面则以麻点破坏为主。

（3）弯曲疲劳。齿轮根部受到脉动或交变弯曲应力超过材料的弯曲疲劳极限时，产生齿根疲劳断裂的现象。可以通过改善受力状况和提高齿轮根部材料的强度，提高齿轮的弯曲疲劳强度。

根据对齿轮的受力和失效情况分析，齿轮材料应具有以下性能：足够的接触疲劳强度；高的齿面硬度和耐磨性；高的弯曲疲劳强度；良好的心部强度和韧性；较好的工艺性能，如切削加工性好、热处理变形小等。

11.3.2.2 机床齿轮的选材及工艺路线

机床齿轮可根据载荷的性质与大小、工作速度和精度要求，选用中碳钢、合金调质钢、合金渗碳钢、灰铸铁等材料，见表 11-2。

表 11-2 机床齿轮选材及热处理工艺

齿轮工作条件	选材（钢号）	硬度要求	热处理工艺
低速（$v_c < 0.1\text{m/s}$）、低载荷下工作，不重要变速箱齿轮和挂轮架	45	156～217HBS	840～860℃正火
低速（$v_c \leqslant 1\text{m/s}$）、低载荷工作的齿轮，如车床溜板上的齿轮	45	200～250HBS	820～840℃淬火，500～550℃回火
中速（$v_c = 2\text{～}6\text{m/s}$）、中载荷或大载荷下工作的齿轮，如车床变速箱中的齿轮	45	40～45HRC	860～900℃高频感应淬火，350～370℃回火
中速、中载荷、不大冲击下工作的高速机床走刀箱、变速箱齿轮	40Cr、42SiMn	45～50HRC	调质后，860～880℃高频感应淬火，280～320℃回火
高速（$v_c \geqslant 6\text{m/s}$）、中载或重载、受冲击条件下工作的齿轮，如机床变速器齿轮、龙门铣电动机齿轮	20Cr、20CrMn、20CrMnTi、20SiMnVB	58～63HRC	900～950℃渗碳，淬火，180～200℃回火

【例 11-3】 车床齿轮的选材及工艺路线。

图 11-3 所示为 C6132 型车床的传动齿轮，机床传动齿轮工作时受力不大，转速中等，工作较平稳，无强烈冲击，强度和韧性要求均不高。

该齿轮选用 45 钢，其加工工艺路线如下：

下料→锻造→正火→粗加工→调质→精加工→高频淬火及低温回火→精磨

其中，零件毛坯用锻造成型；正火可消除锻造应力，均匀组织，改善切削加工性；调质处理使齿轮心部具有较高的综合力学性能，以承受交变弯曲应力和冲击载荷，还可以减

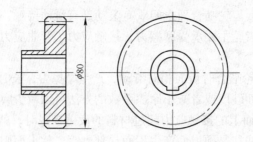

图 11-3　C6132 型车床的传动齿轮

小高频淬火变形；高频感应加热淬火可提高齿轮表面硬度和耐磨性；低温回火消除淬火应力，提高齿轮的抗冲击能力，并防止产生磨削裂纹。

11.3.2.3　汽车、拖拉机齿轮的选材及工艺路线

汽车、拖拉机的齿轮工作条件较恶劣，承载较大，超载荷和受冲击频繁。因此在耐磨性、疲劳强度、抗冲击能力等方面的要求高于机床齿轮。汽车及拖拉机齿轮常用材料如表 11-3 所示。汽车变速器采用 20CrMnTi 时，其工艺路线一般为：

下料→锻造→正火→机械加工→渗碳 + 淬火 + 低温回火→喷丸→磨内孔及换挡槽→装配

其中，正火作用是使组织均匀，调整硬度，改善切削加工性能；渗碳的作用是提高齿面含碳量（0.8% ~ 1.05%）；淬火后则可获得 0.8 ~ 1.3mm 的淬硬层，并提高齿面硬度和耐磨性；回火可以消除淬火应力，防止磨削裂纹。喷丸处理使零件表层产生压应力，提高齿轮的抗疲劳性能。

表 11-3　汽车及拖拉机齿轮的选材及热处理工艺

齿轮种类	选　材	热处理工艺
汽车变速器和差速器齿轮	20CrMo、20CrMnTi	渗　碳
	40Cr	碳氮共渗
汽车曲轴齿轮	45、40Cr	调　质
汽车里程表齿轮	20	碳氮共渗
拖拉机传动齿轮、动力传动装置中圆柱齿轮	20CrMo、20CrMnTi、20CrMnMo	渗　碳

小　结

本章是对前面所学知识的综合运用，介绍了零件的常见失效形式，分析了零件失效原因；又介绍了工程材料的选用原则和步骤；最后通过实例介绍了典型零件的选材和加工工艺路线安排。失效分析对于改进零件的设计、选材、加工、使用，具有十分重要的意义。材料的选择是在进行零件设计时的必要步骤，工艺路线的安排关乎零件的性能和制造成本。因此，本章内容对于机械工程实践来说非常重要，在学习时要注意掌握零件失效分析方法，选材的原则、方法和一般步骤，积累一定的知识基础，以便运用到以后的工程实践中去。

复习思考题

11-1 什么是失效？分析失效的目的是什么？

11-2 零件常见的失效形式有哪些？

11-3 零件失效的原因有哪些？

11-4 选材的一般原则有哪些？它们的关系如何？

11-5 如何全面考虑选材的经济性？是不是选择最便宜的材料就能获得最佳的经济效益？

11-6 简述零件选材的步骤。

11-7 分析机床齿轮的工作条件和对其制造材料的性能要求。

11-8 汽车变速齿轮选用 20CrMnTi 钢制造，试在其加工工艺路线上填入热处理工序名称：下料→锻造→＿＿＿→切削加工→＿＿＿→喷丸→磨削加工。

11-9 有 Q235A、65、16Mn、40Cr、20CrMnTi、60Si2Mn、T12、W18Cr4V 等钢材，请选择一种钢材制作汽车变速箱齿轮（高速、重载、受冲击），并写出工艺路线，说明各热处理工序的作用。

11-10 一车床主轴受交变弯曲和扭转的复合应力，载荷和转速均不高，冲击载荷也不大，请为其选材并设计热处理工序。

11-11 简述机床主轴和汽车齿轮的工艺路线，说明其热处理工艺方法和作用。

11-12 拖拉机差速器齿轮要求有高的耐磨性和疲劳强度，心部有足够的强度和冲击韧性。试为其选材并确定加工工艺路线。

参 考 文 献

[1] 刘永铨. 钢的热处理[M]. 北京：冶金工业出版社，1981.

[2] 崔昆. 钢铁材料及有色金属材料[M]. 北京：机械工业出版社，1981.

[3] 王笑天. 金属材料学[M]. 北京：机械工业出版社，1996.

[4] 王运炎. 机械工程材料[M]. 北京：机械工业出版社，2000.

[5] 周达飞. 材料概论[M]. 北京：化学工业出版社，2009.

[6] 朱兴元，刘忆. 金属学与热处理[M]. 北京：北京大学出版社，2008.

[7] 张至丰. 机械工程材料及成形工艺基础[M]. 北京：机械工业出版社，2007.

[8] 王戟. 金属材料及热处理[M]. 北京：中国劳动和社会保障出版社，2004.

[9] 詹武. 工程材料[M]. 北京：机械工业出版社，2001.

[10] 于永泗，齐民. 机械工程材料[M]. 大连：大连理工大学出版社，2006.

[11] 金南威. 工程材料及金属热加工基础[M]. 北京：航空工业出版社，1995.

[12] 齐乐华. 工程材料及成形工艺基础[M]. 西安：西北工业大学出版社，2002.

[13] 杨红玉，刘长青. 工程材料与成形工艺[M]. 北京：北京大学出版社，2008.

[14] 师昌绪. 新型材料与材料科学[M]. 北京：科学出版社，1988.

[15] 樊东黎，徐跃明，佟晓辉. 热处理工程师手册[M]. 北京：机械工业出版社，2005.

[16] 中国材料工程大典编委会. 中国材料工程大典[M]. 北京：化学工业出版社，2006.

[17] 朱明，王晓刚. 工程材料及热处理[M]. 北京：北京师范大学出版社，2010.

[18] 汪传生，刘春廷. 工程材料及应用[M]. 西安：西安电子科技大学出版社，2008.

[19] 戴枝荣. 工程材料[M]. 北京：高等教育出版社，1992.

[20] 梁耀能. 机械工程材料[M]. 广州：华南理工大学出版社，2006.

[21] 戈晓岚，洪琢. 机械工程材料[M]. 北京：中国林业出版社，2006.

[22] 方昆凡. 工程材料手册[M]. 北京：北京出版社，2001.